环境影响评价

第二版

章丽萍　主编

王建兵　张春晖　副主编

化学工业出版社

·北京·

内容简介

环境影响评价是全球范围内较普及且成熟的环境保护制度之一。《环境影响评价》(第二版)依据国家法律、法规及标准,全面和系统地介绍了环境影响评价的基本概念、基础理论及相关案例。本书共分为十三章,主要内容包括环境法规与环境标准、环境影响评价程序、环境影响评价方法与技术、工程分析、大气环境影响评价、地表水环境影响评价、土壤环境影响评价、声环境影响评价、生态环境影响评价、规划环境影响评价、公众参与、煤炭采选工程环境影响评价等方面的内容。

《环境影响评价》(第二版)可作为高等院校环境工程、环境科学等专业必修课程教材,也可作为非环境专业的通识教育教材,同时也可供从事环境影响评价工作的技术人员、管理人员以及参加环境影响评价工程师职业资格考试的人员参考。

图书在版编目(CIP)数据

环境影响评价/章丽萍主编;王建兵,张春晖副主编.—2版.—北京:化学工业出版社,2023.11(2025.1重印)
ISBN 978-7-122-44003-7

Ⅰ.①环⋯ Ⅱ.①章⋯ ②王⋯ ③张⋯ Ⅲ.①环境影响-评价 Ⅳ.①X820.3

中国国家版本馆 CIP 数据核字(2023)第 153147 号

责任编辑:高 震　　　　　　　　装帧设计:韩 飞
责任校对:王鹏飞

出版发行:化学工业出版社(北京市东城区青年湖南街13号　邮政编码100011)
印　　装:北京天宇星印刷厂
787mm×1092mm　1/16　印张14¾　字数353千字　2025年1月北京第2版第2次印刷

购书咨询:010-64518888　　　　　　售后服务:010-64518899
网　　址:http://www.cip.com.cn
凡购买本书,如有缺损质量问题,本社销售中心负责调换。

定　　价:48.00元　　　　　　　　　　　　　　　　版权所有　违者必究

前言

环境影响评价为开发建设活动的决策提供科学依据,为经济建设的合理布局提供科学依据,为确定某一地区的经济发展方向和规模、制定区域经济发展规划及相应的环保规划提供科学依据,为制定环境保护对策和进行科学的环境管理提供依据。同时促进相关环境科学技术的发展。

2019年以来,《规划环境影响评价技术导则 总纲》(HJ 130—2019)、《环境影响评价技术导则 声环境》(HJ 2.4—2021)、《建设项目环境影响评价分类管理名录(2021年版)》、《环境影响评价技术导则 生态环境》(HJ 19—2022)等法律法规及环境影响评价导则相继进行了修订;《关于进一步加强煤炭资源开发环境影响评价管理的通知》(环环评〔2020〕63号)、《关于印发〈建设项目环境影响报告表〉内容、格式及编制技术指南的通知》(环办环评〔2020〕33号)、《污染影响类建设项目重大变动清单(试行)》(环办环评函〔2020〕688号)、《关于加强高耗能、高排放建设项目生态环境源头防控的指导意见》(环环评〔2021〕45号)、《关于实施"三线一单"生态环境分区管控的指导意见(试行)》(环环评〔2021〕108号)、《关于印发"十四五"环境影响评价与排污许可工作实施方案》(环环评〔2022〕26号)等文件的发布,对完善和提高环境影响评价的相关法规、理论、技术、方法、管理等均具有积极的促进作用。党的二十大报告提出:像保护眼睛一样保护自然和生态环境。我们要利用先进的科学技术来提高我国环境质量。

环境影响评价课程作为环境专业的一门专业必修课,其理论与实践内容均需与时俱进。而2019年出版的《环境影响评价》(第一版)已跟不上我国环境影响评价的发展,部分内容已难以满足当前我国环境管理及环境影响评价实际工作的需求。为了培养新形势下的环境影响评价专业人才,本书作者对《环境影响评价》进行修订。本书在第一版的基础上继续秉持了注重科学性与实用性相结合的编写原则,在内容上融合了最新的环境影响评价法规、政策、文件、技术、方法等内容,并依托作者所在高校的能源行业特色,在各主要章节均精选有内容紧密相关的环境影响评价案例,同时结合《高等学校课程思政建设指导纲要》,增加了党的二十大报告中关于我国推进生态文明建设的相关内容,以提升高校教师的课程思政教学的意识与能力,达到强化课程育人的作用。

《环境影响评价》(第一版)在内容上力求全面、精炼、重点突出,注重科学性与实用性结合,获得了广大读者的欢迎。《环境影响评价》(第二版)依据国家最新法律法规标准,全面和系统地介绍了环境影响评价的基本概念、基础理论,并列举了环境影响评价案例。本书共分为十三章,主要内容包括绪论、环境法规与环境标准、环境影响评价程序、环境影响评价方法与技术、工程分析、大气环境影响评价、地表水环境影响评价、土壤环境影响评价、声环境影响评价、生态环境影响评价、规划环境影响评价、公众参与、煤炭采选工程环境影响评价等方面的内容。

《环境影响评价》(第二版)由章丽萍任主编，王建兵、张春晖任副主编，何绪文主审，各章节具体编写分工为：第一章～第九章、第十二章由章丽萍编写，十三章由王建兵编写，第十章、第十一章由张春晖编写，章丽萍负责统稿。本书编写过程中，中国矿业大学（北京）吴胜念、安逸云、吴二勇、姚瑞涵等参与了资料收集和文字处理等工作。

由于编者水平所限，书中不足之处在所难免，敬请各位读者批评指正。

章丽萍
2023 年 7 月

前言(第一版)

为了实施可持续发展战略,预防因规划和建设项目实施后对环境造成不良影响,促进经济、社会和环境的协调发展,我国早在2003年就施行了《环境影响评价法》。2004年确立了环境影响评价工程师职业资格制度,对我国环境影响评价从业人员以及高等院校环境影响评价人才的培养提出了更高的要求。

环境影响评价相关的法规、标准、技术导则等内容随着环境影响评价要求的不断提高也在不断地进行更新。如2015年1月1日正式修订实施的《环境保护法》;2015年4月国务院发布的《水污染防治行动计划》;2016年7月2日《环境影响评价法》通过修订,将环境影响评价的范畴从建设项目扩展到规划,即战略层次,力求从策略的源头防止污染和生态破坏,标志着我国环境与资源立法进入了一个新的阶段;2017年10月国务院发布施行的《建设项目环境保护管理条例》;2018年1月1日起施行的《环境保护税法实施条例》等及2018年颁布的《环境影响评价技术导则 大气环境》(HJ 2.2—2018)、《环境影响评价技术导则 地表水环境》(HJ 2.3—2018)、《环境影响评价技术导则 土壤环境(试行)》(HJ 964—2018)。为了适应环境影响评价新的发展要求,结合煤炭行业特色,我们组织编写了《环境影响评价》教材,将最新的环境影响评价内容纳入其中。

本书在内容上力求全面、精炼、重点突出,注重科学性与实用性结合。本书依据国家最新标准,全国和系统地介绍了环境影响评价的相关基本概念、基础理论,并列举了环境影响评价案例。本书共分为十三章,主要内容包括绪论、环境法规与环境标准、环境影响评价程序、环境影响评价方法与技术、工程分析、大气环境影响评价、地表水环境影响评价、土壤环境影响评价、声环境影响评价、生态环境影响评价、规划环境影响评价、公众参与、煤炭采选工程环境影响评价等方面的内容。

本书由章丽萍、张春晖主编,何绪文主审,各章节具体编写分工为:第一章~第九章、第十三章由章丽萍编写;第十章、第十一章、第十二章由张春晖编写。统编工作由章丽萍、张春晖负责,章丽萍、何绪文、张春晖最终定稿。本书编写过程中,中国矿业大学(北京)魏含宇、戴瑾、张楠、宋学京、马项阳等参与了资料收集和文字处理等工作。

由于时间和水平所限,书中不妥之处在所难免,敬请各位读者批评指正。

编 者
2019年2月

目 录

第一章 绪论 ························· 1
  第一节 环境的概述 ························· 1
  第二节 环境影响 ························· 2
    一、环境影响概念 ························· 2
    二、环境影响分类 ························· 2
  第三节 环境影响评价 ························· 3
    一、环境影响评价概念 ························· 3
    二、环境影响评价的由来 ························· 4
    三、环境影响评价的重要性 ························· 4
    四、环境影响评价的基本原则 ························· 5
  第四节 我国环境影响评价制度的发展及特点 ························· 5
    一、我国环境影响评价制度的发展 ························· 5
    二、我国环境影响评价制度的特点 ························· 7
  思考题 ························· 8
  参考文献 ························· 8

第二章 环境法规与环境标准 ························· 9
  第一节 环境法规 ························· 9
    一、环境影响评价的法规依据 ························· 9
    二、环境保护法律法规体系及相互关系 ························· 9
    三、环境保护法律法规体系中各层次间关系 ························· 11
    四、环境影响评价技术导则 ························· 12
  第二节 环境标准 ························· 12
    一、环境标准的概念和作用 ························· 12
    二、环境标准体系 ························· 14
  思考题 ························· 15
  参考文献 ························· 16

第三章 环境影响评价程序 ························· 17
  第一节 环境影响评价程序概述 ························· 17

         一、环境影响评价程序的定义 …………………………………………………… 17
         二、环境影响评价遵循的技术原则 ………………………………………………… 17
      第二节 环境影响评价管理程序 …………………………………………………… 18
         一、环境影响评价的分类管理 ……………………………………………………… 18
         二、环境影响评价的监督管理 ……………………………………………………… 21
      第三节 环境影响评价工作程序 …………………………………………………… 21
         一、环境影响评价工作等级的确定 ………………………………………………… 21
         二、环境影响报告书的编制 ………………………………………………………… 22
         三、环境影响报告表的编制 ………………………………………………………… 23
      思考题 ……………………………………………………………………………………… 24
      参考文献 …………………………………………………………………………………… 24

第四章 环境影响评价方法与技术 …………………………………………………… 25
   第一节 环境现状调查内容与方法 ………………………………………………… 25
      一、环境现状调查基本要求 ………………………………………………………… 25
      二、环境现状调查基本内容 ………………………………………………………… 25
      三、环境现状调查主要方法 ………………………………………………………… 28
   第二节 环境影响识别内容与方法 ………………………………………………… 28
      一、环境影响识别基本内容 ………………………………………………………… 28
      二、环境影响识别的技术要求 ……………………………………………………… 30
      三、环境影响识别方法 ……………………………………………………………… 30
   第三节 环境影响预测方法 ………………………………………………………… 31
      一、数学模式法 ……………………………………………………………………… 32
      二、物理模型法 ……………………………………………………………………… 32
      三、对比与类比法 …………………………………………………………………… 32
      四、专业判断法 ……………………………………………………………………… 33
   第四节 环境影响综合评价方法 …………………………………………………… 33
      一、指数法 …………………………………………………………………………… 33
      二、矩阵法 …………………………………………………………………………… 34
      三、图形叠置法 ……………………………………………………………………… 35
      四、网络法 …………………………………………………………………………… 36
   思考题 ……………………………………………………………………………………… 36
   参考文献 …………………………………………………………………………………… 36

第五章 工程分析 ………………………………………………………………………… 37
   第一节 工程分析概论 ……………………………………………………………… 37
      一、工程分析的主要任务和作用 …………………………………………………… 37
      二、工程分析的原则 ………………………………………………………………… 38

三、工程分析的重点和阶段划分 ··· 39
　　　四、工程分析方法 ·· 39
　第二节　污染型项目工程分析 ··· 40
　　　一、工程概况 ··· 41
　　　二、工艺流程及产污环节分析 ·· 41
　　　三、污染物分析 ··· 43
　　　四、清洁生产水平分析 ··· 47
　　　五、环保措施方案分析 ··· 49
　　　六、总图布置方案分析 ··· 49
　第三节　生态影响型项目工程分析 ·· 50
　　　一、生态影响型项目工程分析主要内容 ··· 50
　　　二、生态影响型项目工程分析技术要点 ··· 50
　案例分析 ·· 51
　思考题 ··· 51
　参考文献 ·· 52

第六章　大气环境影响评价 ·· 53
　第一节　大气污染与扩散 ·· 53
　　　一、大气污染 ··· 53
　　　二、大气扩散 ··· 54
　第二节　大气环境影响评价工作等级及范围 ··· 62
　　　一、大气环境影响评价主要任务 ··· 62
　　　二、大气环境影响评价工作等级划分及评价范围确定 ······················· 62
　第三节　大气污染源调查与分析 ··· 64
　　　一、大气污染源调查与分析对象 ··· 64
　　　二、一级评价项目污染源调查内容 ··· 64
　　　三、二级、三级评价项目污染源调查内容 ·· 66
　第四节　环境空气质量现状调查与评价 ··· 67
　　　一、环境空气质量现状调查 ·· 67
　　　二、环境空气质量现状评价 ·· 68
　第五节　大气环境影响预测与评价 ·· 71
　　　一、大气环境影响预测评价方法 ··· 71
　　　二、大气环境影响预测模式 ·· 72
　　　三、预测模式参数的确定 ·· 76
　　　四、大气环境影响评价分析 ·· 79
　　　五、防治大气污染的措施及评价结论与建议 ····································· 81
　案例分析 ·· 83
　思考题 ··· 83

参考文献 ··· 84

第七章　地表水环境影响评价 ··· 85
第一节　地表水体污染与自净 ··· 85
　　一、水体污染 ··· 85
　　二、水体自净 ··· 86
　　三、水体耗氧与复氧 ··· 87
第二节　地表水环境影响评价等级与范围 ·· 88
　　一、地表水环境影响评价基本思路及主要任务 ·· 88
　　二、地表水环境影响评价工作程序 ·· 89
　　三、地表水环境影响评价工作等级划分与评价范围 ··· 90
第三节　地表水环境现状调查与评价 ··· 94
　　一、地表水环境现状调查内容与方法 ·· 94
　　二、地表水环境现状调查范围 ··· 96
　　三、断面和采样点的布设 ·· 97
　　四、调查时期与频次 ··· 99
　　五、地表水环境质量现状评价 ··· 99
第四节　地表水环境影响预测与评价 ··· 102
　　一、地表水环境影响预测 ·· 102
　　二、地表水环境影响预测模型 ··· 104
　　三、预测模型参数确定与验证要求 ·· 109
　　四、水体与污染源简化 ·· 110
　　五、地表水环境影响评价分析 ··· 110
　　六、水环境保护措施及建议 ··· 114
　　案例分析 ··· 115
　　思考题 ··· 115
　　参考文献 ··· 116

第八章　土壤环境影响评价 ··· 117
第一节　土壤的基本概况 ·· 117
　　一、基本概念 ·· 117
　　二、土壤的基本特征 ··· 118
第二节　土壤环境影响识别 ·· 119
第三节　土壤环境影响评价工作程序和工作等级 ································· 121
　　一、工作程序 ·· 121
　　二、评价工作等级划分 ·· 122
第四节　土壤环境现状调查与评价 ·· 123
　　一、现状调查 ·· 123

二、现状监测 ·········· 124
　　三、现状评价 ·········· 126
第五节　土壤环境影响预测与评价 ·········· 127
　　一、预测评价范围、时段、因子 ·········· 127
　　二、预测评价方法 ·········· 127
　　三、预测评价结论 ·········· 128
　　四、保护措施与对策 ·········· 129
思考题 ·········· 130
参考文献 ·········· 130

第九章　声环境影响评价 ·········· 131
第一节　噪声与噪声评价量 ·········· 131
　　一、噪声的定义 ·········· 131
　　二、噪声评价量 ·········· 132
　　三、噪声级的计算 ·········· 134
第二节　声环境影响评价工作等级、范围及程序 ·········· 136
　　一、声环境影响评价工作等级划分 ·········· 136
　　二、声环境影响评价范围 ·········· 136
　　三、声环境影响评价工作程序 ·········· 137
　　四、声环境评价水平年的确定 ·········· 137
第三节　声环境现状调查与评价 ·········· 138
　　一、噪声源调查与分析 ·········· 138
　　二、声环境现状调查基本内容与方法 ·········· 139
　　三、环境噪声现状监测 ·········· 139
　　四、声环境现状评价 ·········· 140
第四节　声环境影响预测与评价 ·········· 141
　　一、声环境影响预测范围与点位布设 ·········· 141
　　二、声环境影响预测方法 ·········· 141
　　三、声环境影响预测模式 ·········· 141
　　四、声环境影响评价主要内容 ·········· 151
　　五、噪声防治对策措施 ·········· 151
案例分析 ·········· 152
思考题 ·········· 153
参考文献 ·········· 153

第十章　生态环境影响评价 ·········· 154
第一节　生态影响评价概述 ·········· 154
　　一、基本概念 ·········· 154

二、生态影响特点 ………………………………………………………………… 155
　　三、生态影响评价基本任务 ……………………………………………………… 156
　　四、生态影响评价的基本要求 …………………………………………………… 156
　　五、生态影响评价的工作程序 …………………………………………………… 156
　　六、生态影响识别 ………………………………………………………………… 156
　　七、生态影响评价工作等级和评价范围 ………………………………………… 159
　第二节　生态现状调查与评价 ………………………………………………………… 161
　　一、生态现状调查 ………………………………………………………………… 161
　　二、生态现状评价内容与方法 …………………………………………………… 162
　第三节　生态影响预测与评价 ………………………………………………………… 168
　　一、生态影响预测 ………………………………………………………………… 168
　　二、生态影响评价内容与要求 …………………………………………………… 169
　第四节　生态保护措施 ………………………………………………………………… 171
　　一、生态保护措施的基本要求 …………………………………………………… 171
　　二、生态保护的主要措施 ………………………………………………………… 172
　案例分析 ………………………………………………………………………………… 174
　思考题 …………………………………………………………………………………… 175
　参考文献 ………………………………………………………………………………… 175

第十一章　规划环境影响评价 …………………………………………………………… 176
　第一节　规划环境影响评价概述 ……………………………………………………… 176
　　一、规划环境影响评价概念与特点 ……………………………………………… 176
　　二、规划环境影响评价原则与方法 ……………………………………………… 178
　　三、规划环境影响评价工作程序与内容 ………………………………………… 182
　第二节　规划环境影响评价识别与指标 ……………………………………………… 184
　　一、规划分析与环境影响识别 …………………………………………………… 184
　　二、环境目标与规划环境影响评价指标 ………………………………………… 184
　第三节　规划环境影响现状调查与评价 ……………………………………………… 185
　　一、现状调查内容 ………………………………………………………………… 185
　　二、现状分析与评价 ……………………………………………………………… 187
　第四节　规划环境影响预测与评价 …………………………………………………… 187
　　一、规划开发强度分析 …………………………………………………………… 188
　　二、影响预测与评价的要求与内容 ……………………………………………… 188
　　三、累积环境影响预测与分析 …………………………………………………… 189
　　四、资源环境承载力评估 ………………………………………………………… 189
　第五节　规划方案综合论证和优化调整建议 ………………………………………… 189
　　一、环境合理性论证 ……………………………………………………………… 189
　　二、规划方案对可持续发展影响的综合论证 …………………………………… 190

三、规划方案的优化调整建议 ………………………………………………… 190
　第六节　环境影响减缓措施及跟踪评价 ……………………………………………… 191
　　　一、环境影响减缓的措施 …………………………………………………… 191
　　　二、规划所包含建设项目环评要求 ………………………………………… 191
　　　三、环境影响跟踪评价计划 ………………………………………………… 192
　　　四、公众参与和会商意见处理 ……………………………………………… 192
　　　五、评价结论 ………………………………………………………………… 192
　案例分析 …………………………………………………………………………………… 193
　思考题 ……………………………………………………………………………………… 193
　参考文献 …………………………………………………………………………………… 194

第十二章　公众参与 ………………………………………………………………………… 195
　第一节　环境影响评价中的公众参与 ………………………………………………… 195
　　　一、概述 ……………………………………………………………………… 195
　　　二、各国公众参与概况 ……………………………………………………… 196
　第二节　公众参与目的及程序 ………………………………………………………… 198
　　　一、公众参与的目的 ………………………………………………………… 198
　　　二、公众参与的原则 ………………………………………………………… 198
　　　三、公众参与的作用与意义 ………………………………………………… 198
　　　四、公众参与的工作程序 …………………………………………………… 199
　　　五、公众的范围 ……………………………………………………………… 200
　第三节　公众参与内容 ………………………………………………………………… 201
　　　一、公众参与计划 …………………………………………………………… 201
　　　二、信息公开 ………………………………………………………………… 202
　　　三、公众意见调查内容 ……………………………………………………… 202
　　　四、公众意见调查方法 ……………………………………………………… 203
　　　五、公众意见的汇总分析和信息反馈 ……………………………………… 204
　思考题 ……………………………………………………………………………………… 205
　参考文献 …………………………………………………………………………………… 205

第十三章　煤炭采选工程环境影响评价 ………………………………………………… 206
　第一节　我国煤炭采选行业发展及对环境的影响 …………………………………… 206
　　　一、行业发展总体概况 ……………………………………………………… 206
　　　二、煤炭采选对环境的影响 ………………………………………………… 207
　第二节　煤炭采选环境影响评价概述 ………………………………………………… 209
　　　一、煤炭采选基本概念 ……………………………………………………… 209
　　　二、煤炭采选环境影响评价的基本要求 …………………………………… 210
　第三节　煤炭采选环境影响工程分析及现状调查评价 ……………………………… 211

一、工程分析方法 ·· 211
　　二、工程分析内容 ·· 211
　　三、区域自然、社会经济概况及环境质量现状调查与评价 ············ 212
第四节　煤炭采选环境影响预测与评价 ································ 214
　　一、地表水环境影响预测与评价 ······································ 214
　　二、大气环境影响预测与评价 ·· 215
　　三、地下水环境影响预测与评价 ······································ 215
　　四、固体废物环境影响预测与评价 ···································· 216
　　五、地表沉陷预测及生态影响预测与评价 ······························ 217
　　六、声环境影响预测与评价 ·· 218
　　七、清洁生产与循环经济分析 ·· 219
　　八、环境风险影响评价 ·· 219
　　九、公众参与 ·· 219
　　十、环境经济损益分析 ·· 219
　　十一、污染物总量控制分析 ·· 220
　　十二、水土保持 ·· 220
　　十三、建设期环境影响分析 ·· 220
　　十四、环境管理与环境监测计划 ······································ 220
　　十五、选址及规划符合性分析 ·· 221
　　十六、评价结论 ·· 221
参考文献 ·· 221

第一章

绪　论

环境影响评价制度在生态文明建设中发挥着十分重要的作用，是生态文明社会不可或缺的法律制度，是生态文明建设的有效方法和重要工具。

生态文明指人们在改造客观物质世界的同时，以科学发展观看待人与自然的关系以及人与人的关系，不断克服人类活动中的负面效应，积极改善和优化人与自然、人与人的关系，建设有序的生态运行机制和良好的生态环境所取得的物质、精神、制度方面成果的总和。生态文明是贯穿于经济建设、政治建设、文化建设、社会建设全过程和各方面的系统工程，生态文明建设是关系中华民族永续发展的根本大计。2012年11月，党的十八大从新的历史起点出发，做出"大力推进生态文明建设"的战略决策。2017年10月，党的十九大首次将"必须树立和践行绿水青山就是金山银山的理念"写入大会报告。2022年10月，党的二十大提出：坚持绿水青山就是金山银山的理念，坚持山水林田湖草沙一体化保护和系统治理，全方位、全地域、全过程加强生态环境保护，生态文明制度体系更加健全，污染防治攻坚向纵深推进，绿色、循环、低碳发展迈出坚实步伐，生态环境保护发生历史性、转折性、全局性变化，我们的祖国天更蓝、山更绿、水更清。

随着我国生态文明建设的不断发展，对环境影响评价制度也提出了更高的要求。

第一节　环境的概述

环境是指人群周围的境况以及其中可以直接、间接影响人类生活和发展的各种自然因素和社会因素的总和。环境是相对于某一中心事物而言的，并因中心事物的不同而不同。

在环境科学中，环境是指以人类为主体的外部世界，包括地球表面与人类发生相互作用的自然要素及其总体。它是人类生存发展的基础，也是人类开发利用的对象。从广义上讲，环境是指围绕着人群的空间中的一切事物，或是作用于人类这一客体的所有外界事物，即所谓人类的生存环境。从狭义上讲，环境是指人类进行生产和生活的场所，尤其是指可以直接或间接地影响人类生存和发展的各种自然因素的总体。自古以来，人类就与外部世界诸事物发生着各种联系，其生存繁衍的历史是人类社会与环境相互作用、共同发展和不断进化的历史。人与环境之间存在着一种对立统一的辩证关系，是矛盾的两个方面，其关系既相互作用、相互促进和相互转化，又相互对立和相互制约。

《中华人民共和国环境保护法》（2014年修订）第二条对环境的定义：环境是指影响人类生存和发展的各种天然的和经过人工改造的自然因素的总体，包括大气、水、海洋、土地、矿藏、森林、草原、湿地、野生生物、自然遗迹、人文遗迹、自然保护区、风景名胜区、城市和乡村等。

人类环境不同于其他生物的环境，它包括自然环境和社会环境两部分。

自然环境包括人类赖以生存的自然条件和自然资源，例如空气、阳光、水、土壤、矿物、岩石和生物等，以及由这些要素构成的各圈层，例如大气圈、水圈、土壤圈、生物圈和岩石圈。

社会环境是指人类的社会制度、社会意识、社会文化等社会经济文化体系，包括社会经济、城乡结构以及与各种社会制度相适应的政治、经济、法律、宗教、艺术、哲学的观念和机构等。

环境是一个复杂的系统，是人类生存和发展的物质基础。环境为人类的生存提供了必要的物质条件和活动空间，为人类社会经济发展提供了各种自然资源，为人类社会经济活动所产生的废物提供了弃置消纳的场所。人类对环境系统的干扰作用必须限制在一定的范围之内，否则，环境系统的功能就会受到破坏，从而形成各种各样的环境问题。

一般把包括地球岩石的上部、水圈和大气圈的下部的范围叫作生物圈。其范围一般认为是从地球表面不到11km的深度（即太平洋海沟的最深处）至地面以上不到9km的高度（即珠穆朗玛峰顶）的范围。生物圈是地球表面全部有机体及与之相互作用的物理环境的总称。由于环境里有空气、水、土壤而能够维持生物的生命，故人们习惯于把地球上凡是有生命的地方称为生物圈。污染物对环境的影响主要在生物圈。环境影响评价也主要是针对这个范围。

第二节　环境影响

一、环境影响概念

环境影响是指废气、废水、固体废物等进入大气、水体或陆地系统中使环境发生的变化。环境影响是由造成环境影响的源和受影响的环境两方面构成的。受影响的环境要素变化的范围和程度随着人类活动的性质、范围和地点的不同而不同。这里所指的环境要素是指构成环境整体的各个独立的、性质各异而又服从总体演化规律的基本物质组成，也叫环境基质，通常是指大气、水、声、振动、生物、土壤、放射性、电磁等［《建设项目环境影响评价技术导则 总纲》（HJ 2.1—2016）］。在研究人类活动对环境的影响时，首先应注意那些受到重大影响的环境要素的质量参数的变化。例如，建设一个大型的燃煤火力发电厂，使周围大气中二氧化硫浓度显著升高；城市污水经过一级处理后排入海湾，会使排放口附近海水中有机物浓度显著升高，会影响原有水生生态的平衡。环境影响的重大性也是相对的，例如，对一个濒危物种繁殖地的影响比对数量丰富的物种繁殖地的影响要大。研究人类活动对环境的作用是为了认识和评价环境对人类的反作用，从而制定出减缓不利影响的对策，改善生态环境，维护人类健康，保证和促进人类社会的可持续发展。

二、环境影响分类

1. 按影响的来源分类

按影响的来源分类，环境影响可分为直接影响、间接影响和累积影响。

直接影响与人类活动在时间上同时，在空间上同地；而间接影响则是在时间上推迟，在空间上较远，但在可合理预见的范围内。直接影响一般比较容易分析和测定，而间接影响则不太容易分析和测定。间接影响中空间和时间范围的确定、影响结果的量化等，都是环境影响评价中比较困难的工作。确定直接影响和间接影响并对其进行分析和评价，可以有效地认识评价项目的影响途径、范围、影响状况等，对于缓解不良影响和采用替代方案有重要意义。

累积影响是指当一种活动的影响与过去、现在及将来可预见活动的影响叠加时，造成环境影响的后果。当建设项目的环境影响在时间上过于频繁或在空间上过于密集，以至于各项目的影响得不到及时消除时，都会产生累积影响。

2. 按影响效果分类

按影响效果分类，环境影响可分为有利影响和不利影响。这是一种从受影响对象的损益角度进行划分的方法。有利影响是指对人类健康、社会经济发展或其他环境的状况和功能有积极促进作用的影响；反之，对人类健康有害、对社会经济发展或其他环境状况有消极阻碍或破坏作用的影响，则为不利影响。有利影响与不利影响是相对的，在一定条件下是可以相互转化的。环境影响的有利和不利的确定，要考虑多方面的因素，是一个比较困难的问题，也是环境影响评价工作中需要认真考虑、调研和权衡的问题。

3. 按影响性质分类

按影响性质的不同，环境影响可划分为可恢复影响和不可恢复影响。可恢复影响是指人类活动造成的环境的某些特性改变或某些价值丧失后可以恢复。一般认为，在环境承载力范围内对环境造成的影响是可恢复的；超出环境承载力范围，则为不可恢复影响。

除此之外，环境影响还可以分为长期影响和短期影响，建设阶段影响和运行阶段影响等。

第三节 环境影响评价

一、环境影响评价概念

《中华人民共和国环境保护法》第十九条规定：编制有关开发利用规划，建设对环境有影响的项目，应当依法进行环境影响评价。未依法进行环境影响评价的开发利用规划，不得组织实施；未依法进行环境影响评价的建设项目，不得开工建设。

为了实施可持续发展战略，预防因规划和建设项目实施后对环境造成不良影响，促进经济、社会和环境的协调发展，我国于2002年10月制定并通过了《中华人民共和国环境影响评价法》，并于2016年7月第一次修正和2018年12月第二次修正，其中第二条规定："本法所称环境影响评价，是指对规划和建设项目实施后可能造成的环境影响进行分析、预测和评估，提出预防或者减轻不良环境影响的对策和措施，进行跟踪监测的方法与制度。"制定该法的主要目的是实施可持续发展战略，预防因规划和建设项目实施后对环境造成不良影响，促进经济、社会和环境的协调发展。

环境影响评价（environmental impact assessment，EIA）是在长期进行环保活动的实践中发展出来的一种科学方法或者说是一种技术手段，通过这种方法或者手段来预防或者减轻环境污染与生态破坏。这种方法或者手段不是固定不变的，而是随着理论研究和实践经验的发展，随着科学技术的进步不断地改进、发展和完善的。

环境影响评价首先是从建设项目领域开始的，指在建设项目兴建之前，就项目的选址、设计以及建设项目施工过程中和建设完成投产后可能带来的环境影响进行分析、预测和评估。环境影响评价包含了两个层面的意思：一个层面指的是技术方法，包括物理学、化学、生态学、文化与社会经济等方面；另一个层面指的是管理制度，即把环境影响评价作为环境管理中的一项制度规定下来，并以法律形式加以肯定的做法。

环境影响评价按照评价对象可分为规划环境影响评价、建设项目环境影响评价；按照环境要素可分为大气环境影响评价、地表水环境影响评价、声环境影响评价、生态环境影响评价、土壤环境影响评价等；按照时间顺序可分为环境质量现状评价、环境影响预测评价、建设项目环境影响后评价。

二、环境影响评价的由来

环境影响评价作为一种环保手段和方法，是在20世纪中期提出来的。第二次世界大战以后，全球经济加速发展，由此带来的环境问题也越来越严重，环境公害事件频繁发生，人们开始关注人类活动对环境的影响，并运用各个学科的研究成果，预测和评估计划中的人类活动可能会给环境带来的影响和危害，并有针对性地提出相应的防治措施。

"环境影响评价"这个概念最早是1964年在加拿大召开的国际环境质量评价学术会议上提出的。1969年，美国制定了《国家环境政策法》（*National Environmental Policy Act*，NEPA），在世界范围内率先确立了环境影响评价制度。依据该法设立的国家环境质量委员会于1978年制定了《国家环境政策法实施条例》，为《国家环境政策法》提供了可操作的规范性标准和程序。

由于环境影响评价制度的实施对防止环境受到人类活动的影响或破坏具有科学的预见性，这项制度很快就在世界范围广泛传播，为许多国家环境立法所确立。随后，瑞典、澳大利亚、法国也分别于1969年、1974年、1976年在其国家的环境法中制定了环境影响评价制度，日本、加拿大、英国、新西兰等国虽未在法律中拟定类似条款，但也建立了相应的环境影响评价制度。经过几十年的发展，已有100多个国家建立了环境影响评价制度。环境影响评价的内涵也不断得到提高，从对自然环境的影响评价发展到对社会环境的影响评价，其中自然环境的影响不仅考虑环境污染，还注重其对生态系统的影响。此外，各国逐步开展了环境风险评价、区域建设项目的累积性影响。近十多年来，环境影响后评价也引起很多研究者的兴趣，并逐步推广到大的建设项目中。

环境影响评价的对象从最初单纯的工程建设项目发展到区域开发环境影响评价、战略环境评价、规划环境影响评价；环境影响评价的技术方法和程序也在发展中不断得以完善。

三、环境影响评价的重要性

环境影响评价的重要性主要表现在以下几个方面。

1. 保证建设项目选址和布局的合理性

合理的经济布局是保证环境与经济持续发展的前提条件，而不合理的布局则是造成环境污染的主要原因之一。环境影响评价是从开发活动所在区域的整体出发，考虑建设项目的不同选址和布局对区域整体的不同影响，并进行比较和取舍，选择最有利的方案，保证建设项目选址和布局的合理性。

2. 指导环境保护措施的设计

一般建设项目的开发建设活动和生产活动都要消耗一定的资源，给环境带来一定的污染与破坏，因此必须采取相应的环境保护措施。环境影响评价是针对具体的开发建设活动或生产活动，综合考虑活动特点和环境特征，通过对污染治理措施的技术、经济和环境论证，可以得到相对合理的环境保护对策和措施，指导环境保护措施的设计，强化环境管理，把因人类活动而产生的环境污染或生态破坏限制在最小范围。

3. 为区域社会经济发展提供导向

环境影响评价可以通过对区域的自然条件、资源条件、社会条件和经济发展状况等进行综合分析，掌握该地区的资源、环境和社会承载能力等状况，从而对该地区发展方向、发展规模、产业结构和布局等做出科学的决策和规划，以指导区域活动，实现可持续发展。

4. 推进科学决策与民主决策进程

环境影响评价是在决策的源头考虑环境的影响，并要求开展公众参与，充分征求公众的意见，其本质是在决策过程中加强科学论证，强调公开、公正，对我国决策民主化、科学化具有重要的推进作用。

5. 促进相关环境科学技术的发展

环境影响评价涉及自然科学和社会科学的众多领域，包括基础理论研究和应用技术开发。环境影响评价工作中遇到的问题，必然是对相关环境科学技术的挑战，进而推动相关环境科学技术的发展。

四、环境影响评价的基本原则

《中华人民共和国环境影响评价法》（2018年12月第二次修正版）中第四条提出，环境影响评价必须客观、公开、公正，综合考虑规划或者建设项目实施后对各种环境因素及其所构成的生态系统可能造成的影响，为决策提供科学依据。

第四节　我国环境影响评价制度的发展及特点

一、我国环境影响评价制度的发展

我国作为一个发展中大国，为了更好地促进环境保护工作的开展，在 20 世纪 70 年代末，也开始吸收国外的先进经验，建立我国的环境影响评价制度。总的来说，我国环境影响评价制度的建立和发展历程大体可以划分为五个阶段：

第一阶段是引入和确立阶段。这一阶段环境影响评价开始在我国的一些文件和报告中出现，这是我国在 20 世纪 70 年代以后经济建设逐步进入正轨的客观反映。1973 年第一次全国环境保护会议以后，我国环境保护工作全面起步。1978 年 12 月 31 日，中发〔1978〕79 号文件批准的国务院环境保护领导小组《环境保护工作汇报要点》中，首次提出了环境影响评价的意向。1979 年 4 月，国务院环境保护领导小组在《关于全国环境保护工作会议情况的报告》中，把环境影响评价作为一项方针政策再次提出。1979 年 9 月，《中华人民共和国环境保护法（试行）》颁布，该法规定：一切企业、事业单位的选址、设计、建设和扩建工程中，必须提出环境影响报告书，经环境保护主管部门和其他有关部门审查批准后才能进行设计。

第二阶段是规范和建设阶段。刚刚建立起来的环境影响评价制度显然还缺乏相关制度的配套和深化，为保证环境影响评价制度具有可操作性，国家相关部门陆续颁布了各项环境保护法律法规和部门行政规章，不断对环境影响评价制度进行规范。1981年5月制定了《基本建设项目环境保护管理办法》；1986年国家计划委员会（现国家发展和改革委员会）、国家经济贸易委员会、国务院环境保护委员会联合颁布的《建设项目环境保护管理办法》中，对建设项目环境影响评价的范围、内容、审批和环境影响报告书的编制格式都做了明确的规定，促进了环境影响评价制度的有效执行；此后发布的《中华人民共和国水污染防治法》等都对环境影响评价工作做出了规定；1989年12月26日颁布的《中华人民共和国环境保护法》中，以法律形式确认了建设项目的环境影响评价制度，对该制度的执行对象和任务、工作原则和审批程序、执行时段和基本建设程序之间的关系做了原则性规定。

第三阶段是强化和完善阶段。进入20世纪90年代，随着我国改革开放的深入发展和社会主义计划经济向市场经济转轨，建设项目的环境保护管理制度特别是环境影响评价制度得到了强化，并开始了区域环境影响评价和规划环境影响评价。在注重污染型项目评价的同时，加强了生态影响类项目的环境影响评价，污染预防和生态保护并重，同时在实践中逐步扩大和完善公众参与的范围。1998年11月29日，国务院令第253号颁布实施了《建设项目环境保护管理条例》，对环境影响评价做了全面、详细、明确的规定。

第四阶段是提高和拓展阶段。我国第九届全国人大常委会亦把环境影响评价工作列入了立法计划。从1998年开始，经过四年的努力，在反复调研、论证之后，于2002年10月28日第九届人大常委会第十三次会议通过《环境影响评价法》，2003年9月1日起正式实施。这标志着我国的环境立法进入了一个崭新的阶段，也是首次就一项环境保护制度专门制定颁布了完整的法典。当时的国家环保总局依据法律规定，建立了环境影响评价的基础数据库，颁布了各类环境影响评价的技术导则，制定了专项规划环境影响报告书审查办法。2006年2月2日，国家环保总局发布了《环境影响评价公众参与暂行办法》，这是中国环保领域的第一部公众参与的规范性文件。为了提高环境执法效率，充分发挥公众参与环保监督的作用，2006年2月20日，监察部和国家环保总局联合颁布施行了《环境保护违法违纪行为处分暂行规定》，这是我国第一部关于环境保护处分方面的专门规章。《环境影响评价公众参与暂行办法》和《环境保护违法违纪行为处分暂行规定》的配套出台，在中国环保领域是第一次，它们共同为环保监督作用的发挥提供了综合性的制度保障。2012年1月1日，环境保护部发布了新版的《环境影响评价技术导则 总纲》，这一举措使我国指导建设项目环境影响评价工作的进行更加严谨与科学。

第五阶段是大力改革阶段。过去建立起来的环境影响评价制度显然已不符合我国现今的国情，为保证环境影响评价工作正常有序进行，国家相关部门陆续做出了对各项环境保护法律法规和部门规章的改革。国家为实现"十三五"绿色发展和改善生态环境质量总体目标，对环境影响评价做出了一系列的改革。2016年7月2日修订通过《中华人民共和国环境影响评价法》。2016年12月8日修订通过《建设项目环境影响评价技术导则 总纲》。2016年7月15日，环境保护部印发《"十三五"环境影响评价改革实施方案》的通知。2017年10月1日国务院令第682号颁布实施了《国务院关于修改〈建设项目环境保护管理条例〉的决定》等。2017年12月，环境保护部印发《"生态保护红线、环境质量底线、资源利用上线和环境准入负面清单"编制技术指南（试行）》（环办环评〔2017〕99 号）。2018 年 12 月 29 日《中华人民共和国环境影响评价法》再次修订，通过弱化项目环评的行政审批、强化规划环评、加大未批先建处罚力度，从而实现从源头减少环境污染的目标。2020 年 9 月，生态环境部召开全国环评"放管服"工作推进视频会，深入学习贯彻中央领导同志重要指示批示精神，落实中央巡视整改工作要求，就严厉打击环评弄虚作假行为、优化小微企业项目环评工作进行部署。会议强调，统筹推进环评"放管服"改革是贯彻落实党中央、国务院决策部署的重大政治任务，是在发展中守住绿水青山第一道防线的根本保障，是打赢打好污染防治攻坚战的内在要求，是推进环境治理体系现代化的长远之策。完成覆盖所有固定污染源的排污许可证核发工作，是党的十九届四中全会精神、生态文明体制改革总体方案、国务院控制污染物排放许可制实施方案等提出的重要改革目标任务，是打好污染防治攻坚战的重要支撑。为切实做到"核发一个行业、清理一个行业、规范一个行业、达标一个行业"，实现固定污染源排污许可全覆盖，不断完善排污许可制法律法规、管理和技术体系，生态环境部 2019 年 3 月以来先后印发了《固定污染源排污许可分类管理名录（2019 年版）》《关于做好固定污染源排污许可清理整顿和 2020 年排污许可发证登记工作的通知》《固定污染源排污登记工作指南（试行）》等文件，聚焦"一证式"管理，推进排污许可证全覆盖。

2022 年 4 月，为贯彻落实"十四五"生态环境保护目标、任务，健全以环境影响评价制度为主体的源头预防体系，构建以排污许可制为核心的固定污染源监管制度体系，协同推进经济高质量发展和生态环境高水平保护，生态环境部颁布了《"十四五"环境影响评价与排污许可工作实施方案》。

二、我国环境影响评价制度的特点

我国的环境影响评价制度是借鉴国外经验并结合中国的实际情况逐渐形成的。我国环境影响评价制度的主要特点表现在以下几个方面。

1. 具有法律强制性

我国的环境影响评价制度是国家环境保护法明令规定的一项法律制度，以法律形式约束人们必须遵照执行，具有不可违背的强制性，所有对环境有影响的建设项目都必须执行这一制度。

2. 纳入基本建设程序

我国多年实施计划经济体制，改革开放以来，虽然实行社会主义市场经济，但是在固定资产上，国家仍然有较多的审批环节和产业政策控制，强调基建程序。多年来，建设项目的环境管理一直纳入基本建设程序管理中。1998 年《建设项目环境保护管理条例》颁布，对各种投资类型的项目都要求在可行性研究阶段或开工建设之前，完成其环境影响评价的报批。

3. 分类管理

《中华人民共和国环境影响评价法》第十六条规定：国家根据建设项目对环境的影响程度，对建设项目的环境影响评价实行分类管理。为了贯彻实施建设项目环境影响评价分类管理，《建设项目环境影响评价分类管理名录》（2021 年版，自 2021 年 1 月 1 日起施行）第二条规定：建设单位应当按照名录的规定，分别组织编制建设项目环境影响报告书、环境影响报告表或者填报环境影响登记表。对环境有重大影响的必须编写环境影响报告书，对环境影响较小的项目可以编写环境影响报告表,而对环境影响很小的项目,可只填报环境影响登记表。评价工作的重点也因类而异,对新建项目,评价重点主要是解决合理布局、优化选址和总量控制;对扩建和技术改造项目,评价的重点在于工程实施前后可能对环境造成的影响及"以新带老",加强原有污染治理,改善环境质量。

4. 环境影响评价工程师职业资格要求

为了加强环境影响评价管理,提高环境影响评价专业技术人员素质,确保环境影响评价质量,2004年2月,在全国环境影响评价系统建立环境影响评价工程师职业资格制度,对从事环境影响评价工作的有关人员提出了更高的要求。

思考题

1. 简述环境的定义。
2. 环境影响的分类有哪些?
3. 环境影响评价的概念和原则是什么?
4. 简述环境影响评价的重要性。
5. 简述我国环境影响评价制度的特点。

参考文献

[1] 建设项目环境影响评价技术导则 总纲[S].HJ 2.1—2016.
[2] 环境保护部环境工程评估中心.环境影响评价技术方法(2021年版)[M].北京:中国环境出版集团,2021.
[3] 金腊华.环境影响评价[M].北京:化学工业出版社,2015.
[4] 沈洪艳.环境影响评价教程[M].北京:化学工业出版社,2017.
[5] 李淑芹,孟宪林.环境影响评价[M].3版.北京:化学工业出版社,2022.
[6] 何德文.环境影响评价[M].北京:科学出版社,2017.

第二章

环境法规与环境标准

依法加强生态环境保护，是维护公众环境权益、建设美丽中国的重要保障。环境评价制度则是约束项目和园区准入的法制保障，是发展中守住绿水青山的第一道防线。为贯彻落实"十四五"生态环境保护目标、任务，中华人民共和国生态环境部发布了《"十四五"环境影响评价与排污许可工作实施方案》，提出了健全以环境影响评价制度为主体的源头预防体系，构建以排污许可制为核心的固定污染源监管制度体系。"十四五"时期将持续做好生态环境准入，在推进绿色转型发展、减污降碳协同增效、生态系统保护等方面，进一步提升环评的源头预防效能。

环境标准是转方式、调结构、保民生、促和谐的重要抓手，是实现环境保护目标、改善环境质量的重要保障。为了深入贯彻党中央精神和发展理念，坚持预防为主的原则，推进环境影响评价法及相关法律法规制修订，以改善环境质量为核心，以满足环境管理需求和突破环保标准发展瓶颈问题为重点，补短板、建机制、强基础，建立支撑适用、协同配套、科学合理、规范高效的环保标准体系与管理机制，为环境管理提供强有力的标准支持，协同推进经济高质量发展和生态环境高水平保护。依靠法律和制度加强生态环境保护，实现源头严防、过程严管、后果严惩。

第一节 环境法规

一、环境影响评价的法规依据

我国的环境影响评价与环境保护的法律法规体系密不可分，环境影响评价的依据是环境保护的法律法规和环境标准。环境法律法规和标准及环境目标反映的是一个地区、国家和国际组织的环境政策，也是其环境基本价值的体现。

环境影响评价的法律法规与标准体系，是指国家为保护和改善环境、防治污染及其他公害而制定的体现政府行为准则的各种法律、法规、规章制度及政策性文件的有机整体框架系统。这是开展环境影响评价的基本依据。

二、环境保护法律法规体系及相互关系

我国目前建立了由法律、国务院行政法规、政府部门规章、地方性法规和地方政府规章、环境标准、环境保护国际条约组成的完整的环境保护法律法规体系。该体系以《中华人民共和国宪法》中关于环境保护的规定为基础，以综合性环境基本法为核心，以相关法律关于环境保护的规定为补充，是由若干相互联系协调的环境保护法律、法规、规章、标准及国际条约所组成的一个完整而又相对独立的法律法规体系。

1. 宪法中关于环境保护的规定

《中华人民共和国宪法》第二十六条规定:"国家保护和改善生活环境和生态环境,防治污染和其他公害。"第九条规定:"国家保障自然资源的合理利用,保护珍贵的动物和植物。禁止任何组织或者个人用任何手段侵占或者破坏自然资源。"第十条、第二十二条也有关于环境保护的规定。宪法的这些规定是环境保护立法的依据和指导原则。

2.《环境保护法》中的规定

为保护和改善环境,防治污染和其他公害,保障公众健康,推进生态文明建设,促进经济社会可持续发展,1989年12月26日颁布实施了《中华人民共和国环境保护法》,标志着我国的环境保护工作进入法治轨道,带动了我国环境保护立法的全面发展。2015年1月1日实施修订后的《中华人民共和国环境保护法》是现阶段我国环境保护的综合性法律,在环境保护法律体系中占据核心地位。该法分为"总则""监督管理""保护和改善环境""防治污染和其他公害""信息公开和公众参与""法律责任""附则"共七章。其中,第十五条明确规定:国务院环境保护主管部门制定国家环境质量标准,国家鼓励开展环境基准研究;第十六条明确规定:国务院环境保护主管部门根据国家环境质量标准和国家经济、技术条件,制定国家污染物排放标准;第十九条明确规定:编制有关开发利用规划,建设对环境有影响的项目,应当依法进行环境影响评价;第六十一条规定:建设单位未依法提交建设项目环境影响评价文件或者环境影响评价文件未经批准,擅自开工建设的,由负有环境保护监督管理职责的部门责令停止建设,处以罚款,并可以责令恢复原状。

3.《环境影响评价法》

2002年10月28日通过的《中华人民共和国环境影响评价法》是一部独特的环境保护单行法,该法规定了规划和建设项目影响评价的相关法律要求,是我国环境立法的重大发展。2016年7月2日《中华人民共和国环境影响评价法》通过修订,将环境影响评价的范畴从建设项目扩展到规划,即战略层次,力求从策略的源头防止污染和生态破坏,标志着我国环境与资源立法进入了一个新的阶段。2018年12月29日《中华人民共和国环境影响评价法》再次修订,通过弱化项目环评的行政审批、强化规划环评、加大未批先建处罚力度,从而实现从源头减少环境污染的目标。

4. 环境保护单行法

环境保护单行法是针对特定的污染防治对象或资源保护对象而制定的。它分为两大类:一类是自然资源保护法,如《中华人民共和国森林法》《中华人民共和国草原法》《中华人民共和国渔业法》《中华人民共和国矿产资源法》《中华人民共和国土地管理法》《中华人民共和国水法》《中华人民共和国野生动物保护法》《中华人民共和国水土保持法》《中华人民共和国气象法》《中华人民共和国环境保护税法》等;另一类是污染保护法,如《中华人民共和国水污染防治法》《中华人民共和国大气污染防治法》《中华人民共和国固体废物污染环境防治法》《中华人民共和国环境噪声污染防治法》《中华人民共和国海洋环境保护法》《中华人民共和国清洁生产促进法》《中华人民共和国放射性污染防治法》等。这些法律中都有环境影响评价的相关规定。

5. 环境保护行政法规

环境保护行政法规是由国务院制定并公布的环境保护规定文件,分为两类:一类是为执行某些环境保护单行法而制定的实施细则或条例,如2013年9月国务院印发的《大气污染防治行动计划》、2015年4月国务院发布的《水污染防治行动计划》、2018年1月1日起施行的《中华人民共和国环境保护税法实施条例》；另一类是针对环境保护工作中某些尚无相应单行法的重要领域而制定的条例、规定或办法，如2017年10月国务院发布施行的《建设项目环境保护管理条例》等。

6. 环境保护部门规章

环境保护部门规章是由国务院环境保护行政主管部门单独发布的或者与国务院有关部门联合发布的环境保护规范文件。它以有关的环境保护法规为依据制定，或针对某些尚无法律法规调整的领域而做出相应的规定，如2016年1月1日起施行的《建设项目环境影响后评价管理办法（试行）》、2017年1月1日起实施的《最高人民法院、最高人民检察院关于办理环境污染刑事案件适用法律若干问题的解释》、2020年11月由生态环境部审议通过的《建设项目环境影响评价分类管理名录（2021年版）》等。

7. 环境保护地方性法规和地方政府规章

环境保护地方性法规和地方政府规章是地方权力机关和地方行政机关依据宪法和相关法律法规制定的环境保护规范性文件。这些规范性文件是根据本地的实际情况和特殊的环境问题，为实施环境保护法律法规而制定的，具有较强的可操作性。如北京市地方标准《水污染物综合排放标准》（DB11/307）、《城镇污水处理厂水污染物排放标准》（DB11/890），河南省2018年3月1日起施行的《河南省大气污染防治条例》等。

8. 环境保护国际公约

环境保护国际公约是指我国缔结和参加的环境保护国际公约、条约和议定书。国际公约与我国环境法有不同规定时，优先适用国际公约的规定，但我国声明保留的条款除外。如1991年我国加入了《关于消耗臭氧层物质的蒙特利尔议定书》、2017年8月16日在我国正式生效的《关于汞的水俣公约》。

三、环境保护法律法规体系中各层次间关系

《中华人民共和国宪法》是环境保护法律法规体系建立的依据和基础，法律层次不管是环境保护的综合法、单行法还是相关法，其中对环境保护的要求，法律效力是一样的。如果法律规定中有不一致的地方，应遵循后法大于先法。环境保护法律法规体系框架图如图2-1所示。

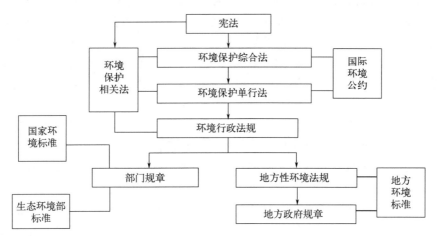

图2-1 环境保护法律法规体系框架图

国务院环境保护行政法规的法律地位仅次于法律。部门行政规章、地方环境法规和地方政府规章均不得违背法律和行政法规的规定。地方法规和地方政府规章只在制定法规、规章的辖区内有效。

四、环境影响评价技术导则

为了贯彻《中华人民共和国环境保护法》《中华人民共和国环境影响评价法》《建设项目环境保护管理条例》，保护环境、指导建设项目环境影响评价工作，环境保护部于2016年修订并于2017年1月1日开始正式实施的《建设项目环境影响评价技术导则 总纲》(HJ 2.1)，对建设项目环境影响评价的一般性原则、内容、工作程序、方法及要求进行了统一的规定。环境影响评价技术导则体系是由总纲、专项环境影响评价技术导则和行业建设项目环境影响评价技术导则构成的，总纲对后两项导则有指导作用，后两项导则的制定要遵循总纲总体要求。

专项环境影响评价技术导则包括环境要素和专题两种形式，如《环境影响评价技术导则 大气环境》(HJ 2.2)、《环境影响评价技术导则 地表水环境》(HJ/T 2.3)、《环境影响评价技术导则 地下水环境》(HJ 610)、《环境影响评价技术导则 声环境》(HJ 2.4)、《环境影响评价技术导则 土壤环境》(试行)(HJ 964)、《环境影响评价技术导则 生态影响》(HJ 19)等为环境要素的环境影响评价技术导则，《建设项目环境风险评价技术导则》(HJ 169)、《规划环境影响评价技术导则 总纲》(HJ 130)等为专题的环境影响评价技术导则。

《环境影响评价技术导则 输变电工程》(HJ 24)、《环境影响评价技术导则 水利水电工程》(HJ/T 88)、《环境影响评价技术导则 民用机场建设工程》(HJ/T 87)、《环境影响评价技术导则 石油化工建设项目》(HJ/T 89)、《环境影响评价技术导则 钢铁建设项目》(HJ 708)等为行业建设项目环境影响评价技术导则。

第二节 环境标准

一、环境标准的概念和作用

环境标准（environmental standards）是为了保护人群健康，防治环境污染，促使生态良性循环，合理利用资源，促进经济发展，依据环境保护法和有关政策，对有关环境的各项工作所做的规定。具体来讲，环境标准是国家为了保护人民健康，促进生态良性循环，实现社会经济发展目标，根据国家的环境政策和法规，在综合考虑国家环境特征、社会经济条件和科学技术水平的基础上，规定环境中污染物的允许含量和污染物的数量、浓度、时间和速率以及其他技术规范。

环境标准是国家环境政策在技术方面的具体体现，是行使环境技术管理和进行环境规划的主要依据，是推动环境科技进步的动力。由此可以看出，环境标准随环境问题的产生而出现，随科技进步和环境科学的发展而发展，体现在种类和数量上越来越多。环境标准为社会生产力的发展创造良好的条件，又受社会生产力发展水平的制约。

环境标准是对某些环境要素所做的统一的、法定的和技术的规定。环境标准是环境保护工作中最重要的工具之一。环境标准用来规定环境保护技术工作，考核环境保护和污染防治的效果。环境标准是按照严格的科学方法和程序制定的。环境标准的制定还要参考国家和地区在一定时期的自然环境特征、科学技术水平和社会经济发展状况。环境标准过于严格，不符合实际，将会限制社会和经济的发展；过于宽松，又不能达到保护环境的基本要求，造成人体危害和生态破坏。环境标准具有法律效力，同时也是进行环境规划、环境管理、环境评价和城市建设的依据。

1. 环境标准既是环境保护和有关工作的目标，又是环境保护的手段

环境标准是制订环境保护规定和计划的重要依据。保护人民群众的身体健康，促进生态良性循环和保护社会财物不受损害，都需要使环境质量维持在一定的水平上，这种水平是由环境质量标准规定的。制订环境规划和计划需要有一个明确的目标，环境目标就是根据环境质量标准提出的。像制订经济计划需要生产指标一样，制订保护环境的计划也需要一系列的环境指标，环境质量标准和按行业制定的与生产工艺、产品质量相联系的污染物标准正是这种类型的指标。有了环境质量标准和排放标准，国家和地方就可以根据它们来制订控制污染和破坏以及改善环境的规划、计划，也有利于将环境保护工作纳入各种社会经济发展计划中。

2. 环境标准是判断环境质量和衡量环保工作优劣的准绳

评价一个地区环境质量的优劣、一个企业对环境的影响，只有与环境标准相比较才有意义。无论是进行环境质量现状评价和编制环境质量报告书，还是进行环境影响评价，编写环境影响报告书，都需要依据环境标准做出定量化的比较和评价，正确判断环境质量状况和环境影响大小，为进行环境污染综合整治以及采取切实可行的减轻或消除环境影响的措施提供科学的依据。

3. 环境标准是执法的依据

不论是环境问题的诉讼还是排污费的收取、污染治理的目标等执法依据都是环境标准。环境标准是组织现代化生产的重要手段和条件。

通过实施标准可以制止任意排污，促使企业对污染进行治理和管理；采用先进的无污染、少污染工艺；设备更新；资源和能源的综合利用等。

显然，环境质量的作用不仅表现在环境效益上，也表现在经济效益上。

4. 环境标准是环境保护科技进步的推动力

环境标准与其他标准一样，是以科学技术与实践的综合成果为依据制定的，具有科学性和先进性，代表了今后一段时期内科学技术的发展方向，使标准在某种程度上成为判断污染防治技术、生产工艺与设备是否先进可行的依据，成为筛选、评价环保科技成果的一个重要尺度，对技术进步起到导向作用。同时，环境方法、样品、基础标准统一了采样、分析、测试、统计计算等技术方法，规范了环保有关技术名词、术语等，保证了环境信息的可比性，使环境学各学科之间、环境监督管理各部门之间以及环境科研管理部门之间有效的信息交往和相互促进成为可能。标准的实施还可以起到强制推广先进科技成果的作用，加速科技成果转化，使污染治理新技术、新工艺、新设备尽快得到推广应用。

5. 环境标准具有投资导向作用

环境标准中指标值的高低是确定污染源治理、污染资金投入的技术依据，在基本建设和技术改造项目中需要根据标准值来确定治理程度，提前安排污染防治资金。环境标准对环境投资的这种导向作用是明显的。

二、环境标准体系

环境标准体系是根据环境监督管理的需要,将各种不同的环境标准,依其性质、功能及相互间的内在联系,有机组织、合理构成的系统整体。环境标准体系内的各类标准,从其内在联系出发,相互支持、相互匹配,发挥体系整体的综合作用,作为环境监督管理的依据和有效手段,为控制污染、改善环境质量服务。

我国现行的环境标准体系是从国情出发,总结多年来环境标准工作经验和参考国际的环境标准体系制定的。我国的环境标准体系分为"六类两级"。六类是环境质量标准、污染物排放标准(或污染控制标准)、环境基础标准、环境监测方法标准、环境标准样品标准和环保仪器设备标准。两级是国家环境标准和地方环境标准,其中环境基础标准、环境监测方法标准、环境标准样品标准等只有国家标准,并尽可能与国际接轨。

1. 环境质量标准

环境质量标准(environmental quality standards)是国家为保障人群健康和生存环境,对污染物(或有害因子)容许含量(或要求)所做的规定。环境质量标准体现国家的环境保护政策和要求,是衡量环境污染的尺度,也是生态环境主管部门进行环境规划、环境管理、制定污染排放标准的依据。环境质量标准分为国家和地方两级。

国家环境质量标准是由国家按照环境要素和污染因子规定的标准,适用于全国范围;地方环境质量标准是地方根据本地区的实际情况对某些指标的更严格的要求,是国家环境质量标准的补充完善和具体化。国家环境质量标准还包括中央各部门对一些特定的对象,为了特定的目的和要求而制定的环境质量标准,如《生活饮用水卫生标准》(GB 5749)《工业企业设计卫生标准》(GBZ 1)等。环境质量标准主要包括空气环境、水环境、环境噪声、土壤、生物质量标准等。污染警报标准也是一种环境质量标准,其目的是使人群健康不被严重损害。当环境中的污染物超过警报标准时,地方政府发布警告并采取应急措施,比如勒令排污的工厂停产、告诫年老体弱者在室内休息等。

我国现行的环境质量标准有:《环境空气质量标准》(GB 3095)、《室内空气质量标准》(GB/T 18883)、《地表水环境质量标准》(GB 3838)、《海水水质标准》(GB 3097)、《地下水质量标准》(GB/T 14848)、《声环境质量标准》(GB 3096)、《机场周围飞机噪声环境标准》(GB 9660)、《城市区域环境振动标准》(GB 10070)、《土壤环境质量标准》(GB 15618)等。与环境质量标准平行并作为补充的是卫生标准,这类标准如《工业企业设计卫生标准》(GBZ 1)、《生活饮用水卫生标准》(GB 5749)等。

2. 污染物排放标准

污染物排放标准(discharge standards of pollutants)是根据环境质量要求,结合环境特点和社会、经济、技术条件,对污染源排入环境的污染物和产生的有害因子所做的控制标准,或者说是环境污染物或有害因子的允许排放量或限制。它是实现环境质量目标的重要手段,规定了污染物排放标准,就必须严格控制污染物的排放量,这能促使排污单位采取各种有效措施加强生产管理和污染管理,使污染物排放达到标准。

污染物排放标准也可分为国家和地方两级。污染物排放标准按污染物的状态分为气态、液态和固态污染物,还有物理性污染控制标准。按其适用范围可分为综合排放标准和行业排放标准,行业排放标准又可分为指定的部门行业污染物排放标准和一般行业污染物排放标准。我国行业性排放标准很多，例如《火电厂大气污染物排放标准》（GB 13223）、《水泥工业大气污染物排放标准》（GB 4915）、《石油炼制工业污染物排放标准》（GB 31570）、《炼焦化学工业污染物排放标准》（GB 16171）等。行业排放标准一般规定该行业产生的主要污染物允许排放浓度和单位产品允许的排污量，如《煤炭工业污染物排放标准》（GB 20426）规定了原煤开采、选煤水污染物排放限值，煤炭地面生产系统大气污染物排放限值，以及煤炭采选企业所属煤矸石堆置场，煤炭储存、装卸场所污染物控制技术要求。此标准适用于现有煤矿（含露天煤矿）和选煤厂及其所属煤矸石堆置场，煤炭储存、装卸场所污染防治与管理，以及煤炭工业建设项目环境影响评价、环境保护设施设计、竣工环境保护验收及其投产后的污染防治与管理。

3. 环境基础标准

环境基础标准是指在环境标准化工作范围内，对有指导意义的代号、符号、指南、程序、规范等所做的统一规定。在环境标准体系中，环境基础标准处于指导地位，是制定其他环境标准的基础。如《环境污染源类别代码》（GB/T 16706）规定了环境污染源的类别与代码，适用于环境信息管理以及其他信息的交换；《制定地方大气污染排放标准的技术方法》（GB/T 3840）是大气环境保护标准编制的基础；《建设项目环境影响评价技术导则 总纲》（HJ 2.1）则是为建设项目各环境要素或各行业的环境影响评价规范化所做的规定。

4. 环境监测方法标准

这是环境保护工作中，以实验、分析、抽样、统计、计算环境影响评价等方法为对象而制定的标准，是制定和执行环境质量标准和污染物排放标准实现统一管理的基础。如《水质采样技术指导》（HJ 494）、《地表水和污水监测技术规范》（HJ/T 91）、《水质氟化物的测定 离子选择电极法》（GB/T 7484）、《环境空气二氧化硫的测定 甲醛吸收-副玫瑰苯胺分光光度法》（HJ 482）等。有统一的环境监测方法标准，才能提高监测数据的准确性，保证环境监测质量；否则对复杂变化的环境污染因素，将难以执行环境质量标准和污染物排放标准。

5. 环境标准样品标准

环境标准样品标准是对环境标准样品必须达到的要求所作的规定。环境标准样品是环境保护工作中用来标定仪器、验证测试方法、进行量值传递或质量控制的标准材料或物质。如《环境监测用二氧化硫溶液（100mg/L）》（GSB 07—1273）、《水质 COD 标准样品》（GSBZ 50001）等。

6. 环保仪器设备标准

为了保证污染物监测仪器所监测数据的可比性、可靠性和污染治理设备运行的各项效率，对有关环境保护仪器设备的各项技术要求也编制统一的规范和规定。例如《汽油机动车急速排气监测仪技术条件》（HJ/T 3）、《柴油车滤纸烟度计技术条件》（HJ/T 4）等。

思考题

1. 环境影响评价的法律依据有哪些？
2. 简述环境保护法律法规体系组成。

3. 环境标准的概念及作用是什么?
4. 环境标准体系的组成有哪些?

参考文献

[1] 王罗春.环境影响评价[M].北京:冶金工业出版社,2012.
[2] 马太玲,张江山.环境影响评价[M].武汉:华中科技大学出版社,2012.
[3] 朱世云,林春绵.环境影响评价[M].北京:化学工业出版社,2013.
[4] 沈洪艳.环境影响评价教程[M].北京:化学工业出版社,2017.
[5] 李淑芹,孟宪林.环境影响评价[M].3版.北京:化学工业出版社,2022.
[6] 何德文.环境影响评价[M].北京:科学出版社,2017.

第三章

环境影响评价程序

建设项目对环境的影响千差万别，不同行业、不同产品、不同规模、不同工艺、不同原材料产生的污染物种类和数量不同，对环境所造成的影响亦不同。作为法定制度的环境影响评价工作，其程序有两大部分：执行环境影响评价制度的管理程序和完成环境影响报告书的技术工作程序。环境影响评价管理程序是保证环境影响评价工作顺利进行和实施的管理程序，是管理部门的监督手段。在正式编写环境影响评价报告书前，应确定环境影响评价工作等级，编写大纲，并评价区域环境质量现状，进行环境影响预测和评价。本章从环境影响评价管理程序、工作程序以及环境影响评价报告书的编制基本要求等方面进行介绍。

第一节 环境影响评价程序概述

一、环境影响评价程序的定义

环境影响评价程序指按一定的顺序或步骤指导完成环境影响评价工作的过程，一般分为管理程序和工作程序。环境影响评价的管理程序主要用于指导环境影响评价的监督与管理，环境影响评价的工作程序主要用于指导环境影响评价的工作内容和进程。

二、环境影响评价遵循的技术原则

环境影响评价是一种过程，这种过程的重点是在决策和开发建设活动开始之前，体现出环境影响评价的预防功能。决策后或开发建设活动开始，通过对环境进行监测和持续性研究，环境影响评价还在延续，不断验证其评价结论，并反馈给决策者和开发者，进一步修改和完善其决策和开发建设活动。《中华人民共和国环境影响评价法》中第四条要求："环境影响评价必须客观、公开、公正，综合考虑规划或者建设项目实施后对各种环境因素及其所构成的生态系统可能造成的影响，为决策提供科学依据。"这是环境影响评价遵循的基本原则。为了充分体现环境影响评价的作用，在环境影响评价的组织实施中，必须按照以人为本，建设资源节约型、环境友好型社会和科学发展的要求，突出环境影响评价的源头预防作用，坚持保护和改善环境质量，在开展环境影响评价工作时应遵循以下几个原则：

1. 依法评价原则

环境影响评价过程中应贯彻执行我国环境保护相关的法律法规、标准、政策、规范和规划等，分析建设项目与环境保护政策、资源能源利用政策、国家产业政策和技术政策等有关政策及相关规划的相符性，优化项目建设，服务环境管理。

2. 科学评价原则

相关环境保护法律规范环境影响评价方法，科学分析项目建设对环境质量的影响。

3. 早期介入原则

环境影响评价应尽早介入工程前期工作中，重点关注选址（或选线）、工艺路线（或施工方案）的环境可行性。

4. 完整性原则

根据建设项目的工程内容及其特征，对工程内容、影响时段、影响因子和作用因子进行分析、评价，突出环境影响评价重点。

5. 突出重点

根据建设项目的工程内容及其特点，明确与环境要素间的作用效应关系，根据规划环境影响评价结论和审查意见，充分利用符合时效的数据资料及成果，对建设项目主要环境影响予以重点分析和评价。

6. 广泛参与原则

环境影响评价应广泛吸收相关学科和行业的专家、有关单位和个人及当地生态环境主管部门的意见。

环境影响评价应当遵循的基本技术原则，通常包括政策、技术和经济等几个大的方面，具体内容如下：

① 符合生态保护红线、环境质量底线、资源利用上线、生态环境准入清单（"三线一单"）空间管控要求；
② 与拟议规划或拟建项目的特点相结合；
③ 符合国家的产业政策、环保政策和法规；
④ 符合流域或区域工农区划、生态保护规划和城市发展总体规划，布局合理；
⑤ 符合清洁生产的原则；
⑥ 符合国家有关生物化学、生物多样性等生态保护的法规和政策；
⑦ 符合国家资源综合利用的政策；
⑧ 符合土地利用的政策；
⑨ 符合国家和地方规定的总量控制要求；
⑩ 符合污染物达标排放和区域环境质量的要求；
⑪ 正确识别可能的环境影响；
⑫ 选择适当的预测评价技术方法；
⑬ 环境敏感目标得到有效保护，不利环境影响最小化；
⑭ 替代方案和环境保护措施、技术经济可行。

第二节 环境影响评价管理程序

一个对环境可能产生影响的建设项目从提出申请到环境影响评价文件审查通过的全过程，每一步都必须按照法规的要求执行。我国执行的环境影响评价管理程序中，建设项目的环境影响评价是从建设单位的环境影响申报（咨询）开始的，具体管理程序如图3-1所示。

一、环境影响评价的分类管理

建设项目不同，对环境的影响亦不同。《中华人民共和国环境影响评价法》第十六条规

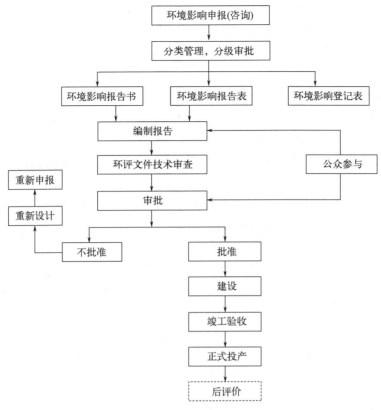

图 3-1 环境影响评价管理程序

定：国家根据建设项目对环境的影响程度，对建设项目的环境影响评价实行分类管理。

2020 年 11 月，生态环境部审议通过的《建设项目环境影响评价分类管理名录》，对农业，林业，畜牧业，渔业，煤炭开采和洗选业，石油和天然气开采业，黑色金属矿采选业，有色金属矿采选业，非金属矿采选业，其他采矿业，农副食品加工业，食品制造业，酒、饮料制造业，烟草制造业，纺织业，纺织服装、服饰业，皮革、毛皮、羽毛及其制品和制鞋业，木材加工和木、竹、藤、棕、草制品业，家具制造业，造纸和纸制品业，印刷和记录媒介复制业，文教、工美、体育和娱乐用品制造业，石油、煤炭及其他燃料加工业，化学原料和化学制品制造业，医药制造业，化学纤维制造业，橡胶和塑料制品业，非金属矿物制品业等 55 个项目类别的环境影响评价分类管理做出了规定。

1. 分类管理原则

根据建设项目特征和所在区域的环境敏感程度，综合考虑建设项目可能对环境产生的影响，对建设项目的环境影响评价实行分类管理。建设单位应当按照最新的《建设项目环境影响评价分类管理名录》的规定，分别组织编制建设项目环境影响报告书、环境影响报告表或者填报环境影响登记表。

（1）编制环境影响报告书的项目　建设项目对环境可能造成重大影响的，这些影响可能是敏感的、不可逆的、综合的或者以往尚未有过的，对此类项目产生的污染和对环境的影响应进行全面、详细的评价。

（2）编制环境影响报告表的项目　建设项目对环境可能造成轻度不利影响的，这些影响是较小的或者容易采取减缓措施的，通过控制或者补救措施可以减缓对环境的不利影响。此类项目一般不要求进行全面的环境影响评价，但需要做专项的环境影响评价。

（3）填报环境影响登记表的项目　建设项目不对环境产生不利影响或者影响很小的，此类项目不需要开展环境影响评价，只需要填报环境影响登记表。

2. 对环境影响程度的界定原则

（1）对环境可能造成重大影响的建设项目的界定原则

① 所有流域开发、开发区建设、城市新区建设和旧区改建等区域性开发项目。

② 可能对环境敏感区造成影响的大中型建设项目。

③ 污染因素复杂，产生污染物种类多、产生量大，产生的污染物毒性大或难降解的建设项目。

④ 造成生态系统结构的重大变化或生态环境功能重大损失的项目；影响到重要生态系统、脆弱生态系统，或有可能造成或加剧自然灾害的建设项目。

⑤ 易引起跨行政区污染纠纷的建设项目。

（2）对环境可能造成轻度影响建设项目的界定原则

① 不对环境敏感区造成影响的中等规模的建设项目或者可能对环境敏感区造成影响的小规模建设项目。

② 污染因素简单、污染物种类少和产生量小且毒性较低的中等规模的建设项目。

③ 对地形、地貌、水文、植被、野生珍稀动植物等生态条件有一定影响但不改变生态环境结构和功能的中等规模以下的建设项目。

④ 污染因素少，基本上不产生污染的大型建设项目。

⑤ 在新、老污染源均达标排放的前提下，排污量全面减少的技改项目。

（3）对环境影响很小的建设项目的界定原则

① 基本不产生废水、废气、废渣、粉尘、恶臭、噪声、振动、放射性、电磁波等不利影响的建设项目。

② 基本不改变地形、地貌、水文、植被、野生珍稀动植物等生态条件和不改变生态环境功能的建设项目。

③ 未对环境敏感区造成影响的小规模建设项目。

④ 无特别环境影响的第三产业项目。

3. 环境敏感区的界定原则

根据《建设项目环境影响评价分类管理名录》（2021年版）的规定，环境敏感区是指依法设立的各级各类保护区域和对建设项目产生的环境影响特别敏感的区域，主要包括下列区域：

① 国家公园、自然保护区、风景名胜区、世界文化和自然遗产地、海洋特别保护区、饮用水水源保护区；

② 除①外的生态保护红线管控范围，永久基本农田、基本草原、自然公园（森林公园、地质公园、海洋公园等）、重要湿地、天然林，重点保护野生动物栖息地，重点保护野生植物生长繁殖地，重要水生生物的自然产卵场、索饵场、越冬场和洄游通道，天然渔场，水土流失重点预防区和重点治理防治区、沙化土地封禁保护区、封闭及半封闭海域；

③ 以居住、医疗卫生、文化教育、科研、行政办公为主要功能的区域，以及文物保护单位。

二、环境影响评价的监督管理

1. 环境影响评价的质量管理

环境影响评价项目一经确定,承担单位要责成有经验的项目负责人组织有关人员编写评价大纲,明确其目标和任务。承担单位的质量保证部门要对评价大纲进行审查,对其具体内容与执行情况进行检查,把好各处环节和环境影响报告书质量关。为获得满意的环境影响报告书,应按照环境影响评价管理程序进行有组织、有计划的活动,这是确保环境影响评价质量的重要措施。质量保证工作应贯穿环境影响评价的全过程。在环境影响评价工作中,向有经验的专家咨询,多与其交换意见,是做好环境评价的重要条件;最后请专家评审报告是质量把关的重要环节。

2. 环境影响评价报告的审批

编制的环境影响报告书、环境影响报告表由建设单位按照国务院的规定报有审批权的生态环境主管部门进行审批,主管部门一般组织专家对报告书进行评审。在专家审查中若有修改意见,应对报告书进行修改。审查通过后的环境影响报告书由生态环境主管部门批准后实施。

各级生态环境主管部门在审批建设项目时,除要严格按照国家有关法规、政策进行审批外,还必须坚持以下六项基本原则:
① 符合国家产业政策;
② 符合城市环境功能区划和城市总体发展规划,做到布局合理;
③ 符合清洁生产;
④ 污染物达标排放;
⑤ 满足国家和地方规定的污染物排放总量控制指标;
⑥ 能维持或改善地区环境质量,符合环境功能区划要求。

第三节 环境影响评价工作程序

根据《建设项目环境影响评价技术导则 总纲》(HJ 2.1)规定,环境影响评价工作一般分为三个阶段,即调查分析和工作方案制定阶段、分析论证和预测评价阶段、环境影响报告书(表)编制阶段。具体流程如图3-2所示。

一、环境影响评价工作等级的确定

《建设项目环境影响评价技术导则 总纲》(HJ 2.1)中提出:按建设项目的特点、所在地区的环境特征、相关法律法规、标准及规划、环境功能区划等划分各环境要素、各专题评价工作等级。

环境影响评价的工作等级是指需要编制环境影响评价和各专题的工作深度的划分。对水、大气、声环境、土壤、生态等环境要素的影响评价统称为单项环境影响评价。各单项环境影响评价工作等级可以分为三个等级:一级评价对环境影响进行全面、详细、深入评价,对该环境的现状调查、影响预测以及预防和减轻环境影响的措施,一般均尽可能进行定量化的描述;二级评价对环境影响进行较为详细、深入评价,一般要求采用定量化计算和定性的

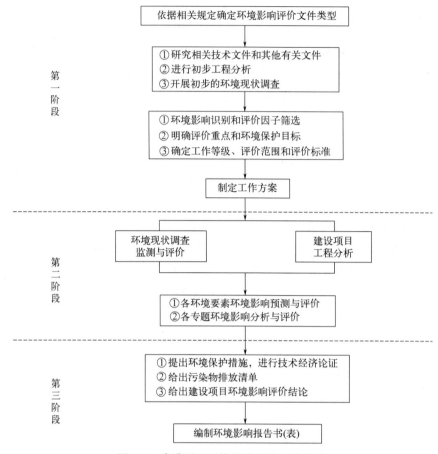

图 3-2　建设项目环境影响评价工作程序

描述完成；三级评价可只进行环境影响分析，一般采用定性的描述完成。工作等级的划分依据如下：

（1）建设项目的工程特点　包括工程性质及规模、能源资源的使用量及类型、污染物排放特点（如排放量、排放方式、排放去向、主要污染物种类、性质、排放浓度）等。

（2）建设项目所在地区的环境特征　包括自然环境特点、环境敏感程度、环境质量现状及社会经济状况等。

（3）国家或地方政府所颁布的有关法规　包括环境质量标准和污染物排放标准等。

对于某一具体建设项目，在划分各评价项目的工作等级时，根据建设项目对环境的影响、所在地区的环境特征或当地对环境的特殊要求情况可做适当调整。

二、环境影响报告书的编制

环境影响报告书是环境影响评价程序和内容的书面表现形式之一，是环境影响评价工作的最终成果，是环境影响评价项目的重要技术文件。在编写时要满足以下要求：

① 编制单位和编制人员应当坚持公正、科学、诚信的原则，遵守有关环境影响评价法律法规、标准和技术规范等规定，确保环境影响报告书内容真实、客观、全面和规范。

② 应概括地反映环境影响评价的全部工作，环境现状调查应全面、深入，主要环境问

题应阐述清楚，重点应突出，论点应明确，环境保护措施应可行、有效，评价结论应明确。

③ 文字应简洁、准确，文本应规范，计量单位应标准化，数据应可靠，资料应翔实，并尽量采用能反映需求信息的图表和照片。

④ 资料表述应清楚，利于阅读和审查，相关数据、应用模式须编入附录，并说明引用来源；所参考的主要文献应注意时效性，并列出目录。

⑤ 跨行业建设项目的环境影响评价，或评价内容较多时，其环境影响报告书中各专项评价根据需要可繁可简，必要时，其重点专项评价应另编专项评价分报告，特殊技术问题另编专题技术报告。

依据《中华人民共和国环境影响评价法》中第十七条的规定，环境影响报告书应包括以下内容：

① 建设项目概况；
② 建设项目周围环境现状；
③ 建设项目对环境可能造成影响的分析、预测和评估；
④ 建设项目环境保护措施及其技术、经济论证；
⑤ 建设项目对环境影响的经济损益分析；
⑥ 对建设项目实施环境监测的建议；
⑦ 环境影响评价的结论。

根据各个建设项目的特点，可在上述内容的基础上补充相应的内容。涉及水土保持的建设项目，还必须有经水行政主管部门审查同意的水土保持方案。

鉴于建设项目风险事故对环境会造成重大危害，对存在风险事故的建设项目，特别是在原料、生产、产品、储存、运输中涉及危险化学品的建设项目，在环境影响报告书的编制中，必须有环境风险评价的内容。

三、环境影响报告表的编制

为深化建设项目环境影响评价"放管服"改革，优化和规范环境影响报告表编制，提高环境影响评价制度有效性，2020年12月，生态环境部修订了《建设项目环境影响报告表》内容及格式，并根据建设项目环境影响特点将报告表分为污染影响类和生态影响类，配套制定了《建设项目环境影响报告表编制技术指南（污染影响类）（试行）》和《建设项目环境影响报告表编制技术指南（生态影响类）（试行）》。

根据《建设项目环境影响报告表编制技术指南（污染影响类）（试行）》要求，建设项目环境影响报告表（污染影响类）编制时应包括以下内容：

① 建设项目基本情况；
② 建设项目工程分析；
③ 区域环境质量现状、环境保护目标及评价标准；
④ 主要环境影响和保护措施；
⑤ 环境保护措施监督检查清单；
⑥ 结论；
⑦ 其他要求。

根据《建设项目环境影响报告表编制技术指南（生态影响类）（试行）》要求，建设项目环境影响报告表（生态影响类）编制时应包括以下内容：

① 建设项目基本情况；
② 建设内容；
③ 生态环境现状、保护目标及评价标准；
④ 生态环境影响分析；
⑤ 主要生态环境保护措施；
⑥ 生态环境保护措施监督检查清单；
⑦ 结论；
⑧ 其他要求。

思考题

1. 什么是环境影响评价程序？
2. 简述环境影响评价的分类管理原则。
3. 什么是环境敏感区？其界定原则是什么？
4. 环境影响评价工作程序的三个阶段以及各阶段的主要工作内容是什么？
5. 简述环境影响报告书的编制内容。
6. 简述建设项目环境影响报告表（污染影响类）的编制内容。
7. 简述建设项目环境影响报告表（生态影响类）的编制内容。
8. 环境影响评价等级的划分依据及各级评价工作的内容范围和深度是什么？

参考文献

[1] 环境保护部环境工程评估中心.环境影响评价技术导则与标准（2021年版）[M].北京：中国环境出版集团，2021.
[2] 环境保护部环境工程评估中心.环境影响评价技术方法（2021年版）[M].北京：中国环境出版集团，2021.
[3] 李淑芹，孟宪林.环境影响评价[M].3版.北京：化学工业出版社，2022.
[4] 马太玲，张江山.环境影响评价[M].武汉：华中科技大学出版社，2012.
[5] 何德文.环境影响评价[M].北京：科学出版社，2017.
[6] 沈洪艳.环境影响评价教程[M].北京：化学工业出版社，2017.
[7] 胡辉，杨旗，肖可可，等.环境影响评价[M].2版.武汉：华中科技大学出版社，2017.
[8] 陈广洲，徐圣友.环境影响评价[M].合肥：合肥工业大学出版社，2015.
[9] 建设项目环境影响评价技术导则 总纲[S].HJ2.1—2016.

第四章

环境影响评价方法与技术

环境影响评价不仅是一项法律制度，同时也是一项技术，是正确认识经济发展、社会发展和环境发展之间相互关系的科学方法。环境影响评价涉及自然科学和社会科学的广泛领域，包括基础理论研究和应用技术开发。环境影响评价过程通过一定的方法、技术、手段对一个地区的自然条件、资源条件、环境质量条件和社会经济发展现状进行综合分析研究，根据一个地区的环境、社会、资源的综合能力，使人类活动不利于环境的影响限制到最小。环境影响评价方法根据现状调查、影响识别、影响预测、影响评价等工作过程可以分为：现状调查方法、影响识别方法、影响预测方法、影响评价方法。

第一节　环境现状调查内容与方法

环境现状调查是环境影响评价的重要组成部分，要清楚项目建设或规划对环境的影响，必须要对项目建设或规划实施之前进行可能受影响范围内的自然环境与社会环境的现状调查。

一、环境现状调查基本要求

环境现状调查应根据建设项目所在地区的环境特点、结合环境要素影响评价的工作等级，确定各环境要素的现状调查范围，并筛选出应调查的有关参数。

环境现状调查应对与建设项目有密切关系的环境要素进行全面、详细调查，给出定量的数据并做出分析或评价。

环境现状调查应充分收集和利用评价范围内各例行监测点、断面或站位的近三年环境监测资料或背景值调查资料，当现有资料不能满足要求时，应进行现场调查和测试，现状监测和观测网点应根据各环境要素环境影响评价技术导则要求布设，兼顾均布性和代表性原则。符合相关规划环境影响评价结论及审查意见的建设项目，可直接引用符合时效的相关规划环境影响评价的环境调查资料及有关结论。

二、环境现状调查基本内容

1. 自然环境调查的基本内容

（1）地理位置　应包括建设项目所处的经、纬度，行政区位置和交通位置，项目所在地与主要城市、车站、码头、港口、机场等的距离和交通条件，并附地理位置图。

（2）地质环境　根据现有资料，概要说明当地的地质状况，如当地地层概况，地壳构造的基本形式以及与其相应的地貌表现，物理与化学风化情况，当地已探明或已开采的矿产资源情况。若建设项目规模较小且与地质条件无关时，地质现状可不叙述。

评价生态影响类建设项目如矿山以及其他与地质条件密切相关的建设项目的环境影响时，对与建设项目有直接关系的地质构造，如断层、坍塌、地面深陷等，要进行较为详细的叙述。一些特别有危害的地质现象，如地震也应加以说明，必要时，应附图辅助说明，若没有现成的地质资料，应做一定的现场调查。

（3）地形地貌　根据现有资料，简要说明建设项目所在地区海拔高度，地形特征，周围地貌类型，以及岩溶地貌、冰川地貌、风成地貌等地貌情况。崩塌、滑坡、泥石流、冻土等有危害的地貌现象，若不直接或间接危害到建设项目时，可概要说明其发展情况。若无可查资料，需做一些简单的现场调查。

当地形地貌与建设项目密切相关时，除应比较详细地叙述上述内容外，还应附建设项目周围的地形图。特别应详细说明可能直接对建设项目有危害或将被项目建设诱发的地貌现象的现状及发展趋势，必要时还应进行一定的现场调查。

（4）气候与气象　根据现有资料概要说明大气环境状况，如建设项目所在地区的主要气候特征，年平均风速和主导风向，年平均气温，极端气温与月平均气温，年平均相对湿度，平均降水量、降水天数、降水量极值，日照，主要的天气特征等。如需进行建设项目大气环境影响评价，除应叙述上面内容外，还应按《环境影响评价技术导则　大气环境》（HJ 2.2）中的规定增加有关内容。

（5）地表水环境　如果建设项目不进行地表水环境的单项影响评价时，应根据现有资料选择下述部分或全部内容：概要说明地面水状况，地表水各部分之间及其与海湾、地下水的联系，地表水的水文特征及水质现状，以及地表水的污染来源。

建设项目建在海边，又无须进行海湾的单项影响评价时，应根据现有资料选择性叙述部分或全部内容：概要说明海湾环境状况，即海洋资源及利用情况，海湾的地理概况，海湾与当地地面水及地下水之间的联系，海湾的水文特征及水质现状，污染来源等。

如需进行建设项目的地表水（包括海湾）环境影响评价，除应详细叙述上面的部分或全部内容外，还应增加水文、水质调查、水文测量及水利用状况调查等有关内容。地表水和海湾的环境质量，以确定的地表水环境质量标准或海水水质标准限值为基准，采用单因子指数法对选定的评价因子分别进行评价。

（6）地下水环境　当建设项目不进行与地下水直接有关的环境影响评价时，只需根据现有资料，全部或部分地简述下列内容：当地地下水的开采利用情况、地下水埋深、地下水与地面的联系以及水质状况与污染来源。

若需进行地下水环境影响评价，除要比较详细地叙述上述内容外，还应根据需要，选择以下内容进一步调查：水质的物理、化学特性，污染源情况，水的储量与运动状态，水质的演变与趋势，水源地及其保护区的划分，水文地质方面的蓄水层特性，承压水状况等。当资料不全时，应进行现场采样分析。

（7）土壤与水土流失　当建设项目不进行与土壤直接有关的环境影响评价时，只需根据现有资料全部或部分简述下列内容：建设项目周围地区的主要土壤类型及其分布，土壤的肥力与使用情况，土壤污染的主要来源及其质量现状，建设项目周围地区的水土流失现状及原因等。

当需要进行土壤环境影响评价时，除应详细叙述上面的部分或全部内容外，还应根据需要选择以下内容进一步调查：土壤的物理、化学性质，土壤成分与结构，颗粒度，土壤密度，含水率与持水能力，土壤一次、二次污染状况，水土流失的原因、特点、面积、侵蚀模数元素及流失量等，同时要附土壤分布图。

(8) 动、植物与生态　若建设项目不进行生态影响评价，但项目规模较大时，应根据现有资料简述下列部分或全部内容：建设项目周围地区的植被情况，有无国家重点保护的或稀有的，受危害的或作为资源的野生动、植物，当地的主要生态系统类型及现状。若建设项目规模较小，又不进行生态影响评价时，这一部分可不叙述。

若需要进行生态影响评价时，除应详细叙述上面的部分或全部内容外，还应根据需要选择以下内容进行进一步调查：本地区主要的动、植物清单，特别是需要保护的珍稀动、植物种类与分布，生态系统的生产力、稳定性状况，生态系统与周围环境的关系以及影响生态系统的主要环境因素调查。

2. 社会环境调查的基本内容

(1) 社会经济　主要根据现有资料，结合必要的现场调查，简要叙述评价所在地的社会经济状况和发展趋势。包括以下主要内容。

a. 人口。包括居民区的分布情况及分布特点，人口数量和人口密度等。

b. 工业与能源。包括建设项目周围地区现有厂矿企业的分布状况，工业结构，工业总产值，以及能源供给与消耗方式等。

c. 农业与土地利用。包括可耕地面积，粮食作物与经济作物构成及产量，农业总产值以及土地利用现状。建设项目环境影响评价应附土地利用图。

d. 交通运输。包括建设项目所在地区公路、铁路或水路方面的交通运输概况以及与建设项目之间的关系。

(2) 文物与景观　文物是指遗存在社会上或埋藏在地下的历史文化遗物，一般包括具有纪念意义和历史价值的建筑物、遗址、纪念物或具有历史、艺术、科学价值的古文化遗址、古墓葬、古建筑、石窟、寺庙、石刻等。

景观一般指具有一定价值必须保护的特定的地理区域或现象，如自然保护区、风景游览区、疗养区、温泉以及重要的政治文化设施等。

如不进行这方面的影响评价，则只需要根据现有资料，概要说明建设项目周围具有哪些重要文物与景观，文物或景观相对建设项目的位置和距离，基本情况，以及国家或当地政府的保护政策和规定。

如建设项目需进行文物或景观的影响评价，则除应较详细地叙述上述内容外，还应根据现有资料结合必要的现场调查，进一步叙述文物或景观对人类活动敏感部分的主要内容，包括：它们易于受哪些物理、化学或生物学因素的影响，目前有无已损害的迹象及其原因，主要的污染或其他影响的来源，景观外貌特点，自然保护区或风景游览区中珍贵的动、植物种类以及文物或景观的价值（经济的、政治的、美学的、历史的、艺术的和科学的价值等）。

(3) 人群健康状况　当建设项目传输某种污染物，或拟排污染物毒性较大时，应进行一定的人群健康调查。调查时，应根据环境中现有污染物及建设项目将排放的污染物的特性选定指标。

3. 环境保护目标调查内容

环境现状调查时还应包括环境保护目标的调查，调查范围应含评价范围以及建设项目可能影响到的周边区域，调查评价范围内的环境功能区划，调查主要环境敏感区，详细了解环境保护目标的地理位置、服务功能、四至范围、保护对象和保护要求等。对存在各类环境风险的项目，应根据有毒有害物质排放途径确定调查范围，如大气环境、地表水环境、地下水环境、土壤环境、声环境及生态环境，明确可能受影响的环境敏感目标，给出敏感目标区位相对位置图，明确对象、属性、相对方位及距离等相关信息。

三、环境现状调查主要方法

环境现状调查的方法主要包括三种：

1. 收集资料法

该方法应用范围广，收效大，较节省人力、物力、时间。环境现状调查时应首先通过此方法获得现有的各种有关资料。但此方法只能获得第二手资料，往往不全面，不能完全符合要求，需要其他方法补充。

2. 现场调查法

该方法可以针对需求，直接获取第一手数据和资料，以弥补收集资料法的不足。但此方法工作量大，耗费人力、物力和时间，有时还可能受季节、仪器设备条件的限制。

3. 遥感法

该方法可以从整体上了解环境特点，特别是人们不易开展现状调查的地区的环境状况，如一些大面积的森林、草原、荒漠、海洋等。但该方法精度不高，不宜用于微观环境状况的调查，受资料判读和分析技术的制约。绝大多数情况不使用直接飞行拍摄的办法，只判读和分析已有的航空或卫星照片。

环境现状调查方法的确定应根据各环境要素环境影响评价技术导则具体规定。

第二节　环境影响识别内容与方法

一、环境影响识别基本内容

环境影响识别就是通过系统地分析拟建项目的各项"活动"与各环境要素之间的关系，结合建设项目所在区域发展规划、环境保护规划、环境功能区划、生态功能区划及环境现状，识别各种行为与可能受影响的环境要素间的作用效应关系、影响性质、影响范围、影响程度等，定性分析建设项目对各环境要素可能产生的污染影响与生态影响。

拟建项目的"活动"一般按四个阶段划分，建设前期（勘探、选址选线、科研与方案设计）、建设期、运行期和服务期满后，需要识别不同阶段各"活动"可能带来的影响。

1. 环境影响因素识别

环境影响因素就是人类某项活动的各层"活动"。识别环境影响因素，就是根据人类某项活动的过程特征，采用一定的方法和手段将一个整体的活动分解成不同层次的"活动"。这些不同层次的活动各具特点，它们可能对环境造成不同的影响，因此，环境影响因素识别的结果往往成为保护环境的决策依据。

对建设项目进行环境影响识别，首先要弄清楚该项目影响地区的自然环境和社会环境状况，确定环境影响评价的工作范围；在此基础上，根据工程的组成、特性，结合影响地区的特点，从自然环境和社会环境两方面，选择需要进行影响评价的环境因素。自然环境要素可以划分为地形、地貌、地质、水文、气候、地表水质、空气质量、土壤、森林、草场、陆生生物、水生生物等，社会环境要素可以划分为城市（镇）、土地利用、人口、居民区、交通、文物古迹、风景名胜、自然保护区、健康以及重要的基础设施等。各环境要素可由表征该要素特性的各相关评价因子具体描述，构成一个有结构、分层次的评价因子序列。构造的评价因子序列应能描述评价对象的主要环境影响，表达环境质量状态，并便于度量和监测。

2. 环境影响类型识别

按照拟建项目的"活动"对环境要素的作用属性，环境影响可以划分为有利影响与不利影响、短期影响与长期影响、可逆影响与不可逆影响、直接影响与间接影响、累积影响与非累积影响等。

（1）有利影响与不利影响　有利影响一般用正号表示，不利影响常用负号表示。有利、不利是针对效益而言的，这两种影响有时会同时存在。识别不利影响是对环境影响评价的重点，但同样也应识别有利影响。对不利影响还应分析其是否可以避免或减轻。

（2）短期影响与长期影响　短期影响如施工阶段的某些影响随着施工结束后自行停止，长期影响如工厂废气的排放随着项目运行长期存在。

（3）可逆影响与不可逆影响　前者是经过人为处理后可以恢复的；后者是造成不可再恢复的影响，如物种灭绝。

（4）直接影响与间接影响　一般不利影响都是直接影响，如污染物对人类健康及自然环境的影响。而诸如污染物造成水体污染后通过食物链的生物富集作用而影响人体健康等属于间接影响。

（5）累积影响与非累积影响　累积影响是指一种活动的影响与过去、现在及将来可预见的活动的影响叠加时，因累积效应对环境所造成的影响。当一个项目的环境影响与另一个项目的环境影响以协同的方式进行结合时，或当若干个项目对环境系统产生的影响在时间上过于频繁或在空间上过于密集以至于各单个项目的影响得不到及时消纳时都会产生累积影响。累积影响考虑区域或更大范围内的环境变化，分析环境的时间和空间上的累积效应。

3. 环境影响程度识别

环境影响的程度是指建设项目的各种"活动"对环境要素的影响强度。在环境影响识别中，可以使用一些定性的，具有"程度"判断的词语来表征环境影响的程度，如"重大"影响、"轻度"影响、"微小"影响等。这种表达没有统一的标准，通常与评价人员的文化、环境价值取向和当地环境状况有关。但是这种表述对给"影响"排序、制定其相对重要性或显著性是非常有用的。

在环境影响程度的识别中，通常按3个等级或5个等级来定性地划分影响程度。如按5级划分不利环境影响，具体内容如下。

① 极端不利。外界压力引起某个环境因素无法替代、恢复与重建的损失，此种损失是永久的、不可逆的。如使某濒危生物种群遭受灭绝威胁，对人群健康有致命的危害等。

② 非常不利。外界压力引起某个环境因素严重而长期的损害或损失，其代替、恢复和重建非常困难和昂贵，并需很长的时间。如造成稀少的生物种群濒危，对大多数人的健康造成严重危害等。

③ 中度不利。外界压力引起某个环境因素的损害或破坏，其代替或者恢复是可能的，但相当困难且可能要较高的代价，并需比较长的时间。如使当地优势生物种群的生存条件产

生重大变化或者种群严重减少。

④ 轻度不利。外界压力引起某个环境因素的轻微损失或暂时性破坏，其再生、恢复与重建可以实现，但需要一定的时间。

⑤ 微弱不利。外界压力引起某个环境因素暂时性破坏或受干扰，此级敏感度中的各项是人类能忍受的，环境的破坏或干扰能较快地自动恢复或再生，或者其替代与重建比较容易实现。

在规定环境影响因素受影响的程度时，对于受影响程度的预测要尽可能客观，必须认真做好环境的本底调查，同时要对建设项目必须达到的目标及其相应的技术指标有清楚的了解；然后预测环境因素由于环境变化而产生的生态影响、人群健康影响和社会经济影响，确定影响程度的等级。

二、环境影响识别的技术要求

在建设项目的环境影响识别中，对技术的一般要求如下：
① 项目的特性（如项目类型、规模）；
② 项目涉及的当地环境特性及环境保护要求（如自然环境、社会环境、环境保护功能区划、环境保护规划等）；
③ 识别主要的环境敏感区和环境敏感目标；
④ 从自然环境和社会环境两方面识别环境影响；
⑤ 突出对重要的或社会关注的环境要素的识别。

在进行建设项目的环境影响识别过程中，首先需要判断拟建项目的类型；然后根据《建设项目环境影响评价分类管理名录》中的若干规定和建议，对拟建项目对环境的影响进行初步识别。

环境影响识别时应识别出可能导致的主要环境影响，主要环境影响因子，说明环境影响属性，判断影响程度、影响范围和可能的时间跨度。

三、环境影响识别方法

环境影响识别通过结合项目特征、环境背景特征来进行分析，以确保在环境影响评价过程中能识别和考虑潜在的显著性环境影响（负面的或正面的）。

目前很多影响识别方法都已经得到了拓展和改进。最简单的就是使用清单法，以确保所列影响具有全面性；最复杂的包括使用能相互作用的计算机程序、网络来说明能量流动和为不同影响分配权重。

1. 清单法

清单法又称核查表法。早在 1971 年由 Little 等提出，将可能受开发方案影响的环境因素和可能产生的影响性质在一张表上一一列出。该法虽是较早发展起来的方法，但现在还在普遍使用，并有多种形式。

（1）简单型清单法　仅列出可能受影响的环境因素，此法只能帮助识别影响和确保影响不被忽略，通常不包括与项目活动相关的直接影响。不过，它具有易于使用的优点。

（2）描述型清单法　比简单型清单多了环境因素如何度量的准则。

目前，环境影响识别常用的就是描述型清单法，主要有两种类型：

一类是环境资源分类清单，即对受影响的环境因素（资源）先做简单的划分，以突出有价值的环境因素。通过环境影响识别，将具有显著性影响的环境因素作为后续评价的主要内容。该类清单已按工业类、能源类、水利工程类、交通类、农业工程、森林资源、市政工程等编制了主要环境影响识别表，在世界银行《环境评价资源手册》等文件中均可查询。这些编制成册的环境影响识别表可供具体建设项目环境识别时参考。

另一类描述型清单是传统的问卷式清单，它是以一系列问题的回答为基础的。一些问题可能涉及间接影响和可能的减缓措施，也可以对估计的影响进行等级分类，包括从极度不利到非常有利的影响。

（3）分级型清单法　在描述型清单基础上又增加了对环境影响程度的分级。

2. 矩阵法

矩阵法是由清单法发展而来的。最著名的量值矩阵类型是 Leopold 矩阵，它是由 Leopold 等于 1971 年为美国地质勘探局开发的。将清单中所列内容系统地加以排列，把拟建设项目的各项"活动"和受影响的环境因素组成一个矩阵，在拟建设项目的各项"活动"和环境影响之间建立起直接的因果关系，以定性或半定量的方式说明拟建项目的环境影响。

该类方法主要有相关矩阵法和迭代矩阵法两种。

在环境影响识别中，一般采用相关矩阵法，即通过系统地列出拟建项目各阶段的各项"活动"，以及可能受拟建项目各项"活动"影响的环境因素，构造矩阵确定各项"活动"和环境因素及评价因子的相互作用关系。如果认为某项"活动"可能对某一环境因素产生影响，则在矩阵相应交叉的格点将环境影响标注出来。

为了反映各个环境因素在环境中重要性的不同，通常还采用加权的方法。首先评价项目对环境因素的影响，然后赋予相应的权重，最后通过影响与权重相乘而得到该项目的赋权影响。

3. 其他识别方法

具有环境影响识别功能的方法还有叠图法（包括手工叠图法和 GIS 支持下的叠图法）和网络法。

叠图法在环境影响评价中的应用包括通过应用一系列的环境、资源图件叠置来识别、预测环境影响，标示环境因素、不同区域的相对重要性以及表征对不同区域和不同环境因素的影响。叠图法简单易懂，因此很受欢迎。它能很好地显示影响的空间分布。此外，叠图法还有利于做出对环境影响较小的决策。叠图法常用于涉及地理空间较大的建设项目，如"线型"影响项目（公路、铁道、管道等）和区域开发项目。但是，该法有一定的局限性，因为它没有考虑诸如影响的可能性、次级影响或可恢复与不可恢复影响之间的区别等情况，因此它不能真实地反映各种情况。

网络法是采用因果关系分析网络来解释和描述拟建项目的各项"活动"和环境因素之间的关系。除了具有相关矩阵法的功能外，还可识别间接影响和累积影响。网络法没有确定环境因素或变化范围之间相互影响的大小或重要性。该法最大的优点是可以追踪拟开发活动产生的较为显著的影响。

第三节　环境影响预测方法

为了确定某一项目或行为的实施所引起环境变化的程度与范围，需要进行环境影响预测。预测也为重大影响评估提供了基础。预测的范围、时段、内容及方法都应根据其评价工作等级、工程与环境的特性、当地的环保要求而定。一般采用的预测方法主要有数学模式法、物理模型法、对比与类比法以及专业判断法。预测时应尽可能采用成熟、简便并能满足精确度要求的方法。

一、数学模式法

数学模式法试图通过使用数学函数来表达环境行为。通常是以科学定律、统计分析或者两者的结合为依据，以计算机为基础。基础函数既可以是单一直接的输入－输出关系，也可以是一系列表达相互关系的、更加复杂的动态数学模型。数学模式法分为黑箱、灰箱（用统计、归纳的方法在时间域上通过外推做出预测，称为统计模式）、白箱（用某领域内的系统理论进行逻辑推理，通过数学物理方程求解，得出其解析解或数值解来做预测，故又可分为解析模式和数值模式两类）。此法比较简便，选取方法时应优先考虑。选用数学模式时要注意模式的应用条件，如实际情况不能很好满足模式的应用条件而又拟采用时，要对模式进行修正并验证。

二、物理模型法

物理模型包括实体模型、相似模型和仿真模型。实体模型就是系统本身，当系统大小适合做研究又不存在危险时就可以把系统本身作为模型；相似模型是把系统放大或缩小，使之适合于研究，如果把系统的纵横尺寸都按相同比例缩放就构成正态模型，如果系统纵横尺寸按不同比例缩放就构成了变态模型；仿真模型是利用一种系统去模仿另一系统，例如用电路系统模仿热力学系统。物理模型法定量化程度较高，再现性好，能反映比较复杂的环境特征，但需要有合适的试验条件和必要的基础数据，且制作复杂的环境模型需要较多的人力、物力和时间。在无法利用数学模式法预测而又要求预测结果定量精度较高时，应选用此方法。

该方法的关键在于原型与模型的相似，包括几何相似、运动相似、热力相似、动力相似。

① 几何相似就是模型流场与原型流场中的地形地物（建筑物、烟囱等）的几何形状、对应部分的夹角和相对位置要相同，尺寸要按相同比例缩小。几何相似是其他相似的前提条件。

② 运动相似就是模型流场与原型流场在各对应点上的速度方向相同，并且大小（包括平均风速、湍流强度等）成常数比例，如风洞模拟的模型流场的边界层风速垂直廓线、湍流强度要与原型流场的相似。

③ 热力相似就是模型流场的温度垂直分布要与原型流场的相似。

④ 动力相似就是模型流场与原型流场在对应点上受到的力要求方向一致，并且大小成常数比例。

三、对比与类比法

对比与类比法是较简单的预测法，是将拟建工程对环境的影响在性质上做出全面分析和在总体上做出判断的一种方法。其基本原理是将拟建工程同选择的已建工程进行比较，根据已建工程对环境产生的影响，作为评价拟建工程对环境影响的主要依据。对比与类比法是一种比较常用的定性和半定量预测方法。类比对象是进行对比分析或者预测评价的基础，也是该法的关键所在。类比对象的选择条件有以下几点：

① 具有与评价的拟建项目相似的自然地理环境；
② 具有与评价的拟建项目相似的工程性质、工艺、规模；
③ 类比工程应具有一定的运行年限，所产生的影响已基本显现。

类比对象确定后，需要选择和确定类比的环境因素及评价指标，并对类比对象开展调查与评价，然后分析拟建项目与类比对象的差异。根据类比对象同拟建项目的比较，做出分析结论。

由于环境问题的复杂性，对比与类比法可更多地用于预测生态环境问题的发生与发展趋势及其危害、确定环保目标和寻求最有效最可行的环境保护措施等方面。

四、专业判断法

在不能应用客观的预测方法时（如缺乏足够的数据、资料，无法客观地进行统计分析），只能采用主观的预测方法。最简单的就是召开专家咨询会，综合专家的实践经验，进行类比、对比分析以及归纳、演绎、推理，来预测拟建项目的环境影响。值得指出的是，现代的专家评估法与古老的直观的评估法，不是简单的历史重复，而是有着质的不同，它们之间有截然不同的特点，其中较突出的有：

① 现代的专家评估法已经形成一套如何组织专家、充分利用专家们的创造性思维进行评价的理论和方法。
② 现代的专家评估法不是依靠一个或少数专家，而是依靠专家集体（包括不同领域的专家），这样可以消除个别专家的局限性和片面性。根据数理统计中的大数定律可知，如果几个专家的评估值为独立分布的随机变量时，只要 n 足够大，其评估的算术平均值就可以逼近数学期望值。
③ 现代的专家评价法是在定性分析基础上，以打分方式做出半定量评价。

第四节　环境影响综合评价方法

所谓"环境影响综合评价"是按照一定的评价目的，把人类活动对环境的影响从总体上综合起来，对环境影响进行定性或定量的评定。

一、指数法

环境现状评价中常采用能代表环境质量好坏的环境质量指数进行评价，具体有单因子指数评价、多因子指数评价和环境质量综合指数评价等方法。

1. 普通指数法

① 单因子指数评价法。先引入环境质量标准，然后对评价对象进行处理，通常就以实测值（或预测值）c 与标准值 c_s 的比值作为其数值：$P=c/c_s$。

单因子指数法用于分析该评价因子的达标（$P_i<1$）或超标（$P_i \geq 1$）及其程度。

② 环境质量综合指数评价法。如大气环境影响分指数、水体环境影响分指数、土壤环境影响分指数、总的环境影响综合指数等。

$$P=\sum_{i=1}^{n}\sum_{j=1}^{m}P_{ij} \tag{4-1}$$

$$P_{ij}=c_{ij}/c_{sij} \tag{4-2}$$

式中　i——第 i 个环境要素；

　　　n——环境要素总数；

　　　j——第 i 个环境要素中的第 j 个评价因子；

　　　m——第 i 个环境要素中的评价因子总数。

以上的综合方法是等权综合，即各评价因子的权重完全相等。各评价因子权重不同的综合方法可采用式(4-3)：

$$P=\frac{\sum_{i=1}^{n}\sum_{j=1}^{m}W_{ij}P_{ij}}{\sum_{i=1}^{n}\sum_{j=1}^{m}W_{ij}} \tag{4-3}$$

式中，W_{ij} 为权重因子，根据有关专门研究或专家咨询确定。

或在此基础上再做函数运算（为了便于评分）。

指数评价方法的作用：

① 可根据 P 值与健康、生态影响之间的关系进行分级，转化为健康、生态影响的综合评价（如格林空气污染指数、橡树岭空气质量指数、英哈巴尔水质指数等）。

② 可以评价环境质量好坏与影响大小的相对程度。采用同一指数，还可做不同地区、不同方案间的相互比较。

2. 巴特尔指数法

把评价对象的变化范围定为横坐标，把环境质量指数定为纵坐标，且把纵坐标标准化为 0～1，以"0"表示质量最差，"1"表示质量最好。

二、矩阵法

矩阵法在前面的环境影响识别方法中已经做了简单的介绍。矩阵法的特点是简明扼要，将行为与影响联系起来评估，以直观的形式表达了拟建项目的环境影响。矩阵法不仅具有环境影响识别功能，还有影响综合分析评价功能，可以定量或半定量地说明拟建项目对环境的影响，目前广泛应用于铁路、公路、水电、供水系统、输气、输油、输电、矿山开发、流域开发、区域开发、资源开发等工程项目和开发项目的环境影响评价中。

1. 相关矩阵法

在横轴上列出各项开发行为的清单，纵轴上列出受开发行为影响的各环境因素清单，从而把两种清单组成一个环境影响识别的矩阵。因为在一张清单上的一项条目可能与另一清单的各项条目都有系统的关系，可确定它们之间有无影响，因而有助于对影响的识别，并确定某种影响是否可能。当开发活动和环境因素之间的相互作用确定之后，此矩阵就已经成为一种简单明了的有用的评价工具。各开发行为对环境因素的影响见表 4-1。

表 4-1　各开发行为对环境因素的影响（按矩阵法排列）

环境要素	居住区改变	水文排水改变	修路	噪声和振动	城市化	平整土地	侵蚀控制	园林化	汽车环行	总影响
地形	8(3)	−2(7)	3(3)	1(1)	9(3)	−8(7)	−3(7)	3(10)	1(3)	3
水循环使用	1(1)	1(3)	4(3)		5(3)	6(1)	1(10)			47

续表

环境要素	居住区改变	水文排水改变	修路	噪声和振动	城市化	平整土地	侵蚀控制	园林化	汽车环行	总影响
气候	1(1)				1(1)					2
洪水稳定性	−3(7)	−5(7)	4(3)			7(3)	8(1)	2(10)		5
地震	2(3)	−1(7)			1(1)	8(3)	2(1)			26
空旷地	8(10)		6(10)	2(3)	−10(7)			1(10)	1(3)	89
居住区	6(10)				9(10)					150
健康和安全	2(10)	1(3)	3(3)		1(3)	5(3)	2(1)		−1(7)	45
人口密度	1(3)			4(1)	5(3)					22
建筑	1(3)	1(3)	1(3)		3(3)	4(3)	1(1)		1(3)	34
交通	1(3)		−9(7)		7(3)				−10(7)	−109
总影响	180	−47	42	11	97	31	−2	70	−68	314

注：表中数字表示影响大小。1 表示没有影响，10 表示影响最大。负数表示坏影响，正数表示好影响。括号内数字表示权重，数值愈大权重愈大。

2. 迭代矩阵法

迭代矩阵法的步骤：

① 首先列出开发活动（或工程）的基本行为清单及基本环境因素清单。

② 将两清单合成一个关联矩阵。把基本行为和基本环境因素进行系统的对比，找出全部"直接影响"，即某开发行为对某环境因素造成的影响。

③ 进行"影响"评价，每个"影响"都给定一个权重 G，区分"有意义影响"和"可忽略影响"，以此反映影响的大小问题。

④ 进行迭代。迭代就是把经过评价认为是不可忽略的全部一级影响，形式上当作"行为"处理，再同全部环境因素建立关联矩阵进行鉴定评价，得出全部二级影响……循此步骤继续进行迭代，直到鉴定出至少有一个影响是"不可忽略"，其他全部"可以忽略"为止。

三、图形叠置法

美国生态规划师麦克哈格最早提出图形叠置法。此法最初应用于手工作业，在一张透明图片上画出项目位置及评价区域的轮廓基图。另有一份可能受建设项目影响的当地环境因素一览表，由专家判断各环境要素受影响的程度和区域。每一个待评价的因素都有一张透明图片，受影响的程度可以用一种专门的黑白色码阴影的深浅来表示。将表征各种环境因素受影响情况的阴影图叠置到基图上，就可以看出该项工程的总体影响。不同地址的综合影响差别可由阴影的相对深度表示。

图形叠置法直观性强、易于理解，适用于空间特征明显的开发活动，尤其在选址、选线类的建设项目上有着得天独厚的优势。

但是手工叠图有明显缺陷，如当评价因子过多时，透明图数量激增，使得颜色杂乱，难以分辨；另外简单的叠置不能体现评价因子重要性的区别。随着科技发展，图形叠置法开始借助于计算机，逐渐成为地理信息系统可视化技术中的一部分，由此克服了手工叠图存在的缺点，使得图形叠置法的环境影响评价优势日益显现。

四、网络法

网络法的原理是采用原因-结果的分析网络来阐明和推广矩阵法。要建立一个网络就要回答与每一个计划活动有关的一系列问题。网络法可以鉴别累积影响或间接影响。

网络法的优势在于可以较好地描述环境影响的复杂关系。例如，公路的填挖会使土壤进入河流，泥沙的增加将提高河流的浑浊度、淤塞航道、改变河流流向，从而会增加潜在的洪水危险，阻塞水生生物通道，使水生生物栖息地退化。影响网络能以简要的形式，给出人类某活动及其有关的行为产生或诱发的环境影响全貌。

然而，网络法只是一种定性的概括，只能得出总的影响，此方法需要估计影响事件分支中单个影响事件的发生概率与影响程度，求得各个影响分支上各影响事件的影响贡献总和，再求出总的影响程度。

网络法在使用时应注意以下几点：

① 要能有效地用发生概率估计各个影响发生的可能性。

② 算出的分数只是相对分数。这种分数只能用于对不同方案或不同减缓措施的效果进行比较。

③ 为了取得有意义的期望影响值，影响网络必须列出所有可能的、有显著意义的原因—条件—结果序列或事件链。如果遗漏了某些环节，评分就是不全面的。

④ 在建立影响网络时，伸展的影响树枝网可能会发生因果循环，特别当原因与相应的连锁反应结果存在复杂的相互作用时更是如此。此时应考虑某种环境影响发生后其后续影响的发生概率与影响程度，决定该后续影响是否有列入影响网络的意义。

思考题

1. 环境现状调查基本内容有哪些？
2. 环境现状调查主要方法及优缺点是什么？
3. 环境影响识别方法的选取原则是什么？
4. 常用的环境影响识别方法有哪些？说明各方法的应用条件。
5. 什么是环境影响预测？预测的内容是什么？
6. 简述环境影响预测的方法及各法的优点。
7. 什么是环境影响综合评价？
8. 简述环境影响综合评价的方法及各法的优缺点。

参考文献

[1] 环境保护部环境工程评估中心.环境影响评价技术导则与标准（2021年版）[M].北京：中国环境出版集团，2021.
[2] 环境保护部环境工程评估中心.环境影响评价技术方法（2021年版）[M].北京：中国环境出版集团，2021.
[3] 胡辉，杨旗，肖可可，等.环境影响评价[M].2版.武汉：华中科技大学出版社，2017.
[4] 李淑芹，孟宪林.环境影响评价[M].3版.北京：化学工业出版社，2022.
[5] 马太玲，张江山.环境影响评价[M].武汉：华中科技大学出版社，2012.

第五章

工程分析

工程分析是环境影响预测和评价的基础，并且贯穿于整个评价工作的全过程。要对一项行为或一个项目的环境影响做出切实和准确的评价，必须全面辨识出建设项目中的工程活动究竟对哪些环境要素产生哪些环境影响，筛选确定其中有重要意义的受影响因子（或参数）作为下一步预测和评价的重点，这些都离不开工程分析。工程分析的主要目的是通过工程全部组成、一般特征和污染特征的全面分析，查清建设项目的生产工艺，污染物的种类、数量、特性、浓度、排放规律、处理或处置方法等，定量地给出污染物的排放量，从微观上为环境影响评价工作提供评价所需基础数据。同时也从项目总体上纵观开发建设活动对建设项目的清洁生产水平、污染防治措施技术经济可行性、项目选址及平面布局的合理性进行分析，提出减少污染的合理措施。

由于建设项目对环境影响的表现不同，可以分为以污染影响为主的污染型建设项目的工程分析和以生态破坏为主的生态影响型建设项目的工程分析。

第一节 工程分析概论

一、工程分析的主要任务和作用

1. 工程分析的主要任务

工程分析的主要任务是通过对工程组成、一般特征和污染特征进行全面分析，从项目整体上纵观开发建设活动与环境的关系，为环境影响评价工作提供评价所需依据。在工程分析中应力求对生产工艺进行优化论证，并提出符合清洁生产要求的清洁生产工艺建议，提出工艺设计上应该重点考虑的防污减污问题。此外，工程分析还应对环保措施方案中拟选工艺、设备及其先进性、可靠性、实用性进行论证分析。

2. 工程分析的作用

（1）项目决策的重要依据　工程分析是项目环境可行性决策的依据之一。从环境保护角度对项目建设性质、产品结构、生产规模、原料来源和预处理、工艺路线、设备选型、能源结构、技术经济指标、总图布置方案、占地面积、土地利用、移民数量和安置方式等做出分析，确定工程建设和运行过程中的产污环节，核算污染源源强，计算排放总量。从环境保护的角度分析技术经济先进性、污染治理措施可行性、总图布置合理性、达标排放可能性，衡量建设项目是否符合国家产业政策、环境保护政策和相关法律法规的要求，确定建设项目的环境可行性。

（2）为各专题预测评价提供基础资料　工程分析专题是环境影响评价的基础。工程分析给出的产污节点、污染源坐标、源强、污染物排放方式和排放去处等技术参数是大气环境、水环境、噪声环境影响预测的依据，为定量评价建设项目对环境影响的程度和范围提供了可靠的保证，为评价污染防治对策的可行性提出完善改进建议，从而为实现污染物排放总量控制创造了条件。

（3）为环保设计提供优化建议　项目的环境保护设计是在已知生产工艺过程中产生污染物的环节和数量的基础上，采用必要的治理措施，实现达标排放，一般很少考虑对环境质量的影响，对于改扩建项目则更少考虑原有生产装置环保"欠账"问题以及环境承载能力。环境影响评价中的工程分析需要对生产工艺进行优化论证，提出满足清洁生产要求的清洁生产工艺方案，实现"增产不增污"或"增产减污"的目标，使环境质量得以改善或不使环境质量恶化，起到对环保设计优化的作用。

分析所采取的污染防治措施的先进性、可靠性，必要时要提出进一步完善、改进治理措施的建议，对改扩建项目尚需提出"以新带老"的计划，并反馈到设计当中去予以落实。

（4）为项目的环境管理提供依据　工程分析筛选的主要污染因子是项目生产单位和环境管理部门日常管理的对象，所提出的环境保护措施是工程验收的重要依据，为保护环境所核定的污染物排放总量是开发建设活动进行污染控制的目标。

二、工程分析的原则

1. 体现政策性

在国家已制定的一系列方针、政策和法规中，对建设项目的环境要求都有明确规定，贯彻执行这些规定是评价单位义不容辞的责任。所以在开展工程分析时，首先要求学习和掌握有关的政策法规，并以此为依据去剖析建设项目对环境产生影响的因素，针对建设项目在产业政策、能源政策、资源利用政策、环保技术政策等方面存在的问题，为项目决策提出符合环境政策法规要求的建议，这是工程分析的灵魂。

2. 具有针对性

工程特征的多样性决定了影响环境因素的复杂性。为了把握住评价工作主攻方向，防止无的放矢和轻重不分，工程分析应根据建设项目的性质、类型、规模、污染物种类、数量、毒性、排放方式、排放去向等工程特征，通过全面系统分析，从众多的污染因素中筛选出对环境干扰强烈、影响范围大并有致害威胁的主要因子作为评价主要方向，尤其应明确拟建项目的特征污染因子。

3. 应为各专题评价提供定量而准确的基础资料

工程分析资料是各专题评价的基础。工程分析所提供的特征参数，特别是污染物最终排放量，是各专题开展影响预测的基础数据。从整体来说，工程分析是决定评价工作质量的关键，所以工程分析提出的定量数据一定要准确可靠，定性资料要力求可信，复用资料要经过精心筛选，注意时效性。

4. 应从环保角度为项目选址、工程设计提出优化建议

① 根据国家颁布的环保法规和当地环境规划等条件，有理有据地提出优化选址、合理布局、最佳布置建议。

② 根据环保技术政策分析生产工艺的先进性，根据资源利用政策分析原料消耗、燃料消耗的合理性，同时探索把污染物排放量压缩到最低限度的途径。

③ 根据当地环境条件对工程设计提出合理建设规模和污染排放有关建议，防止只顾经

济效益忽视环境效益。

④ 分析拟定的环保措施方案的可行性，提出必须保证的环保措施，使项目既能保证实现正常投产，同时又能保护好环境。

三、工程分析的重点和阶段划分

1. 工程分析的重点

根据建设项目对环境影响方式和途径的不同，环境影响评价中常把建设项目分为污染型项目和生态影响型项目两大类。污染型项目主要以污染物排放对大气环境、水环境、土壤环境和声环境的影响为主，其工程分析是以对项目的工艺过程分析为重点，核心是确定工程污染源；生态影响型项目主要是以建设期、运营期对生态环境的影响为主，工程分析以对建设期的施工方式及运营期的运行方式分析为重点，核心是确定工程主要生态影响因素。

2. 工程分析的阶段划分

根据实施过程的不同阶段可将建设项目分为建设期、生产运行期和服务期满后三个阶段进行工程分析。

所有建设项目均应分析生产运行阶段带来的环境影响。生产运行阶段要分析正常工况排放和非正常工况排放两种情况。对随着时间的推移环境影响有可能较大的建设项目，同时它的评价工作等级、环境保护要求均较高时，可将生产运行阶段分为运行初期和运行中后期，并分别按正常工况排放和非正常工况排放进行分析，运行中期和运行中后期的划分应视具体工程特性而定。

个别建设项目在建设阶段和服务期满后的影响不容忽视，也应对这类项目的这些阶段进行工程分析。

四、工程分析方法

当建设项目的规划、可行性研究和设计等技术文件不能满足评价要求时，应根据具体情况选用适当的方法进行工程分析。目前采用较多的工程分析方法有类比分析法、物料平衡计算法、查阅参考资料分析法等。

1. 类比分析法

类比分析法是利用与拟建项目类型相同的现有项目的设计资料或实测数据进行工程分析。采用此法时，应充分注意分析对象与类比对象之间的相似性，如：

① 工程一般特征的相似性。包括建设项目的性质、建设规模、车间组成、产品结构、工艺路线、生产方法、原料燃料来源与成分、用水量和设备类型等。

② 污染物排放特征的相似性。包括污染物排放类型、浓度、强度与数量，排放方式与去向，以及污染方式与途径。

③ 环境特征的相似性。包括气象条件、地貌状况、生态特点、环境功能以及区域污染情况等方面的相似性。因为在生产建设中常遇到这种情况，即某污染物在甲地是主要污染因素，在乙地则可能是次要因素，甚至是可被忽略的因素。

类比分析法也常用单位产品的经验排污系数去计算污染物排放量。但一定要根据生产规模等工程特征和生产管理以及外部因素等实际情况进行必要的修正。经验排污系数法公式为：

$$A = \mathrm{AD} \cdot M \tag{5-1}$$
$$\mathrm{AD} = \mathrm{BD} - (\mathrm{aD} + \mathrm{bD} + \mathrm{cD} + \mathrm{dD}) \tag{5-2}$$

式中　A——某污染物的排放总量；

　　　AD——单位产品某污染物的排放定额；

　　　M——产品总产量；

　　　BD——单位产品投入或生成的某污染物的量；

　　　aD——单位产品中某污染物的量；

　　　bD——单位产品所生成的副产品、回收品中某污染物的量；

　　　cD——单位产品分解转化掉的污染物的量；

　　　dD——单位产品被净化处理掉的污染物的量。

2. 物料平衡计算法

物料平衡计算法以理论计算为基础，比较简单，此法的基本原则是遵守质量守恒定律，即在生产过程中投入系统的物料总量必须等于产出的产品量和物料流失量之和。其计算通式如下：

$$\sum M_{投入} = \sum M_{产品} + \sum M_{流失} \tag{5-3}$$

式中　$\sum M_{投入}$——投入系统的物料总量；

　　　$\sum M_{产品}$——产出产品总量；

　　　$\sum M_{流失}$——物料流失总量。

当投入的物料总量在生产过程中发生化学反应时，可按下列总量法或定额法公式进行衡算：

$$\sum G_{排放} = \sum G_{投入} - \sum G_{回收} - \sum G_{处理} - \sum G_{转化} - \sum G_{产品} \tag{5-4}$$

式中　$\sum G_{投入}$——投入物料中的某污染物总量；

　　　$\sum G_{产品}$——进入产品结构中的某污染物总量；

　　　$\sum G_{回收}$——进入回收产品中的污染物总量；

　　　$\sum G_{处理}$——经过净化处理掉的某污染物总量；

　　　$\sum G_{转化}$——生产过程中被分解、转化的某污染物总量；

　　　$\sum G_{排放}$——某污染物的排放量。

采用物料平衡计算法计算污染物排放量时，必须对生产工艺、化学反应、副反应和管理等情况进行全面了解，掌握原料、辅助材料、燃料的成分和消耗定额。

3. 查阅参考资料分析法

查阅参考资料分析法是利用同类工程已有的环境影响报告书或可行性研究报告等资料进行工程分析。虽然此方法较为简单，但所得数据的准确性很难保证。当评价时间短且评价工作等级较低时，或在无法采用以上两种方法的情况下，可采用此方法。此方法还可以作为以上两种方法的补充。

第二节　污染型项目工程分析

对于环境影响以污染因素为主的建设项目来说，工程分析的工作内容，原则上应根据建设项目的工程特征，包括建设项目的类型、性质、规模、开发建设方式与强度、能源与资源用量、污染物排放特征以及项目所在地的环境条件来确定。其工作内容通常包括六部分，详见表 5-1。

表 5-1 工程分析基本工作内容

工程的分析项目	工作内容
工程概况	工程一般特征简介；项目组成；物料与能源消耗定额
工艺流程及产污环节分析	工艺流程及污染物产生环节
污染物分析	污染物分布及污染物源强核算；物料平衡与水平衡；污染物排放总量建议指标；无组织排放源强统计及分析；非正常排放源强统计及分析
清洁生产水平分析	清洁生产水平分析
环保措施方案分析	分析环保措施方案及所选工艺、设备的先进水平和可靠程度；分析与处理工艺有关的技术经济参数的合理性；分析环保设施投资构成及其在总投资中占有的比例
总图布置方案分析	分析厂区与周围的保护目标之间所定的防护距离的安全性；根据气象、水文等自然条件分析工厂和车间布置的合理性；分析环境敏感点（保护目标）处置措施的可行性

一、工程概况

1. 工程一般特征简介

工程一般特征简介主要是介绍项目的基本内容，包括工程名称、建设性质、建设地点、建设规模、产品方案、主要技术经济指标、配套方案、储运方式、占地面积、职工人数、工程总投资等，附总工程平面布置图。

2. 物料及能源等消耗定额

物料及能源等消耗定额包括主要原料、辅助材料、助剂、能源（煤、油、气、电和蒸汽）以及用水等的来源、成分和消耗量。

3. 主要设备及辅助设施

主要设备及辅助设施包括生产设备和辅助设备，如供热、供气、供电（自备发电机）和污染治理设施等。

二、工艺流程及产污环节分析

一般情况下，工艺流程应在设计单位或建设单位的可行性研究报告或设计文件基础上，根据工艺过程的描述及同类项目生产的实际情况进行绘制（一般大型项目绘制装置流程图，小型项目绘制方块流程图）。环境影响评价工艺流程图有别于工程设计工艺流程图，环境影响评价关心的是工艺过程中产生污染物的具体部位、污染物的种类和数量。绘制的污染工艺流程图应包括产生污染物的装置和工艺流程，不产生污染物的过程和装置可以简化，有化学反应产生的工序要列出主要化学反应式和副反应式，并在总平面布置图上标出污染源的准确位置，以便为其他专题评价提供可靠的污染源资料。图 5-1 为某化工厂工艺流程及"三废"排放示意图。

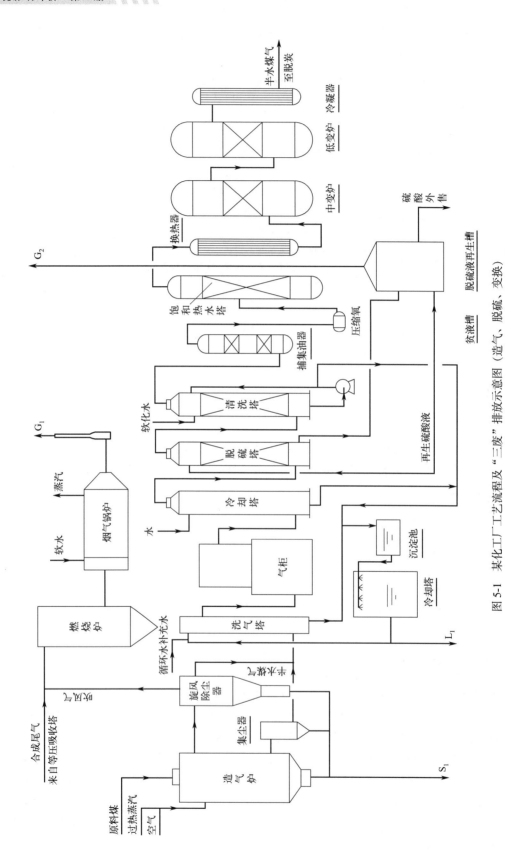

图 5-1 某化工厂工艺流程及"三废"排放示意图(造气、脱硫、变换)

三、污染物分析

1. 污染物分布及污染源源强核算

污染物分布和污染物类型及排放量是各专题评价的基础资料,必须按建设过程、生产过程两个时期,详细核算和统计。根据项目评价需求,一些项目还应对服务期满后(退役期)的影响源强进行核算。因此,对于污染物分布应根据已经绘制的污染流程图,按排放点编号,标明污染物排放部位,然后列表逐点统计各种因子的排放强度、浓度及数量。对于最终排入环境的污染物,确定其是否达标排放,达标排放必须以项目的最大负荷核算。比如燃煤锅炉二氧化硫、烟尘排放量,必须以锅炉最大产气量时所耗的燃煤量为基础进行核算。

对于废气可按点源、面源、线源进行核算,说明源强、排放方式和排放高度及存在的有关问题;废水应说明种类、成分、浓度、排放方式、排放去向;按《中华人民共和国固体废物污染环境防治法》对废物进行分类,废液应说明种类、成分、浓度、是否属于危险废物、处置方式和去向等有关问题;废渣应说明有害成分、溶出物浓度、数量、处理和处置方式、储存方法;噪声和放射性应列表说明源强、剂量及分布。

① 对于新建项目污染物排放量统计,需按废水污染物和废气污染物分别统计各种污染物排放总量。固体废物按照我国规定统计一般固体废物和危险废物,且应算清两本账:一本是工程自身的污染物设计产生量;另一本则是按治理规划和评价规定措施实施后能够实现的污染物削减量。两本账之差才是评价需要的污染物最终排放量,参见表 5-2、表 5-3。

表 5-2 新建项目污染物排放量统计

类别	污染物名称	产生量	治理削减量	排放量
废气				
废水				
固体废物				

② 现有污染源源强。改扩建项目在统计污染物排放量的过程中,应算清新老污染源三本账:第一本账是改扩建与技术改造前现有的污染物实际排放量;第二本账是改扩建与技术改造项目按计划实施的自身污染物排放量;第三本账是实施治理措施和评价规定措施后能够实现的"以新带老"的污染物削减量。"以新带老"是指通过技改扩建项目,安排专门的资金或材料,对原有环境问题专门进行解决,或者由于改扩建项目的实施,间接地解决原有的环境问题或带来环境效益。

三本账之代数和方可作为评价后所需的最终排放量,可以用表 5-4、表 5-5 列出。

表5-3 某企业新建项目锅炉烟气的产生及排放情况

时段	锅炉 t/h	工况	核算方法	烟气量 Nm³/h	烟气量 万Nm³/年	污染物	产生情况 浓度/(mg/Nm³)	产生情况 速率/(kg/h)	产生情况 产生量/(t/年)	排放情况 浓度/(mg/Nm³)	排放情况 速率/(kg/h)	排放情况 排放量/(t/年)	治理措施 工艺	治理措施 效率/%	达标情况
采暖期	1×130 (2880h)	正常排放	物料衡算法	156247.0	44999.1	烟尘	27366.5	4275.9	12314.69	≤4.93	0.8	2.22	电袋复合除尘+石灰石-石膏湿法脱硫+管束式除雾除尘	99.982	达标
						SO₂	2192.7	342.6	986.68	≤22.80	3.6	10.26	石灰石-石膏湿法脱硫	98.96	达标
						NOₓ	190	29.69	85.50	≤47.5	7.4	21.37	低氮燃烧+SNCR	75	达标
						Hg及其化合物	0.0027	0.0004	0.0012	0.0008	0.0012	0.0037	除尘+脱硫+脱硝协同	70	达标
			类比			氨	/	/	/	0.95	0.15	0.432	/	/	达标
非采暖期	1×130 (4120h)	正常排放	物料衡算法	134187.6	55285.3	烟尘	27356.1	3670.8	15123.90	≤4.93	0.7	2.72	电袋复合除尘+石灰石-石膏湿法脱硫+管束式除雾除尘	99.982	达标
						SO₂	2191.8	294.1	1211.76	≤22.80	3.1	12.60	石灰石-石膏湿法脱硫	98.96	达标
						NOₓ	190	25.50	105.04	≤47.5	6.4	26.26	低氮燃烧+SNCR	75	达标
						Hg及其化合物	0.0026	0.00041	0.0015	0.0008	0.00011	0.00045	除尘+脱硫+脱硝协同	70	达标
			类比			氨	/	/	/	0.95	0.13	0.536	/	/	达标
全年合计					100284.4	烟尘			27438.59			4.94		/	/
						SO₂			2198.43			22.86		/	/
						NOₓ			190.54			47.63		/	/
						Hg及其化合物			0.0027			0.00082		/	/
						氨			/			0.968		/	/

SO_2 NO_x

表 5-4 改扩建项目和技术改造项目排放量统计

类别	污染物	现有工程排放量	拟技改扩建项目排放量	"以新带老"削减量	工程完成后总排放量	增减量变化
废气						
废水						
固体废物						

表 5-5 某企业扩建工程三废排放量统计

序号	类别	项目	单位	扩建前排量	新带老削减量	扩建新增排量	总排放量	扩建前后变化量
1	大气污染物	烟气量	$10^4 m^3/年$	278000		460800		
		SO_2	t/年	3610	2300	2868.5	4178.5	+568.5
		烟尘	t/年	68.2	0	134.8	203	+134.8
		甲醇	t/年	37.5	0	72.1	109.6	+72.1
2	水污染物	废水	$10^4 m^3/年$	19.22	0	36.40	55.62	+36.40
		COD_{Cr}	t/年	57.66	42.28	29.1	44.5	−13.16
		氨氮	t/年	28.8	26.52	4.7	7.0	−21.8
		悬浮物	t/年	19.2	7.7	21.8	33.3	2.6
3	固体废物	工业固废	t/年	44842	0	97822	142644	97822
		生活垃圾	t/年	105	0	147	252	147
		工业固废的90%以上可以出售或综合利用						

【例 5-1】 某企业进行技改并扩建,现有产量为 2000t/年,其 COD 排放总量为 100t/年。技改后产量扩产到 5000t/年,通过对工艺的改造,提高清洁生产水平,技改后 COD 排放总量为 50t/年。请做三本账核算。

解:第一本账 = 100t

第二本账 = $(5000-2000) \times \dfrac{50}{5000} = 30t$

第三本账 = $100 - 2000 \times \dfrac{50}{5000} = 80t$

2. 物料平衡和水平衡

在环境影响评价进行工程分析时,必须根据不同行业的具体特点,选择若干有代表性的物料,主要是针对有毒有害的物料,进行物料衡算。

水作为工业生产中的原料和载体,在任一用水单元内都存在着水量的平衡关系,也同样可以依据质量守恒定律,进行质量平衡计算,这就是水平衡。工业用水量和排水量的关系见图 5-2,水平衡式如式(5-5) 所示。

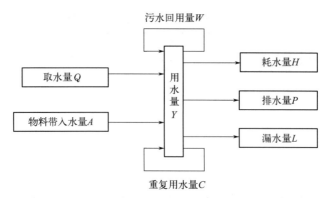

图 5-2 工业用水量和排水量关系

$$Q+A=H+P+L \tag{5-5}$$

取水量：取自地表水、地下水、自来水、海水、城市污水及其他水源的总水量。对于建设项目，工业取水量包括生产用水和生活用水。工业取水量＝间接冷却水量＋工艺用水量＋锅炉给水量＋生活用水量。

重复用水量：生产厂（建设项目）内部循环使用和循序使用的总水量。

耗水量：整个工程项目消耗掉的新鲜水量总和。

$$H=Q_1+Q_2+Q_3+Q_4+Q_5+Q_6 \tag{5-6}$$

式中 Q_1——产品含水，即由产品带走的水；

Q_2——间接冷却水系统补充水量，即循环冷却水系统补充水量；

Q_3——洗涤用水（包括装置和生产区地坪冲洗水）、直接冷却水和其他工艺用水量之和；

Q_4——锅炉运转消耗的水量；

Q_5——水处理用水量，指再生水处理装置所需的用水量；

Q_6——生活用水量。

【例 5-2】 图 5-3 是某企业车间的水平衡图（单位为 m^3/d），则此车间的工艺水回用率、水重复利用率、冷却水重复利用率分别为多少？

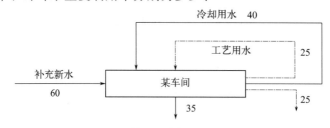

图 5-3 某企业车间的水平衡图

解：此题中的重复利用水量指的是在生产的过程中，不同的工序和设备中经二次重复利用的水量或者经处理后再生回用的水量。

由图 5-3 知，此企业的水重复利用了 2 次，故重复利用水量为：$40+25=65(m^3/d)$，取用新水量为 $60m^3/d$，故此车间的水重复利用率为 $65÷(65+60)×100\%=52\%$。

工艺用水的重复利用水量为 $25m^3/d$，且此车间的工艺用水取水量为补充的新水量（$60m^3/d$）。

故此车间的工艺用水回用率为 25÷(25+60)×100%＝29.4%。

冷却用水的重复利用水量为 $40m^3/d$，此车间的冷却用水量为补充的新水量（$60m^3/d$）。
故此车间的冷却水重复利用率为 40÷(40+60)×100%＝40%。

3. 污染物排放总量控制建议指标

在核算污染物排放量的基础上，按国家对污染物排放总量控制指标的要求，指出工程污染物排放总量控制建议指标，污染物排放总量控制建议指标应包括国家规定的指标和项目的特征污染物，其单位为 t/年。提出的工程污染物排放总量控制建议指标必须满足以下要求：一是满足达标排放的要求；二是符合其他环保相关要求（特殊控制的区域和河段）；三是技术上可行。

4. 无组织排放源的统计

无组织排放是指生产装置在生产运行过程中污染物不经过排气筒（管）的无规则排放，表现在生产工艺过程中具有弥散型的污染物的无组织排放，以及设备、管道和管件的跑冒滴漏，在空气中的蒸发、逸散引起的无组织排放。其确定方法主要有三种：

① 物料衡算法。通过全厂物料的投入产出分析，核算无组织排放量。

② 类比法。与工艺相同、使用原料相似的同类工厂进行类比，在此基础上，核算本厂无组织排放量。

③ 反推法。通过对同类工厂正常生产时无组织监控点进行现场监测，利用面源扩散模式进行反推，以此确定工厂无组织排放量。

5. 非正常工况排污的源强统计与分析

非正常工况排污是指工艺设备或环保设施达不到设计规定指标的超额排污，在风险评价中，应以此作为源强。非正常工况排污还包括设备检修、开车停车、试验性生产等。此类异常排污分析都应重点说明异常情况的原因、发生频率和处置方法。

四、清洁生产水平分析

1. 清洁生产的概念

《中华人民共和国环境保护法》第四十条中规定：国家促进清洁生产和资源循环利用。国务院有关部门和地方各级人民政府应当采取措施，推广清洁能源的生产和使用。企业应当优先使用清洁能源，采用资源利用率高、污染物排放量少的工艺、设备以及废物综合利用技术和污染物无害化处理技术，减少污染物的产生。《建设项目环境保护管理条例》第四条规定：工业建设项目应当采用能耗物耗小、污染物产生量少的清洁生产工艺，合理利用自然资源，防止环境污染和生态破坏。因此，清洁生产水平分析逐步在建设项目环境影响评价中得到了应用。《中华人民共和国清洁生产促进法》实施后，原国家环保总局在《关于贯彻落实〈清洁生产促进法〉的若干意见》中，明确提出了建设项目应当采用清洁生产技术、工艺和设备，并在环境影响评价报告书中应包括清洁生产分析专题的要求。

清洁生产在不同的发展阶段或不同的国家有着不同的提法，联合国环境署关于清洁生产的定义为：清洁生产是指将整体预防的环境战略持续应用于生产过程、产品和服务中，以期增加生态效率并减少对人类和环境的风险。对生产过程，清洁生产包括节约原材料，淘汰有毒原材料，减少和降低所有废物的数量和毒性；对产品，清洁生产战略旨在减少从原材料提炼到产品最终处置的全生命周期的不利影响；对服务，要求将环境因素纳入设计和所提供的服务中。《中华人民共和国清洁生产促进法》中提出，清洁生产是指不断采取改进设计、使用清洁的能源和原料、采用先进的工艺技术与设备、改善管理、综合利用等措施，从源头削减污染，提高资源利用效率，减少或者避免生产、服务和产品使用过程中污染物的产生和排放，以减轻或者消除对人类健康和环境的危害。

清洁生产体现的是"预防为主"的方针，达到"节能、降耗、减污、增效"的目的。建设项目环境影响评价中开展清洁生产分析，可以促使企业调整投资结构，实现从末端治理到全过程控制的战略转移，促进企业生产健康、持久、有序发展。

2. 清洁生产指标等级

目前生态环境部推出的清洁生产标准中，将清洁生产指标分为三级。

一级代表国际清洁生产先进水平。当一个建设项目全部达到一级标准时，表明该项目在生产工艺、装备选择、资源能源利用、产品设计选用、生产过程废物的产生量、废物回收利用和环境管理等方面做得非常好，达到国际先进水平，该项目在清洁生产方面是一个很好的项目。

二级代表国内清洁生产先进水平。当一个项目全部达到二级标准或以上时，表明该项目清洁生产指标达到国内先进水平，从清洁生产角度衡量是一个好项目。

三级代表国内清洁生产基本水平。当一个项目全部达到三级标准时，表明该项目清洁生产指标达到一定水平，但对于新建项目，尚需做出较大的调整和改进，使之达到国内先进水平，对于国家明令限制盲目发展的项目，应当在清洁生产方面提出更高的要求。

当一个项目大部分达到高一级标准，而有少部分指标尚处于较低水平时，应分析原因，提出改进措施。

3. 清洁生产分析指标的选取原则

（1）从产品生命周期的全过程考虑　制定清洁生产指标是依据生命周期分析理论，围绕产品生命周期展开的清洁生产分析。生命周期分析法是清洁生产指标选取的一个最重要原则，它是从一个产品的整个寿命周期全过程考察其对环境的影响，如从原材料的采掘，到产品的生产过程，再到产品的销售，直至产品报废后的处理、处置。并非对建设项目要求进行严格意义上的生命周期评价，而是要借助这种分析方法来确定环境影响评价中清洁生产评价指标的范围。

（2）体现污染预防为主的原则　清洁生产指标必须体现预防为主的原则，要求完全不考虑末端治理，因此污染物产生指标是指污染物离开生产线时的数量和浓度，而不是经过处理后的数量和浓度。清洁生产指标主要反映出建设项目实施过程中所用的资源量，包括使用能源、水或其他资源的情况，通过对这些指标的评价能够反映出建设项目通过节约和更有效的资源利用来达到保护自然资源的目的。

（3）容易量化　清洁生产指标要力求定量化，对于难于量化的指标也应给出文字说明。为了使所确定的清洁生产指标既能够反映建设项目的主要情况又简便易行，在设计时要充分考虑指标体系的可操作性，因此，应尽量选择容易量化的指标。

（4）满足政策法规要求和符合行业发展趋势　清洁生产指标应符合产业政策和行业发展趋势要求，并应根据行业特点，考虑各种产品的生产过程来选取指标。

4. 清洁生产评价指标的分类

依据生命周期分析的原则，环评中的清洁生产评价指标可分为六大类：生产工艺与装备要求、资源能源利用指标、产品指标、污染物产生指标、废物回收利用指标和环境管理要求。六大类指标既有定性指标也有定量指标，资源能源利用指标和污染物产生指标在清洁生产审核中是非常重要的两类指标，因此必须有定量指标，其余四类指标为定性指标或者半定量指标。

五、环保措施方案分析

环保措施方案分析包括两个层次，首先对项目可行性研究报告等文件提供的污染防治措施进行技术先进性、经济合理性及运行可靠性的评价，若所提措施有的不能满足环保要求，则需提出切实可行的改进完善建议，包括替代方案。分析要点如下。

① 分析建设项目可行性研究阶段环保措施方案并提出改进建议。根据项目产生污染物的特征，充分调查同类企业和现有环保处理方案的经济技术运行指标，分析项目可行性研究阶段所采用的环保设施的经济技术可行性，在此基础上提出改进的意见。

② 分析项目采用的污染处理工艺，排放污染物达标的可靠性。根据现有同类环保设施的经济技术运行指标，结合项目排放污染物的特征和防治措施的合理性，分析项目环保设施运行、确保污染物达标排放的可靠性并提出改进意见。

③ 分析环保设施投资构成及其在总投资中所占的比例。汇总项目各项环保设施投资，分析其结构，计算环保投资在总投资中的比例。一般可按水、气、声、固废、绿化等列出环保投资一览表。对改扩建项目，一览表还应包括"以新带老"的环保投资。

④ 分析依托设施的可行性。对于改扩建项目，原有工程的环保措施有相当一部分是可以利用的，如现有污水处理厂、固废填埋场、焚烧炉等。原有环保设施是否能满足改扩建后的要求，需要认真核实，分析依托的可靠性。随着经济的发展，依托公用环保措施已经成为区域环境污染防治的重要组成部分。对于项目产生废水经过简单处理后排入区域或城市污水处理厂进一步处理和排放的项目，除了对其采用的污染防治技术的可靠性、可行性进行分析评价外，还应对接纳排水的污水处理厂的工艺合理性进行分析，看其处理工艺是否与项目排水的水质相容；对于可以进一步利用的废气，要结合所在区域的社会经济特点，分析其集中收集、净化、利用的可行性；对于固体废物，则要根据项目所在地的环境、社会经济特点，分析其综合利用的可能性；对于危险废物，则要分析其能否得到妥善处置。

六、总图布置方案分析

① 分析厂区与周围的保护目标之间所定卫生防护距离和安全防护距离的保证性。参考国家的有关卫生和安全防护距离规范，调查、分析厂区与周围的保护目标之间所定防护距离的可靠性，合理布置建设项目的各构筑物及生产设施，给出总图布置方案与外环境关系图。

确定卫生防护距离有两种方法：一种是按国家已颁布的某行业的卫生防护距离，根据建设规模和当地气象资料直接确定；另一种是尚无行业卫生防护距离标准的，可利用《制定地方大气污染物排放标准的技术方法》（GB/T 3840）推荐的公式进行计算。

② 根据气象、水文等自然条件分析工厂和车间布置的合理性。在充分掌握项目建设地点的气象、水文和地质资料的条件下，认真考虑这些因素对污染物的污染特性的影响，合理布置工厂和车间，尽可能减少对环境的不利影响。

③ 分析对周围环境敏感点处置措施的可行性。分析项目所产生的污染物的特点及其污染特征，结合现有的有关资料，确定建设项目对附近环境敏感点的影响程度，在此基础上提

出切实可行的处置措施（如搬迁、防护等）。

第三节　生态影响型项目工程分析

一、生态影响型项目工程分析主要内容

生态影响型项目工程分析的内容应结合工程特点，提出工程施工期和运营期的影响和潜在影响因素，能量化的要给出量化指标。生态影响型项目工程分析应包括以下基本内容：

1. 工程概况

介绍工程的名称、建设地点、性质、规模和工程特性，并给出工程特性表。

工程的项目组成及施工布置：按工程的特点给出工程的项目组成表，并说明工程不同时期的主要活动内容与方式；阐明工程的主要设计方案，介绍工程的施工布置，并给出施工布置图。

2. 施工规划

结合工程的建设进度，介绍工程施工规划，对与生态环境保护有重要关系的规划建设内容和施工进度要做详细介绍。

3. 生态环境影响源分析

通过调查，对项目建设可能造成生态环境影响的活动（影响源和影响因素）的强度、范围、方式进行分析，能定量的要给出定量数据。如占地类型（湿地、滩涂、耕地、林地等）与面积、植被破坏量，特别是珍稀植物的破坏量、淹没面积、移民数量、水土流失量等均应给出量化数据。

4. 主要污染物与源强分析

项目建设中的主要污染物如废水、废气、固体废物的排放量和噪声发生源源强，需给出生产废水和生活污水的排放量和主要污染物排放量；废气给出排放源点位，说明源性质（固定源、移动源、连续源、瞬时源），主要污染物产生量；固体废物给出工程弃渣和生活垃圾的产生量；噪声则要给出主要噪声源的种类和声源强度。

5. 替代方案

介绍工程选点、选线和工程设计中就不同方案所做的比选工作内容，说明推荐方案理由，以便从环境保护的角度分析工程选线、选址推荐方案的合理性。

二、生态影响型项目工程分析技术要点

生态影响型项目的工程分析一般要把握如下几点要求：

① 工程组成完全。即把所有工程活动都纳入分析中，一般建设项目工程组成有主体工程、辅助工程、配套工程、公用工程和环保工程。有的将作业场等支柱性工程称为大临工程（大型临时工程）或储运工程系列，都是可以的。但必须将所有的工程建设活动，无论临时的还是永久的，施工期的还是运行期的，直接的还是相关的，都考虑在内。一般应有完善的项目组成表，明确的占地、施工、技术标准等主要内容。

② 重点工程明确。造成主要环境影响的工程，应作为重点的工程分析对象，明确其名

称、位置、规模、建设方案、施工方案、运行方式等。一般还应将其所涉及的环境作为分析对象，因为同样的工程发生在不同的环境中，其影响作用是很不相同的。

③ 全过程分析。生态环境影响是一个过程，不同时期有不同的问题需要解决，因此必须做全过程分析。一般可将全过程分为选址选线期（工程预可研期）、设计方案期（初步设计与工程设计）、建设期（施工期）、运行期和运行后期（结束期、闭矿、设备退役和渣场封闭）。

④ 污染源分析。明确产生主要污染物的源，污染物类型、源强、排放方式和纳污环境等。污染源可能发生于施工建设阶段，亦可能发生于运行期。污染源的控制要求与纳污的环境功能密切相关，因此必须同纳污环境联系起来做分析。

⑤ 其他分析。施工建设方式、运行期方式不同，都会对环境产生不同影响，需要在工程分析时给予考虑。有些污染发生可能性不大，一旦发生将会产生重大影响者，则可作为风险问题考虑。例如，公路运输农药时，车辆可能在跨越水库或水源地时发生事故性泄漏等。

案例分析

国家规划某矿区拟建原煤生产能力 240 万吨/年的煤矿。井田面积 $55km^2$，煤层埋深 100～300m，储量丰，煤质优，平均含硫量 1.6%。拟同步建一矸石电厂，与矿井工业场地相距 1km，公路可达，电厂用水拟采用地表水。煤矿位于风蚀为主的黄土高原，井田内耕地约占 15%，其中基本农田约占耕地的 1/3，井田内植被主要为灌丛和天然牧草，植被覆盖率约 38%，属大陆性季风气候，年均降水量 460mm，降水集中在 6～8 月，年蒸发量 2880mm。井田内有 7 个村庄（360 户，1500 人），西北部有明长城遗址（省级文物保护单位），有由西北向东的一级公路通过；一小河 A（属三类水体）从井田中部流过；矿井工业场地位于公路南侧，拟占用一部分耕地（已取得征地手续），煤矿原煤经过筛分破碎分级出售；矿井水拟经一级沉淀处理后 60% 回用于井下，其余达标排入小河 A；年产煤矸石（一类固体废物，热值 7.0MJ/kg）60 万吨。经可行性研究预测，矿井运行后地表沉陷深度 4～6m。

1. 根据国家煤炭开采政策，本工程应配套建设的工程是什么？说明理由。
2. 列出地面主要环境保护敏感目标。
3. 针对明长城遗址，提出煤矿开采的保护措施。
4. 从节约水资源的角度，给出矿井水的回用途径。
5. 给出本工程矸石场选址的环境保护要求。

1. 工程分析的主要作用是什么？
2. 工程分析的原则是什么？
3. 工程分析的主要方法有哪些？
4. 污染型项目工程分析的主要内容有哪些？

5. 生态影响型项目工程分析的主要内容有哪些?

6. 某造纸厂日产凸版纸3000t，吨纸耗水量450t。经工艺改革后，生产工艺中采用了逆流漂洗和白水回收重复利用，吨纸耗水量降至220t。该厂每日的重复水利用率是多少?

7. 某化工项目废水处理厂进水量为10000m^3/d，进水COD浓度为1500mg/L，COD总去除率为90%，废水回用率为50%，该项目废水处理厂外排COD量为多少?

8. 某项目生产工艺过程中HCl使用量为100kg/h，其中90%进入产品、8%进入废液、2%进入废气。若废气处理设施中HCl的去除率为99%，则废气中HCl的排放速率是多少?

参考文献

[1] 环境保护部环境工程评估中心.环境影响评价技术导则与标准（2021年版）[M].北京：中国环境出版集团，2021.
[2] 环境保护部环境工程评估中心.环境影响评价技术方法（2021年版）[M].北京：中国环境出版集团，2021.
[3] 李淑芹，孟宪林.环境影响评价[M].3版.北京：化学工业出版社，2022.
[4] 李爱贞.环境影响评价实用技术指南[M].2版.北京：机械工业出版社，2012.
[5] 何德文.环境影响评价[M].2版.北京：科学出版社，2021.

第六章

大气环境影响评价

大气环境保护事关人民群众根本利益，事关经济持续健康发展，为保护和改善环境，防治大气污染，保障公众健康，推进生态文明建设，促进经济社会可持续发展，2015年8月修订通过了《中华人民共和国大气污染防治法》。2018年6月国务院印发《打赢蓝天保卫战三年行动计划》，以京津冀及周边地区、长三角地区、汾渭平原等区域为重点，持续开展大气污染防治行动，明显改善了环境空气质量，增强了人民的蓝天幸福感。为防治大气污染，改善环境质量，指导大气环境影响评价工作，2018年7月，生态环境部修订并发布《环境影响评价技术导则 大气环境》（HJ 2.2—2018），规定了大气环境影响评价的一般性原则、内容、工作程序、方法和要求。2021年4月国家领导人应邀参加领导人气候峰会，基于推动构建人类命运共同体和实现可持续发展战略目标，宣布了力争2030年前实现碳达峰、2060年前实现碳中和。按照党的二十大提出的要求：我们要深入推进环境污染防治，坚持精准治污、科学治污、依法治污，持续深入打好蓝天保卫战，加强污染物协同控制，基本消除重污染天气。积极稳妥推进碳达峰碳中和。实现碳达峰碳中和是一场广泛而深刻的经济社会系统性变革。立足我国能源资源禀赋，坚持先立后破，有计划分步骤实施碳达峰行动。完善能源消耗总量和强度调控，重点控制化石能源消费，逐步转向碳排放总量和强度"双控"制度。

本章在对大气环境影响评价基础理论进行概述的基础上，重点介绍了依据环境影响评价技术导则对大气环境质量进行的现状调查和评价、项目实施所引起的大气环境影响的程度、范围进行分析、预测和评估，为优化项目选址、制定大气污染防治措施、确定污染源设置等提供决策依据，为大气污染治理工程设计提供指导。

第一节 大气污染与扩散

一、大气污染

按照国际标准化组织（ISO）的定义：大气污染通常是指由于人类活动或自然过程引起某些物质进入大气中，呈现出足够的浓度，达到足够的时间，并因此危害了人体的舒适、健康和福利或环境的现象。

大气污染在各个学科中的定义：在大气科学和应用气象学中是指自然或人为原因使大气中的某些成分超过正常含量或排入有毒有害的物质，对人类、生物和物体造成危害的现象；在地理学和环境地理学中是指大气中的污染物浓度达到有害程度，破坏生态系统和人类生存条件的现象；在电力学和环境保护学中是指大气中污染物浓度达到危害人和生态平衡程度的现象；在生态学和污染生态学中是指自然或人为原因使大气圈层中某些成分超过正常含量或排入有毒有害的物质，对人类、生物和物体造成危害的现象；在资源科技和资源地学中是指大气中污染物质的浓度达到有害程度，以致破坏生态系统和人类正常生存和发展的条件，对人或物造成危害的现象。

随着人类经济活动和生产的迅速发展，在大量消耗能源的同时，也将大量的废气、烟尘物质排入大气，严重影响了大气环境的质量，特别是在人口稠密的城市和工业区域。所谓干洁空气是指在自然状态下的大气（由混合气体、水汽和杂质组成）除去水汽和杂质的空气，其主要成分是氮气，占 78.09%；氧气占 20.94%；氩占 0.93%；其他微量气体（如氖、氦、二氧化碳、氪等）占 0.1%。大气污染物是指引起大气污染的物质。

气态污染物又分为一次污染物和二次污染物。一次污染物是指直接从污染源排放的污染物质，如二氧化硫、一氧化氮、一氧化碳、颗粒物等。它们又可分为反应物和非反应物，前者不稳定，在大气环境中常与其他物质发生化学反应，或者作为催化剂促进其他污染物之间的反应，后者则不发生反应或反应速度缓慢。二次污染物是指由一次污染物在大气中互相作用，经化学反应或光化学反应形成的与一次污染物的物理、化学性质完全不同的新的大气污染物，其毒性比一次污染物还强。最常见的二次污染物如硫酸及硫酸盐气溶胶、硝酸及硝酸盐气溶胶、臭氧、光化学氧化剂，以及许多不同寿命的活性中间物（又称自由基），如 $HO_2\cdot$、$HO\cdot$ 等。

大气污染物主要可以分为两类，即天然污染物和人为污染物，引起公害的往往是人为污染物，它们主要来源于燃料燃烧和大规模的工矿企业。

根据大气污染物的存在状态，也可将其分为气溶胶态污染物和气态污染物。

二、大气扩散

1. 气象要素

气象条件是影响大气中污染物扩散的主要因素。历史上发生过的重大空气污染危害事件，都是在不利于污染物扩散的气象条件下发生的。为了掌握污染物的扩散规律，以便采取有效措施防止大气污染的形成，必须了解气象条件对大气扩散的影响，以及局部气象因素与地形地貌状况之间的关系。

在气象学中，气象要素是指用于描述的物理状态与现象的物理量，包括气压、气温、气湿、云、风、能见度以及太阳辐射等。这些要素都能从观测中直接获得，并随着时间经常变化，彼此之间相互制约。不同的气象要素组合呈现不同的气象特征，因此对污染物在大气中的输送扩散产生不同的影响。其中风和大气不规则的湍流运动是直接影响大气污染物扩散的气象因素，而气温的垂直分布又制约着风场与湍流结构。下面介绍对大气扩散影响较重要的气象要素。

风是指空气在水平方向的运动。风的运动规律可用风向和风速描述。风向是指风的来向，通常可用 16 个或 8 个方位表示，如西北风指风从西北方来。此外也可用角度表示，以北风为 0°，8 个方位中相邻两方位的夹角为 45°，正北与风向反方向的顺时针方向夹角称为风向角，如东南风的风向角为 135°。

风速是指空气在单位时间内水平运动的距离。气象预报的风向和风速指的是距地面 10m 高处、在一定时间内观测到的平均风速。

在自由大气中，风受地面摩擦力的影响很小，一般可以忽略不计，风的运动处于水平的匀速运动。但在大气边界层中，空气运动受到地面摩擦力的影响，使风速随高度升高而增大。在离地面几米以上的大气层中，平均风速与高度之间的关系一般可以利用迪肯（Deacon）的幂定律描述：

$$u = u_1 (Z/Z_1)^n \tag{6-1}$$

式中　u，u_1——在高度 Z 及已知高度 Z_1 处的平均风速，m/s；

　　　n——与大气稳定度有关的指数，在中性层结条件下，且地形开阔平坦只有少量地表覆盖物时，$n=1/7$。不同稳定度下的 n 值见表 6-1。

表 6-1　不同稳定度下的 n 值

稳定度	A	B	C	D	E、F
城市	0.10	0.15	0.20	0.25	0.30
乡村	0.07	0.07	0.10	0.15	0.25

空气的大规模运动形成风。地球两极和赤道之间大气的温差、陆地与海洋之间的温差以及陆地上局部地貌不同之间的温差，对空气产生的热力作用，形成各种类型的风，如海陆风、季风、山谷风、峡谷风等。

当气压基本不变时，日出后由于地面吸收太阳的辐射，由底部气层开始的热涡流上升运动逐渐增强，使大气上下混合强度增大，因此下层风速渐大，一般在午后达到最大值；而夜间在地面的冷却作用下，湍流活动减弱直至停止，使下层风速减小，乃至静止。反之，高层大气白天风速最小，夜间风速最大。

海陆风出现在沿海地区，是由于海陆接壤区域的地理差异产生的热力效应，形成以一天为周期变化的大气局部环流。在吸收相同热量的条件下，由于陆地的热容量小于海水，因此地表温度的升降变化比海水快。白天，阳光照射下的陆地温升比海洋快，近地层陆地上空的气温高于海面上空，空气密度小而上升，因此产生水平气压梯度，低层气压低于海上，于是下层空气从海面流向陆地，称为海风；而陆地高层空间的气压高于海上，气流由陆地流向海洋，从而在这一区域形成空气的闭合环流。夜间，陆地温降又比海洋快，近地气层的气温低于海面上的气温，形成了高于海面上的气压，于是下层空气从陆地流向海上，称为陆风，并与高空的逆向气流形成闭合环流。海陆风的流动示意图如图 6-1 所示。

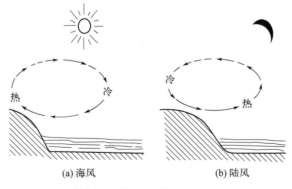

图 6-1　海陆风流动示意图

海陆风的影响区域有限。海风高约 1000m，一般深入到陆地 20～40km 处，最大风力为 5～6 级；陆风高约 100～300m，延伸到海上 8～10km 处，风力不过 3 级。在内陆的江河湖泊岸边，也会出现类似的环流，但强度和活动范围均较小。

季风也是由于陆地和海洋的地理差异产生的热力效应，形成以一年四季为周期而变化的大气环流，但影响的范围比海陆风大得多。夏季，大陆上空的气温高于海洋上空，形成低层空气从海洋流向大陆，而高层大气相反流动，于是构成了夏季的季风环流，类似于白天海风环流的循环。冬季，大陆上空的气温低于海洋上空，形成低层空气从大陆流向海洋，高层大气由海洋流向大陆的冬季的季风环流，类似于夜间陆风环流的循环。我国处于太平洋西岸和印度洋西侧，夏季大陆盛行东南风，西南地区吹西南风；冬季大陆盛行西北风，西南地区吹东北风。

山谷风是山区地理差异产生的热力作用而引起的另外一种局地风，也是以一天为周期循环变化的。白天，山坡吸收较强的太阳辐射，气温增高，因空气密度小而上升，形成空气从谷底沿山坡向上流动，称为谷风；同时在高空产生由山坡指向山谷的水平气压梯度，从而产生谷底上空的下降气流，形成空气的热力循环。夜间，山坡的冷却速度快，气温比同高度的谷底上空低，空气密度大，使得空气沿山坡向谷底流动，形成山风，同时构成与白天反向的热力环流。山风和谷风的流动示意图如图6-2所示。

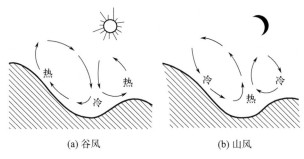

(a) 谷风　　　　　(b) 山风

图 6-2　山风和谷风的流动示意图

峡谷风是由于气流从开阔地区进入流动截面积缩小的狭窄峡谷口时，因气流加速而形成的顺峡谷流动的强风。

2. 大气温度的垂直分布

（1）气温直减率　实际大气的气温沿垂直高度的变化率称为气温垂直递减率，简称气温直减率，可用参数 γ 表示：

$$\gamma = -\frac{\partial T}{\partial Z} \tag{6-2}$$

式中　T——热力学温度，K；

　　　Z——高度，m。

负号表示气温随高度升高而降低。

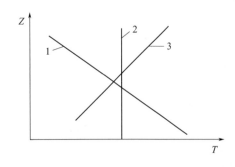

图 6-3　温度层结曲线

（2）大气的温度层结　气温随垂直高度的分布规律称为温度层结，因此坐标图上气温变化曲线也称为温度层结曲线。温度层结反映了沿高度的大气状况是否稳定，其直接影响空气的运动，以及污染物质的扩散过程和浓度分布。

图 6-3 所示为温度层结曲线的三种基本类型。

① 递减层结。气温沿高度增加而降低，即 $\gamma > 0$，如曲线1所示。递减层结属于正常分布，一般出现在晴朗的白天，风力较小的天气。地面由于吸收太

阳辐射温度升高，使近地空气也得以加热，形成气温沿高度逐渐递减。此时上升空气团的降温速度比周围气温慢，空气团处于加速上升运动，大气为不稳定状态。

② 等温层结。气温沿高度增加不变，即 $\gamma=0$，如曲线 2 所示。等温层结多出现于阴天、多云或大风时，由于太阳的辐射被云层吸收和反射，地面吸热减少，此外晚上云层又向地面辐射热量，大风使得空气上下混合强烈，这些因素导致气温在垂直方向上变化不明显。此时上升空气团的降温速度比周围气温快，上升运动将减速并转而返回，大气趋于稳定状态。

③ 逆温层结。气温沿高度增加而升高，即 $\gamma<0$，如曲线 3 所示。逆温层结简称逆温，其形成有多种机理。当出现逆温时，大气在竖直方向的运动基本停滞，处于强稳定状态。通常，按逆温层的形成过程又分为辐射逆温、下沉逆温、湍流逆温、平流逆温、锋面逆温等类型。

辐射逆温为大陆上常年可见的逆温类型，是由于地面的快速冷却而形成的，通常出现于晴朗无云或少云、风速不大的夜间。夜晚地面向大气辐射白天吸收的热量而逐渐冷却，近地面的气温随之降低。离地愈近，气温冷却愈快，离地愈远的空气受地面影响愈弱，降温愈慢，形成自地面开始的辐射逆温。辐射逆温随着地面的冷却逐渐向上扩展，到日出前逆温充分发展。日出后，地面吸收太阳的辐射逐渐升温，逆温层又逐渐自下而上消失。到上午 9 点左右，逆温全部消失。辐射逆温的生消过程如图 6-4 所示。辐射逆温层的厚度通常在几十米到几百米，高纬度地区甚至厚达 2～3km。冬季夜长，逆温层较厚且消失较慢；夏季夜短，逆温层较薄，消失也快。此外，地形、云层、风等因素也会影响辐射逆温的形成及强度。

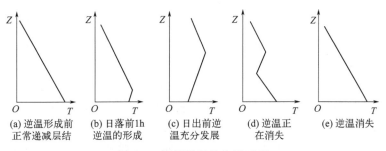

图 6-4 辐射逆温的生消过程

下沉逆温是因高压区内某一层空气发生下沉运动时，导致下层空气被压缩升温而形成的；湍流逆温发生在绝热状态下的大气湍流运动时；平流逆温是暖空气水平流至冷地表地区上空所形成的；锋面逆温为对流层中冷暖空气相遇时，由于暖空气密度小，爬到冷空气上面所致。这些类型的逆温一般不从地面开始，出现在离地面数十米至数千米的高空，也称为上层逆温。实际上，大气中出现逆温可能是由几种原因共同作用形成的。

出现逆温时，好像一个盖子阻碍它下面的污染物质扩散，对大气污染扩散影响极大，因此许多大气污染事件都发生在具有逆温层与静风的气象条件下。

（3）干绝热直减率　考察一团在大气中做垂直运动的干空气，如果干空气在运动中与周围空气不发生热量交换，则称为绝热过程。当干气团垂直运动在递减层结时，气团的温度变化与气压变化相反。若气团的压力沿高度发生显著变化，则气温变化引起的气团内能变化与气压变化导致的气团做功相当，此时可忽略气团与周围大气的热交换，视为绝热过程。干气团绝热上升时，因周围气压减小而膨胀，消耗大部分内能对周围大气做膨胀功，则气团温度显著降低。干气团绝热下降时，因周围气压增大被压缩，外界的压缩功大部分转化为气团的内能增量，气团温度明显上升。

干气团在绝热垂直运动过程中，升降单位距离（通常取100m）的温度变化值称为干空气温度的绝热垂直递减率，简称干绝热直减率 γ_d，即

$$\gamma_d = -\frac{\partial T}{\partial Z} \tag{6-3}$$

干气团在垂直升降过程中服从热力学第一定律，即

$$q = \Delta u + w \tag{6-4}$$

气团可视为理想气体，并设气团的压力与周围大气的气压随时保持平衡，在绝热过程中有 $dq=0$，则式(6-4)可改写为：

$$dq = c_v dT + v dp = 0 \tag{6-5}$$

气团的物理状态可用理想气体状态方程来描述，即

$$pv = RT \tag{6-6}$$

$$pdv + vdp = RdT \tag{6-7}$$

由式(6-5)～式(6-7)可得：

$$vdp = c_p dT \tag{6-8}$$

式中，c_p 为干空气的比定压热容，$c_p = c_v + R = 1004 J/(kg \cdot K)$。

将式(6-3)代入式(6-8)，并近似地视气团的密度与比体积互为倒数，得：

$$\gamma_d = -\frac{dT}{dZ} = \frac{g}{c_p} \approx 1K/100m \tag{6-9}$$

由上式可见，在干绝热过程中，气团每上升或下降100m，温度约降低或升高1K，即 γ_d 为固定值，而气温直减率 γ 则随时间和空间变化，这是两个不同的概念。

(4) 大气稳定度

① 大气稳定度的定义。大气稳定度是指大气中的某一气团在垂直方向上的稳定程度。一团空气受到某种外力作用而产生上升或者下降运动，当运动到某一位置时消除外力，此后气团的运动可能出现三种情况：a.气团仍然继续加速向前运动，这时的大气称为不稳定大气；b.气团不加速也不减速而做匀速运动，或趋向停留在外力去除时所处的位置，这时的大气称为中性大气；c.气团逐渐减速并有返回原先高度的趋势，这时的大气称为稳定大气。

设某一气团在外力作用下上升了一段距离 dz，在新位置的状态参数为 ρ_i 及 T_i，它周围大气的状态参数为 ρ 及 T。消除外力后，单位体积气团受到重力和浮力的共同作用，产生垂直方向的升力，其加速度为：

$$a = \frac{\rho - \rho_i}{\rho_i} g \tag{6-10}$$

假定移动过程中气团的压力与周围大气的气压随时保持平衡，即 $p_i = p$，则由状态方程可得：

$$a = \frac{T_i - T}{T} g \tag{6-11}$$

由上式可见，在新位置上，$T_i > T$，则 $a > 0$，即气团的温度大于周围大气温度时，气团仍然加速，表明大气是不稳定的；若 $T_i < T$，则 $a < 0$，气团减速，表明大气稳定。因为气团的温度难以确定，实际上很难用上式判断大气的稳定度。

假定在初始位置时,气团与周围空气的温度相等,均为 T_0,其绝热上升 dz 距离后,气团温度为 $T_i = T_0 - \gamma_d dz$,周围气温为 $T = T_0 - \gamma dz$,式(6-11)则变为:

$$a = g\frac{\gamma - \gamma_d}{T}dz \tag{6-12}$$

由式(6-12)可分析大气的稳定性,当 $\gamma > \gamma_d$ 时,$a > 0$,气团加速,大气为不稳定;当 $\gamma = \gamma_d$ 时,$a = 0$,大气为中性;当 $\gamma < \gamma_d$ 时,$a < 0$,气团减速,大气为弱稳定,而出现等温层结与逆温层结时,即 $\gamma \leq 0$,则大气处于强稳定状态,图6-5为大气稳定度分析图。分析可见,干绝热直减率 $\gamma_d = 1K/100m$ 可作为大气稳定性的判据,可用当地实际气层的 γ 与其比较,以此判断大气的稳定度。

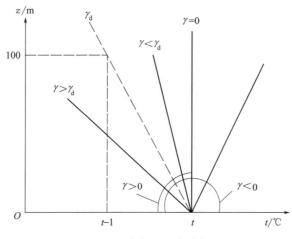

图 6-5 大气稳定度分析

大气稳定度对污染物在大气中的扩散有很大影响。大气越不稳定,污染物的扩散速率就越快;反之,则越慢。

② 大气稳定度的分类。大气稳定度与天气现象、时空尺度及地理条件密切相关,其级别的准确划分非常困难。目前国内外大气稳定度的分类方法已多达10余种,应用较广泛的有帕斯奎尔(Pasquill)法和特纳尔(Turner)法。帕斯奎尔法用地面风速(距离地面高度10m)、白天的太阳辐射状况(分为强、中、弱、阴天等)或夜间云量的大小将稳定度分为A~F六个级别,如表6-2所示。

表 6-2 大气稳定度等级

地面风速(距地面 10m 处)/(m/s)	白天太阳辐射			阴天的白天或夜间	有云的夜间	
	强	中	弱		薄云遮天或低云≥5/10	云量≤4/10
<2	A	A~B	B	D		
2~3	A~B	B	C	D	E	F
3~5	B	B~C	C	D	D	E
5~6	C	C~D	D	D	D	D
>6	D	D	D	D	D	D

帕斯奎尔法虽然可以利用常规气象资料确定大气稳定度等级,简单易行,应用方便,但这种方法没有确切地描述太阳的辐射强度,云量的确定也不准确,较为粗略,为此特纳尔做

了改进与补充。

特纳尔法首先根据某地、某时及太阳高度角 θ_h 和云量（全天空为 10 分制），确定太阳辐射等级，再由太阳的辐射等级和距地面高度 10m 的平均风速确定大气稳定度的级别。我国采用特纳尔法，太阳高度角 θ_h 可按下式计算：

$$\theta_h = \arcsin[\sin\varphi\sin\delta + \cos\varphi\cos\delta\cos(15t + \lambda - 300)] \tag{6-13}$$

式中 φ——当地地理纬度，(°)；
λ——当地地理经度，(°)；
t——观测时的北京时间，h；
δ——太阳倾角（赤纬），(°)。

太阳倾角概略值见表 6-3。

表 6-3　太阳倾角（赤纬）概略值 δ　　　　　　单位：(°)

月份	1	2	3	4	5	6	7	8	9	10	11	12
上旬	-22	-15	-5	6	17	22	22	17	7	-5	-15	-22
中旬	-21	-12	-2	10	19	23	21	14	3	-8	-18	-23
下旬	-19	-9	2	13	23	23	19	11	-1	-12	-21	-23

我国提出的太阳辐射等级见表 6-4，表中总云量和低云量由地方气象观测资料确定。大气稳定度等级见表 6-5，表中地面平均风速指离地面 10m 高度处 10min 的平均风速。

表 6-4　太阳辐射等级（中国）

总云量/低云量	夜间	太阳高度角 θ_h/(°)			
		$\theta_h \leq 15$	$15 < \theta_h \leq 35$	$35 < \theta_h \leq 65$	$\theta_h > 65$
$\leq 4/\leq 4$	-2	-1	+1	+2	+3
5~7/≤ 4	-1	0	+1	+2	+3
$\geq 8/\leq 4$	-1	0	0	+1	+1
$\geq 5/5$~7	0	0	0	0	+1
$\geq 8/\geq 8$	0	0	0	0	0

表 6-5　大气稳定度等级

地面平均风速 /(m/s)	太阳辐射等级					
	+3	+2	+1	0	-1	-2
≤ 1.9	A	A~B	B	D	E	F
2~2.9	A~B	B	C	D	E	F
3~4.9	B	B~C	C	D	D	E
5~5.9	C	C~D	D	D	D	D
≥ 6	C	D	D	D	D	D

3. 湍流与湍流扩散理论

（1）湍流　低层大气中的风向是不断变化的，出现上下左右摆动；同时，风速也是时强时弱的，形成迅速的阵风起伏。风的这种强度与方向随时间不规则的变化形成的空气运动称为大气湍流。湍流运动由无数结构紧密的流体微团——湍涡组成，其特征量的时间与空间分布都具有随机性，但它们的统计平均值仍然遵循一定的规律。大气湍流的流动特征尺度一般取离地面的高度，比流体在管道内流动时要大得多，湍涡的大小及其发展基本不受空间的限制，因此在较小的平均风速下就能有很高的雷诺数，从而达到湍流状态。所以近地层的大气始终处于湍流状态，尤其在大气边界层内，气流受下垫面影响，湍流运动更为剧烈。大气湍流造成流场各部分强烈混合，能使局部的污染气体或微粒迅速扩散。烟团在大气的湍流混合作用下，由湍涡不断把烟气推向周围空气中，同时又将周围的空气卷入烟团，从而形成烟气的快速扩散稀释过程。

烟气在大气中的扩散特征取决于是否存在湍流以及湍涡的尺度（直径），如图6-6所示。图6-6(a)为无湍流时，仅仅依靠分子扩散使烟团长大，烟团的扩散速率非常缓慢，其扩散速率比湍流扩散小5～6个数量级；图6-6(b)为烟团在远小于其尺度的湍涡中扩散，由于烟团边缘受到小湍涡的扰动，逐渐与周边空气混合而缓慢膨胀，浓度逐渐降低，烟流几乎呈直线向下风运动；图6-6(c)为烟团在与其尺度接近的湍涡中扩散，在湍涡的切入卷出作用下烟团被迅速撕裂，大幅度变形，横截面快速膨胀，因而扩散较快，烟流呈小摆幅曲线向下风运动；图6-6(d)为烟团在远大于其尺度的湍涡中扩散，烟团受大湍涡的卷吸扰动影响较弱，其本身膨胀有限，烟团在大湍涡的夹带下做较大摆幅的蛇形曲线运动。实际上烟云的扩散过程通常不是仅由上述单一情况所完成的，因为大气中同时并存的湍涡具有各种不同的尺度。

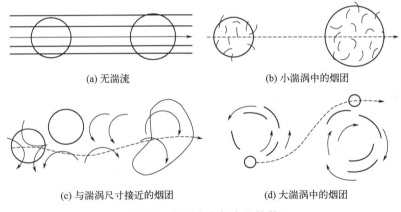

图6-6 烟团在大气中的扩散

根据湍流的形成与发展趋势，大气湍流可分为机械湍流和热力湍流两种形式。机械湍流是地面的摩擦力使风在垂直方向产生速度梯度，或者是地面障碍物（如山丘、树木与建筑物等）导致风向与风速的突然改变而造成的。热力湍流主要是地表受热不均匀，或因大气温度层结不稳定，在垂直方向产生温度梯度而造成的。一般近地面的大气湍流总是机械湍流和热力湍流的共同作用，其发展、结构特征及强弱取决于风速的大小、地面障碍物形成的粗糙度和低层大气的温度层结状况。

(2) 湍流扩散与正态分布的基本理论　气体污染物进入大气后，一面随大气整体飘移，同时由于湍流混合，使污染物从高浓度区向低浓度区扩散稀释，其扩散程度取决于大气湍流的强度。大气污染的形成及其危害程度在于有害物质的浓度及其持续时间，大气扩散理论就是用数理方法来模拟各种大气污染源在一定条件下的扩散稀释过程，用数学模型计算和预报大气污染物浓度的时空变化规律。

目前应用较多的是采用湍流统计理论体系的高斯扩散模式。图 6-7 所示为采用统计学方法研究污染物在湍流大气中的扩散模型。假定从原点释放出一个粒子在稳定均匀的湍流大气中飘移扩散，平均风向与 x 轴同向。湍流统计理论认为，由于存在湍流脉动作用，粒子在各方向（如图中 y 方向）的脉动速率随时间而变化，因而粒子的运动轨迹也随之变化。若平均时间间隔足够长，则速率脉动值的代数和为零。如果从原点释放出许多粒子，经过一段时间 T 之后，这些粒子的浓度趋于一个稳定的统计分布。湍流扩散理论（K 理论）和统计理论的分析均表明，粒子浓度沿 y 轴符合正态分布。

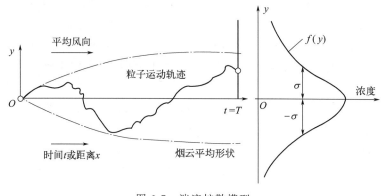

图 6-7　湍流扩散模型

第二节　大气环境影响评价工作等级及范围

一、大气环境影响评价主要任务

根据《环境影响评价技术导则 大气环境》（HJ 2.2），大气环境评价的工作任务是通过调查、预测等手段，对项目在建设阶段、生产运行和服务期满后（可根据项目情况选择）所排放的大气污染物对环境空气质量影响的程度、范围和频率进行分析、预测和评估，为项目的选址选线、排放方案、大气污染治理设施与预防措施制定、排放量核算，以及其他有关的工程设计、项目实施环境监测等提供科学依据或指导性意见。大气环境影响评价的工作程序见图 6-8。

二、大气环境影响评价工作等级划分及评价范围确定

1. 环境影响识别与评价因子筛选

按照《建设项目环境影响评价技术导则 总纲》（HJ 2.1）或《规划环境影响评价技术导则 总纲》（HJ 130）要求识别大气环境影响因素，并筛选出大气环境影响评价因子。大气环境影响评价因子主要为项目排放的基本污染物及其他污染物。当建设项目的 SO_2 和 NO_x 年排放量大于或等于 500t/年时，评价因子应增加二次污染物 $PM_{2.5}$，见表 6-6；当规划项目的 SO_2、NO_x 及 VOCs 年排放量达到表 6-6 规定的量时，评价因子应相应增加二次污染物 $PM_{2.5}$ 及 O_3。

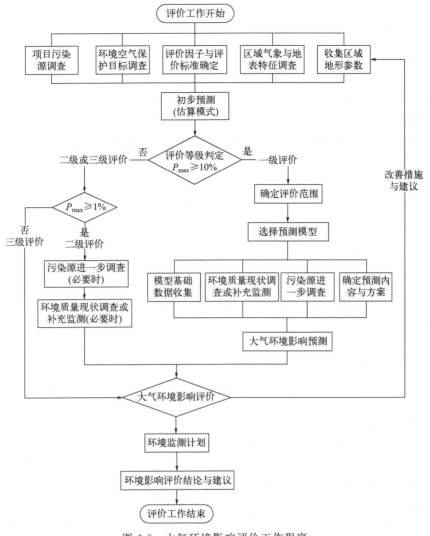

图 6-8 大气环境影响评价工作程序

表 6-6 二次污染物评价因子筛选

类 别	污染物排放量/(t/年)	二次污染物评价因子
建设项目	$SO_2+NO_x \geq 500$	$PM_{2.5}$
规划项目	$SO_2+NO_x \geq 500$ $NO_x+VOCs \geq 2000$	$PM_{2.5}$ O_3

2. 评价等级判定

划分评价等级的目的是区分出不同的评价对象，以便在保证评价质量的前提下尽可能节约经费和时间。

《环境影响评价技术导则 大气环境》（HJ 2.2—2018）规定，根据评价项目污染源初步调查结果，分别计算项目排放主要污染物的最大地面空气质量浓度占标率 P_i（第 i 个污染物，简称"最大浓度占标率"）：

$$P_i = \frac{c_i}{c_{0i}} \times 100\% \tag{6-14}$$

式中　P_i——第 i 个污染物的最大地面空气质量浓度占标率，%；

　　　c_i——采用估算模型计算出的第 i 个污染物的最大1h地面空气质量浓度，$\mu g/m^3$；

　　　c_{0i}——第 i 个污染物的环境空气质量浓度标准，$\mu g/m^3$。

c_{0i} 一般选用 GB 3095 中 1h 平均质量浓度的二级浓度限值，如项目位于一类环境空气功能区，应选择相应一级浓度限值；对该标准中未包含的污染物，使用各评价因子 1h 平均质量浓度限值。对仅有 8h 平均质量浓度限值、日平均质量浓度限值或年平均质量浓度限值的，可分别按2倍、3倍或6倍折算为 1h 平均质量浓度限值。

根据计算的 P_i 值或当污染物数 $i>1$ 时取 P_i 值中最大者 P_{max}，将大气环境影响评价工作划分为一级、二级、三级，见表6-7。

表6-7　大气环境影响评价工作等级划分

评价工作等级	评价工作分级判据
一级评价	$P_{max} \geqslant 10\%$
二级评价	$1\% \leqslant P_{max} < 10\%$
三级评价	$P_{max} < 1\%$

3. 评价范围确定

一级评价项目根据建设项目排放污染物的最远影响距离（$D_{10\%}$）确定大气环境影响评价范围。即以项目厂址为中心区域，自厂界外延 $D_{10\%}$ 的矩形区域作为大气环境影响评价范围。当 $D_{10\%}$ 超过25km时，确定评价范围为边长50km的矩形区域；当 $D_{10\%}$ 小于2.5km时，评价范围边长取5km。

二级评价项目大气环境影响评价范围边长取5km。

三级评价项目不需设置大气环境影响评价范围。

对于新建、迁建及飞行区扩建的枢纽及干线机场项目，评价范围还应考虑受影响的周边城市，最大取边长50km。

规划的大气环境影响评价范围为以规划区边界为起点，外延至规划项目排放污染物的最远影响距离（$D_{10\%}$）的区域。

第三节　大气污染源调查与分析

一、大气污染源调查与分析对象

对于一级、二级评价项目，应调查分析项目的所有污染源（对于改、扩建项目应包括新、老污染源）、评价范围内与项目排放污染物有关的其他在建项目、已批复环境影响评价文件的拟建项目等污染源。如有区域替代方案，还应调查评价范围内所有的拟替代的污染源。对于三级评价项目可只调查分析项目污染源。

二、一级评价项目污染源调查内容

1. 调查基本要求

调查本项目不同排放方案有组织及无组织排放源，对于改建、扩建项目还应调查本项目现有污染源。本项目污染源调查包括正常排放和非正常排放，其中非正常排放调查内容包括非正常工况、频次、持续时间和排放量。

调查本项目所有拟被替代的污染源（如有），包括被替代污染源名称、位置、排放污染物及排放量、拟被替代时间等。

调查评价范围内与评价项目排放污染物有关的其他在建项目、已批复环境影响评价文件的拟建项目等污染源。

对于编制报告书的工业项目，分析调查受本项目物料及产品运输影响新增的交通运输移动源，包括运输方式、新增交通流量、排放污染物及排放量。

2. 点源调查内容

① 排气筒底部中心坐标，以及排气筒底部的海拔高度（m）；
② 排气筒几何高度（m）及排气筒出口内径（m）；
③ 烟气出口速度（m/s）；
④ 排气筒出口处烟气温度（K）；
⑤ 各主要污染物正常排放速率（g/s）、排放工况、年排放时间（h）；
⑥ 毒性较大物质的非正常排放速率（g/s）、排放工况、年排放时间（h）；
⑦ 点源（包括正常排放和非正常排放）参数调查清单参见《环境影响评价技术导则 大气环境》（HJ 2.2—2018）附录 C 表 C.9。

3. 面源调查内容

① 面源起始点坐标，以及面源所在位置的海拔高度（m）。
② 面源初始排放高度（m）。
③ 各主要污染物正常排放速率[g/(s·m^2)]、排放工况、年排放时间（h）。
④ 矩形面源：初始点坐标，面源的长度（m），面源的宽度（m），与正北方向逆时针的夹角，见图 6-9。

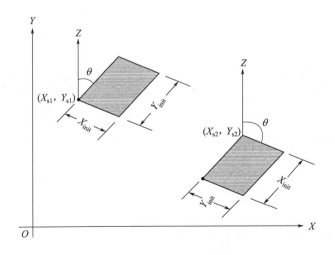

图 6-9 矩形面源示意图

X_s，Y_s—面源的起始点坐标；θ—面源 Y 方向的边长与正北方向的夹角（逆时针方向）；X_{init}—面源 X 方向的边长；Y_{init}—面源 Y 方向的边长

⑤ 多边形面源：多边形面源的顶点数或边数（3～20）以及各顶点坐标，见图6-10。

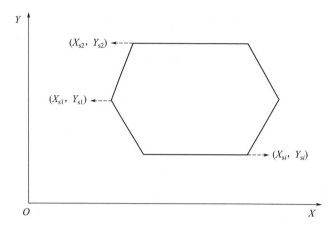

图6-10 多边形面源示意图

(X_{s1}，Y_{s1})、(X_{s2}，Y_{s2})、(X_{si}，Y_{si}) 为多边形面源顶点坐标

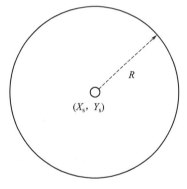

图6-11 近圆形面源示意图

(X_s，Y_s)—圆弧弧心坐标；

R—圆弧半径

⑥ 近圆形面源：中心点坐标，近圆形半径（m），近圆形顶点数或边数，见图6-11。

4. 线源调查内容

① 线源几何尺寸（分段坐标），线源距地面高度（m），道路宽度（m），街道街谷高度（m）。

② 各种车型的污染物排放速率 [g/(km·s)]。

③ 平均车速（km/h），各时段车流量（辆/h）、车型比例。

5. 其他需调查的内容

① 建筑物下洗参数。在考虑周围建筑物引起的空气扰动而导致地面局部高浓度的现象时，需调查建筑物下洗参数。

建筑物下洗参数应根据所选预测模式的需要，按相应要求内容进行调查。

② 颗粒物的粒径分布。颗粒物粒径分级（最多不超过20级），颗粒物的分级粒径（μm），各级颗粒物的质量密度（g/cm³），以及各级颗粒物所占的质量比（0～1）。

③ 对于城市快速路、主干路等城市道路的新建项目，需调查道路交通流量及污染物排放量。

④ 对于采用网格模型预测二次污染物，需结合空气质量模型及评价要求，开展区域现状污染源调查。

三、二级、三级评价项目污染源调查内容

二级评价项目污染源调查内容参照一级评价项目执行，可适当从简。

三级评价项目可只调查污染源排污概况，并对估算模式中的污染源参数进行核实。

第四节 环境空气质量现状调查与评价

一、环境空气质量现状调查

1. 环境空气质量现状调查原则

① 现状调查资料来源分三种途径,可视不同评价等级对数据的要求结合进行:评价范围内及邻近评价范围的各例行空气质量监测点的近 3 年与项目有关的监测资料;收集近 3 年与项目有关的历史监测资料;进行现场监测。

② 监测资料统计内容与要求。凡涉及《环境空气质量标准》(GB 3095)中污染物的各类监测资料的统计内容与要求,均应满足该标准中各项污染物数据统计的有效性规定。

③ 监测方法涉及 GB 3095 中各项污染物的分析方法应符合 GB 3095 对分析方法的规定。应首先选用国家生态环境主管部门发布的标准监测方法;对尚未制定环境标准的非常规大气污染物,应尽可能参考 ISO 等国际组织和国内外相应的监测方法,在环评文件中详细列出监测方法、适用性及其引用依据,并报请生态环境主管部门批准;监测方法的选择,应满足项目的监测目的,并注意其适用范围、检出限、有效检测范围等监测要求。

2. 气象资料调查基本内容

气象观测资料的调查要求与项目的评价等级有关,还与评价范围内地形复杂程度、水平流场是否均匀一致、污染物排放是否连续稳定有关。

常规气象观测资料包括常规地面气象观测资料和常规高空气象探测资料。

对于各级评价项目,均应调查评价范围 20 年以上的主要气象统计资料,包括年平均风速和风向玫瑰图、最大风速与月平均风速、年平均气温、极端气温与月平均气温、年平均相对湿度、年均降水量、降水量极值、日照等。

对于一级、二级评价项目,还应调查逐日、逐次的常规气象观测资料及其他气象观测资料。

(1) 一级评价项目气象观测资料调查要求 对于一级评价项目,气象观测资料调查基本要求分两种情况:

① 评价范围小于 50km 条件下,须调查地面气象观测资料,并按选取的模式要求和地形条件,补充调查必需的常规高空气象探测资料。

② 评价范围大于 50km 条件下,须调查地面气象观测资料和常规高空气象探测资料。

地面气象观测资料调查要求:调查距离项目最近的地面气象观测站,近 5 年内的至少连续 3 年的常规地面气象观测资料。如果地面气象观测站与项目的距离超过 50km,并且地面气象观测站与评价范围的地理特征不一致,还需要对地面气象观测资料进行补充。

常规高空气象探测资料调查要求:调查距离项目最近的高空气象探测站,近 5 年内的至少连续 3 年的常规高空气象探测资料。如果高空气象探测站与项目的距离超过 50km,高空气象资料可采用中尺度气象模式模拟的 50km 内的格点气象资料。

(2) 二级评价项目气象观测资料调查要求 对于二级评价项目,气象观测资料调查基本要求同一级评价项目。

地面气象观测资料调查要求:调查距离项目最近的地面气象观测站,近 3 年内的至少连续1年的常规地面气象观测资料。如果地面气象观测站与项目的距离超过50km，并且地面气象观测站与评价范围的地理特征不一致，还需要对地面气象观测资料进行补充。

常规高空气象探测资料调查要求：调查距离项目最近的常规高空气象探测站，近3年内的至少连续1年的常规高空气象探测资料。如果高空气象探测站与项目的距离超过50km，高空气象资料可采用中尺度气象模式模拟的50km内的格点气象资料。

3. 空气质量现状调查基本内容

（1）一级评价项目　调查项目所在区域环境质量达标情况，作为项目所在区域是否为达标区的判断依据。

调查评价范围内有环境质量标准的评价因子的环境质量监测数据或进行补充监测，用于评价项目所在区域污染物环境质量现状，以及计算环境空气保护目标和网格点的环境质量现状浓度。

（2）二级评价项目　调查项目所在区域环境质量达标情况。

调查评价范围内有环境质量标准的评价因子的环境质量监测数据或进行补充监测，用于评价项目所在区域污染物环境质量现状。

（3）三级评价项目　只调查项目所在区域环境质量达标情况。

二、环境空气质量现状评价

1. 环境空气质量现状评价的作用

环境空气质量现状评价是环境大气影响评价的重要组成部分，通过环境空气质量现状的调查与监测，了解评价区环境质量的背景值，为拟建的建设项目或区域开发建设起到以下作用：

① 确定有关大气污染物的排放目标；
② 为环境空气质量预测、评价提供背景依据；
③ 为分析污染潜势、污染成因提供依据；
④ 有时也配合污染源调查结果为验证扩散模式的可靠性提供依据。

2. 环境空气质量现状评价的内容与方法

（1）项目所在区域达标判断　城市环境空气质量达标情况评价指标为SO_2、NO_2、PM_{10}、$PM_{2.5}$、CO和O_3，六项污染物全部达标即为城市环境空气质量达标。根据国家或地方生态环境主管部门公开发布的城市环境空气质量达标情况，判断项目所在区域是否属于达标区。如项目评价范围涉及多个行政区（县级或以上，下同），需分别评价各行政区的达标情况，若存在不达标行政区，则判定项目所在评价区域为不达标区。国家或地方生态环境主管部门未发布城市环境空气质量达标情况的，可按照《环境空气质量评价技术规范（试行）》（HJ 663）中各评价项目的年评价指标进行判定。年评价指标中的年均浓度24h平均或8h平均质量浓度满足GB 3095中浓度限值要求的即为达标。

（2）各污染物的环境质量现状评价　长期监测数据的现状评价内容，按HJ 663中的统计方法对各污染物的年评价指标进行环境质量现状评价。对于超标的污染物，计算其超标倍数和超标率。补充监测数据的现状评价内容，分别对各监测点位不同污染物的短期浓度进行环境质量现状评价。对于超标的污染物，计算其超标倍数和超标率。

（3）环境空气保护目标及网格点环境质量现状浓度　对采用多个长期监测点位数据进行

现状评价的，取各污染物相同时刻各监测点位的浓度平均值，作为评价范围内环境空气保护目标及网格点环境质量现状浓度，计算方法见下式：

$$c_{现状(x,y,t)} = \frac{1}{n}\sum_{j=1}^{n} c_{现状(j,t)} \tag{6-15}$$

式中 $c_{现状(x,y,t)}$——环境空气保护目标及网格点 (x, y) 在 t 时刻环境质量现状浓度，$\mu g/m^3$；

$c_{现状(j,t)}$——第 j 个监测点位在 t 时刻环境质量现状浓度（包括短期浓度和长期浓度），$\mu g/m^3$；

n——长期监测点位数。

对采用补充监测数据进行现状评价的，取各污染物不同评价时段监测浓度的最大值，作为评价范围内环境空气保护目标及网格点环境质量现状浓度。对于有多个监测点位数据的，先计算相同时刻各监测点位平均值，再取各监测时段平均值中的最大值。计算方法见下式：

$$c_{现状(x,y)} = \text{MAX}\left[\frac{1}{n}\sum_{j=1}^{n} c_{监测(j,t)}\right] \tag{6-16}$$

式中 $c_{现状(x,y)}$——环境空气保护目标及网格点 (x, y) 环境质量现状浓度，$\mu g/m^3$；

$c_{监测(j,t)}$——第 j 个监测点位在 t 时刻环境质量现状浓度（包括1h平均、8h平均或日平均质量浓度），$\mu g/m^3$；

n——现状补充监测点位数。

3. 环境空气质量现状监测

（1）监测因子

① 凡项目排放的污染物属于常规污染物的应筛选为监测因子。

② 凡项目排放的特征污染物有国家或地方环境质量标准的，或者有 GBZ 1 中的居住区大气中有害物质的最高容许浓度的，应筛选为监测因子；对没有相应环境质量标准的污染物，且属于毒性较大的，应按照实际情况，选取有代表性的污染物作为监测因子，同时应给出参考标准值和出处。

（2）监测制度

① 一级评价项目应进行 2 期（冬季、夏季）监测；二级评价项目可取 1 期不利季节进行监测，必要时应做 2 期监测；三级评价项目必要时可作 1 期监测。

② 每期监测至少应取得有季节代表性的 7 天有效数据，采样时间应符合监测资料的统计要求。对于评价范围内没有排放同种特征污染物的项目，可减少监测天数。

③ 监测时间的安排和采用的监测手段，应能同时满足环境空气质量现状调查、污染源资料验证及预测模式的需要。监测时应使用空气自动监测设备，在不具备自动连续监测条件时，1h 质量浓度监测应遵循下列原则：一级评价项目每天监测时段，应至少获取当地时间 2 时、5 时、8 时、11 时、14 时、17 时、20 时、23 时 8 个小时的质量浓度值，二级和三级评价项目每天监测时段，至少获取当地时间 2 时、8 时、14 时、20 时 4 个小时的质量浓度值。日平均质量浓度监测值应符合 GB 3095 对数据的有效性规定。

④ 对于部分无法进行连续监测的特殊污染物，可监测其一次质量浓度值，监测时间须满足所用评价标准值的取值要求。

(3) 监测布点

① 监测点设置。

a. 应根据项目的规模和性质，结合地形复杂性、污染源及环境空气保护目标的布局，综合考虑监测点设置数量。

b. 一级评价项目，监测点应包括评价范围内有代表性的环境空气保护目标，点位不少于10个；二级评价项目，监测点应包括评价范围内有代表性的环境空气保护目标，点位不少于6个。对于地形复杂、污染程度空间分布差异较大，环境空气保护目标较多的区域，可酌情增加监测点数目。三级评价项目，若评价范围内已有例行监测点位，或评价范围内有近3年的监测资料，且其监测数据有效性符合导则有关规定，并能满足项目评价要求的，可不再进行现状监测，否则，应设置2~4个监测点。

若评价范围内没有其他排放同种特征污染物的污染源，可适当减少监测点位。

c. 对于公路、铁路等项目，应分别在各主要集中式排放源（如服务区、车站等大气污染排放源）评价范围内，选择有代表性的环境空气保护目标设置监测点位。

d. 城市道路项目，可不受上述监测点设置数目限制，根据道路布局和车流量状况，并结合环境空气保护目标的分布情况，选择有代表性的环境空气保护目标设置监测点位。

e. 监测点位。监测点的布设，应尽量全面、客观、真实反映评价范围内的环境空气质量。依项目评价等级和污染源布局的不同，按照以下原则进行监测布点，各级评价项目现状监测布点原则汇总见表6-8。

表6-8 现状监测布点原则

项目	一级评价	二级评价	三级评价
监测点数	≥10	≥6	2~4
布点方法	极坐标布点法	极坐标布点法	极坐标布点法
布点方位	在约0°、45°、90°、135°、180°、225°、270°、315°等方向布点，并且在下风向加密，也可根据局部地形条件、风频分布特征以及环境功能区、环境空气保护目标所在方位做适当调整	至少在约0°、90°、180°、270°等方向布点，并且在下风向加密，也可根据局部地形条件、风频分布特征以及环境功能区、环境空气保护目标所在方位做适当调整	至少在约0°、180°等方向布点，并且在下风向加密，也可根据局部地形条件、风频分布特征以及环境功能区、环境空气保护目标所在方位做适当调整
布点要求	各个监测点要有代表性，环境监测值应能反映各环境敏感区域、各环境功能区的环境质量，以及预计受项目影响的高浓度区的环境质量		

一级评价项目：

ⅰ. 以监测期间所处季节的主导风向为轴向，取上风向为0°，至少在约0°、45°、90°、135°、180°、225°、270°、315°方向上各设置1个监测点，在主导风向下风向距离中心点（或主要排放源）不同距离，加密布设1~3个监测点。具体监测点位可根据局部地形条件、风频分布特征以及环境功能区、环境空气保护目标所在方位做适当调整。各个监测点要有代表性，环境监测值应能反映各环境空气敏感区、各环境功能区的环境质量，以及预计受项目影响的高浓度区的环境质量。

ⅱ. 各监测期环境空气敏感区的监测点位置应重合。预计受项目影响的高浓度区的监测点位，应根据各监测期所处季节主导风向进行调整。

二级评价项目：

ⅰ.以监测期间所处季节的主导风向为轴向，取上风向为 0°，至少在约 0°、90°、180°、270°方向上各设置 1 个监测点，主导风向下风向应加密布点。具体监测点位根据局部地形条件、风频分布特征以及环境功能区、环境空气保护目标所在方位做适当调整。各个监测点要有代表性，环境监测值应能反映各环境空气敏感区、各环境功能区的环境质量，以及预计受项目影响的高浓度区的环境质量。

ⅱ.如需要进行 2 期监测，应与一级评价项目相同，根据各监测期所处季节主导风向调整监测点位。

三级评价项目：

ⅰ.以监测期所处季节的主导风向为轴向，取上风向为 0°，至少在约 0°、180°方向上各设置 1 个监测点，主导风向下风向应加密布点，也可根据局部地形条件、风频分布特征以及环境功能区、环境空气保护目标所在方位做适当调整。各个监测点要有代表性，环境监测值应能反映各环境空气敏感区、各环境功能区的环境质量，以及预计受项目影响的高浓度区的环境质量。

ⅱ.如果评价范围内已有例行监测点可不再安排监测。

城市道路评价项目：对于城市道路等线源项目，应在项目评价范围内，选取有代表性的环境空气保护目标设置监测点。监测点还应结合敏感点的垂直空间分布进行设置。

② 监测点位置的周边环境条件。

a.环境空气质量监测点位置的周边环境应符合相关环境监测技术规范的规定。监测点周围空间应开阔，采样口水平线与周围建筑物的高度夹角小于 30°；监测点周围应有 270°采样捕集空间，空气流动不受任何影响；避开局地污染源的影响，原则上 20m 范围内应没有局地排放源；避开树木和吸附力较强的建筑物，一般在 15～20m 范围内没有绿色乔木、灌木等。

b.应注意监测点的可到达性和电力保证。

第五节 大气环境影响预测与评价

一、大气环境影响预测评价方法

1. 一般要求

（1）一级评价项目应采用进一步预测模型开展大气环境影响预测与评价；二级评价项目不进行进一步预测与评价，只对污染物排放量进行核算；三级评价项目不进行进一步预测与评价。

（2）预测因子根据评价因子而定，选取有环境质量标准的评价因子作为预测因子。

（3）预测范围应覆盖评价范围，并覆盖各污染物短期浓度贡献值占标率大于 10% 的区域；对于经判定需预测二次污染物的项目，预测范围应覆盖 $PM_{2.5}$ 年平均质量浓度贡献值占标率大于 1% 的区域；对于评价范围内包含环境空气功能区一类区的，预测范围应覆盖项目对一类区最大环境影响；预测范围一般以项目厂址为中心，东西向为 X 坐标轴、南北向为 Y 坐标轴。

(4) 选取评价基准年作为预测周期,预测时段取连续 1 年;选用网格模型模拟二次污染物的环境影响时,预测时段应至少选取评价基准年 1 月、4 月、7 月、10 月。

2. 预测评价方法

(1) 现场扩散试验　主要内容包括:收集当地地貌、地形、地物资料,并分析其特征;统计分析当地常规气象特征资料;适当补充测试局地大气边界层状况,如不同稳定度下不同时空的风向、风速、气温分布,统计分析风场和温度场特征;测定当地大气边界层湍流结构,统计分析扩散参数特征。现场扩散试验的主要作用是:为项目选址、总图布置的评价提供依据,为实验室内风洞模拟试验提供依据,为污染分析和扩散模式的数值计算提供参数。

(2) 实验室风洞试验　主要设备有大气扩散风洞(又称大气边界层风洞)和水槽。大气扩散风洞是在专门设计的风道内人工模拟大气边界层,将现场实物(地形、建筑物、构筑物、污染源等)按比例缩小的模型布置在风洞边界层中,进行模拟试验的装置。这种模拟试验方法具有直观性,可以人为改变试验条件,在三维空间随意布置测试点,使流态观察、湍流特征量和浓度空间分布的测定易于实现,而且可重复进行试验。对于复杂地形的大气环境质量评价是个重要的补充手段,特别是对于厂址选择、总图布置方案的确定,烟羽抬升规律试验,复杂地形、山后背风涡流区及建筑群内污染物浓度分布等问题的解决更有实用价值。但是,由于大气湍流的复杂性,风洞模拟只能做到近似模拟,模拟试验结果还需一定的现场试验结果进行验证才能应用。

(3) 模式计算　模式计算是大气污染预测的必要手段。根据选用的大气扩散模式,可以分别对单个污染源、多个污染源叠加,预测出不同排烟方案、不同气象条件下的污染物浓度时空分布。大气扩散模式有多种,各有其特点和适用条件。模式计算的关键是建立或选取合适的扩散模式及获取或选择适当的扩散参数。由于大气湍流的复杂性,所应用的扩散模式都带有一定的经验性,所以预测结果也有一定的局限性和较大的误差。

大气污染影响分析和评价包括定性分析和定量评价两部分。定性分析主要服务于厂址、总图评价、烟气控制途径和环境管理建议等方面。它是基于对当地污染潜势认识的基础上进行的,如根据风向频率分布或污染系数分布以及风向年变化、日变化特征,对厂址、总图布置的合理性进行评价;通过对当地不利扩散条件的分析,提出烟气控制的合理途径和环境管理的建议;通过对当地重污染气象背景的分析,提出防患措施等。污染影响的定量评价,主要以扩散模式的计算结果为依据,通过对多种设计方案在不同气象条件下的计算结果进行分析比较,了解不同污染源各自影响和叠加影响的程度和范围,超标范围和程度,从而评价不同设计方案的合理性和可行性,提出污染源治理重点、治理目标和治理的环境效益、经济效益。

二、大气环境影响预测模式

1. 高斯模式的基本假定

① 污染物在空间的概率密度分布是正态分布;
② 在整个空间中风速是均匀的、稳定的;
③ 源强是连续均匀的;
④ 在扩散过程中污染物只有物理运动,无化学或生物变化,即质量是守恒的。

模式的坐标系说明:x 轴与平均风向一致,y 轴为横风向,z 轴指向天顶。

瞬时单烟团正态扩散模式：假定单位容积粒子比 C/q 在空间的概率分布密度为正态分布，则：

$$\frac{C(x,y,z,t)}{q(x_0,y_0,z_0,t_0)}=\frac{1}{(2\pi)^{3/2}\sigma_x\sigma_y\sigma_z}\exp\left\{-\frac{1}{2}\left[\frac{(x-x_0-x')^2}{\sigma_x^2}+\frac{(y-y_0-y')^2}{\sigma_y^2}+\frac{(z-z_0-z')^2}{\sigma_z^2}\right]\right\} \tag{6-17}$$

式中 x，y，z，t——预测点的空间坐标和预测时的时间；

x_0，y_0，z_0，t_0——烟团初始空间坐标和初始时间；

x'，y'，z'——烟团中心在 $t-t_0$ 期间迁移的距离；

C——预测点的烟团瞬时浓度；

q——烟团的瞬时排放量；

σ_x，σ_y，σ_z——x，y，z 方向的标准差（扩散参数），是扩散时间 T 的函数，$T=t-t_0$。

$$x'=\int_{t_0}^t u\,\mathrm{d}t,\quad y'=\int_{t_0}^t v\,\mathrm{d}t,\quad z'=\int_{t_0}^t w\,\mathrm{d}t \tag{6-18}$$

式中 u，v，w——烟团中心在 x，y，z 方向的速度分量。

2. 点源烟流扩散模式

（1）连续排放源　源强 Q 恒定、有风且均匀稳定条件下，其最基本的烟流扩散公式（不考虑地面与混合层顶的反射）以烟团初始空间坐标为原点，下风向为 x 轴，横风向为 y 轴，指向天顶为 z 轴。假设 u=常值，$v=w=0$，σ_x、σ_y、σ_z 都是 x 的函数，将式(6-18)对 t_0 从 $-\infty$ 到 t 积分可得：

$$C(x,y,z)=\frac{Q}{2\pi u\sigma_y\sigma_z}\exp\left(-\frac{y^2}{2\sigma_y^2}\right)\exp\left(-\frac{z^2}{2\sigma_z^2}\right) \tag{6-19}$$

式中 C——污染物浓度，mg/m^3；

Q——单位时间的排放量（即排放率或源强），mg/s；

σ_y——y 轴水平方向扩散参数，m；

σ_z——z 轴垂直方向扩散参数，m；

u——平均风速，m/s。

（2）考虑地面反射的连续排放源烟流扩散公式　设地面为全反射体，采用像源法，即假设地平线为一镜面，在其下方有一与真实源完全对称的虚源，则这两个源按式(6-19)叠加后的效果和真实源考虑到地面反射的结果是等价的。以烟囱地面位置的中心点为坐标原点，污染源下风向任一点的污染物浓度为：

$$C(x,y,z)=\frac{Q}{2\pi u\sigma_y\sigma_z}\exp\left(-\frac{y^2}{2\sigma_y^2}\right)\left\{\exp\left[-\frac{(z-H_e)^2}{2\sigma_z^2}\right]+\exp\left[-\frac{(z+H_e)^2}{2\sigma_z^2}\right]\right\} \tag{6-20}$$

式中 H_e——烟囱（排气筒）有效源高，为烟囱几何高度 H_s 与烟气抬升高度 ΔH 之和；

u——取烟囱出口处的平均风速。

【例 6-1】　一工厂在有效源高 $H_e=30m$ 处以 $20g/s$ 的速率排放 SO_2，风速为 $2m/s$，在下风向距离 $1000m$ 处，扩散系数分别取 $\sigma_y=30m$，$\sigma_z=10m$。计算烟流中心线上 SO_2 的浓度。

解：根据式(6-20)

$$C(x,y,z)=\frac{Q}{2\pi u\sigma_y\sigma_z}\exp\left(-\frac{y^2}{2\sigma_y^2}\right)\left\{\exp\left[-\frac{(z-H_e)^2}{2\sigma_z^2}\right]+\exp\left[-\frac{(z+H_e)^2}{2\sigma_z^2}\right]\right\}$$

烟流中心线上 SO_2 的浓度为：

$$C(1000,0,80)=\frac{20}{2\times 3.14\times 2\times 30\times 10}\exp\left(-\frac{0^2}{2\times 30^2}\right)\left\{\exp\left[-\frac{(30-30)^2}{2\times 10^2}\right]+\exp\left[-\frac{(30+30)^2}{2\times 10^2}\right]\right\}=5.31\text{mg/m}^3$$

对地面浓度，则 $z=0$，有：

$$C(x,y,0)=\frac{Q}{\pi u\sigma_y\sigma_z}\exp\left(-\frac{y^2}{2\sigma_y^2}\right)\exp\left(-\frac{H_e^2}{2\sigma_z^2}\right) \tag{6-21}$$

下风向 x 轴线上的地面浓度（$y=0$，$z=0$）为：

$$C(x,0,0)=\frac{Q}{\pi u\sigma_y\sigma_z}\exp\left(-\frac{H_e^2}{2\sigma_z^2}\right) \tag{6-22}$$

环境影响评价中需要预测的 1h 浓度，通常是利用最大落地浓度公式计算的，且一般主要计算不稳定条件下的最大落地浓度，此时的混合层比较厚，且下风距离较近，无须做混合层顶反射修正。

扩散参数 σ_y，σ_z 用下述回归式表示：

$$\sigma_y=\gamma_1 x^{\alpha_1}，\sigma_z=\gamma_2 x^{\alpha_2} \tag{6-23}$$

将式(6-22)和式(6-23)代入下风向 x 轴线地面浓度公式(6-20)，然后对 x 求导并令其等于 0，可分别求得：

$$C_{\max}=\frac{2Q}{e\pi u H_e^2 P_1} \tag{6-24}$$

$$x_{\max}=\left(\frac{H_e}{\gamma_2}\right)^{1/\alpha_2}\left(1+\frac{\alpha_1}{\alpha_2}\right)^{-[1/(2\alpha_2)]} \tag{6-25}$$

$$P_1=\frac{2\gamma_1\gamma_2^{-\alpha_1/\alpha_2}}{\left(1+\frac{\alpha_1}{\alpha_2}\right)^{\frac{1}{2}\left(1+\frac{\alpha_1}{\alpha_2}\right)}H_e^{1-\frac{\alpha_1}{\alpha_2}}e^{\frac{1}{2}\left(1-\frac{\alpha_1}{\alpha_2}\right)}} \tag{6-26}$$

若 $\sigma_z/\sigma_y=$ 常数，则有：

$$C_{\max}=\frac{2Q}{e\pi u H_e^2}\times\frac{\sigma_z}{\sigma_y} \tag{6-27}$$

$$x_{\max}=\left(\frac{H_e}{\sqrt{2}\gamma_2}\right)^{1/\alpha_2} \tag{6-28}$$

$x_{\max}$ 或由式(6-29)求解：

$$\sigma_z|_{x=x_{\max}}=\frac{H_e}{\sqrt{2}} \tag{6-29}$$

【例 6-2】 某城市工业区一污染源，其主要污染物为 SO_2，排放量为 125g/s，平均风速为 2m/s。求大气稳定度为 A 类时（对应有效源高为 180m），下风距离 1000m 处的地面轴线浓度（$\sigma_y=200\mathrm{m}$，$\sigma_z=400\mathrm{m}$）。

解：根据式(6-22)

$$C(x,0,0)=\frac{Q}{\pi u\sigma_y\sigma_z}\exp\left(-\frac{H_e^2}{2\sigma_z^2}\right)$$

地面轴线浓度为：

$$C(x,0,0)=\frac{125}{3.14\times 2\times 200\times 400}\exp\left(-\frac{180^2}{2\times 400^2}\right)=0.22\mathrm{mg/m^3}$$

(3) 考虑混合层顶反射的连续排放源烟流扩散公式　对高架点源，需考虑混合层顶的反射作用。设地面与混合层顶全反射，用像源法修正后可得：

$$C(x,y,z)=\frac{Q}{2\pi u\sigma_y\sigma_z}\exp\left(-\frac{y^2}{2\sigma_y^2}\right)\sum_{n=-k}^{k}\left\{\exp\left[-\frac{(z-H_e+2nh)^2}{2\sigma_z^2}\right]+\exp\left[-\frac{(z+H_e+2nh)^2}{2\sigma_z^2}\right]\right\} \tag{6-30}$$

式中　h——混合层厚度；

n——反射次数，一般取$k=4\sim 5$即可满足精度要求。

若$\sigma_z\geqslant 1.6h$，可认为浓度在铅直方向已接近均匀分布，有：

$$C(x,y)=\frac{Q}{\sqrt{2\pi}u\sigma_y h}\exp\left(-\frac{y^2}{2\sigma_y^2}\right) \tag{6-31}$$

3. 小风和静风扩散参数的确定

小风（$0.5\mathrm{m/s}\leqslant u_{10}<1.5\mathrm{m/s}$）和静风（$u_{10}<0.5\mathrm{m/s}$）时，0.5h取样时间的扩散参数的系数$\gamma_{01}$、$\gamma_{02}$按表6-9选取，$\sigma_x$和$\sigma_y$的计算公式为$\sigma_x=\sigma_y=\gamma_{01}T$，$\sigma_z=\gamma_{02}T$。

表6-9　小风和静风时的扩散参数系数

稳定度(P-S)	γ_{01}		γ_{02}	
	静风	小风	静风	小风
A	0.93	0.76	1.57	1.57
B	0.76	0.56	0.47	0.47
C	0.55	0.35	0.21	0.21
D	0.47	0.27	0.12	0.12
E	0.44	0.24	0.07	0.07
F	0.44	0.24	0.05	0.05

4. 连续线源公式

连续线源等于连续点源在线源长度l上的积分，浓度公式为：

$$C(x,y,z)=\frac{Q_l}{u}\int_0^l f\mathrm{d}l \tag{6-32}$$

式中　Q_l——线源源强，恒定；

f——连续点源浓度连续变化的函数，应根据具体情况选择适当的表达式。

(1) 风向与线源垂直的直线型线源　取x轴与风向一致，坐标原点为线源中点。设线

源的长度为 $2y_0$，存在地面全反射的浓度公式为：

$$C(x,y,z) = \frac{Q_l}{2\sqrt{2\pi}u\sigma_z}\left\{\exp\left[-\frac{(z-H_e)^2}{2\sigma_z^2}\right] + \exp\left[-\frac{(z+H_e)^2}{2\sigma_z^2}\right]\right\}\left[\mathrm{erf}\left(\frac{y+y_0}{\sqrt{2}\sigma_y}\right) - \mathrm{erf}\left(\frac{y-y_0}{\sqrt{2}\sigma_y}\right)\right]$$
(6-33)

$$\mathrm{erf}(\zeta) = \frac{2}{\sqrt{\pi}}\int_0^\zeta e^{-t^2}\mathrm{d}t \tag{6-34}$$

令 $y_0 \to \infty$，得到无限长线源的浓度公式：

$$C(x,z) = \frac{Q_l}{\sqrt{2\pi}u\sigma_z}\left\{\exp\left[-\frac{(z-H_e)^2}{2\sigma_z^2}\right] + \exp\left[-\frac{(z+H_e)^2}{2\sigma_z^2}\right]\right\} \tag{6-35}$$

相应的地面浓度公式（$z=0$）为：

$$C(x,0) = \frac{2Q_l}{\sqrt{2\pi}u\sigma_z}\exp\left(-\frac{H_e^2}{2\sigma_z^2}\right) \tag{6-36}$$

（2）风向与线源平行的直线型线源　取 x 轴与线源一致，坐标原点为线源中点。设线源的长度为 $2x_0$，线源中点与坐标原点重合。近距离假设：$\rho_y = ax$，$\rho_z/\rho_y = b$（a、b 为常数）。

在上述假设下线源的地面浓度公式为：

$$C(x,y,0) = \frac{Q_l}{\sqrt{2\pi}u\sigma_z(r)}\left\{\mathrm{erf}\left[\frac{r}{\sqrt{2}\sigma_y(x-x_0)}\right] - \mathrm{erf}\left[\frac{r}{\sqrt{2}\sigma_y(x+x_0)}\right]\right\} \tag{6-37}$$

$$r^2 = y^2 + \frac{H_e^2}{b^2},\quad b = \frac{\sigma_z}{\sigma_y} \tag{6-38}$$

令 $x_0 \to \infty$，得到无限长线源的地面浓度公式：

$$C(y,0) = \frac{Q_l}{\sqrt{2\pi}u\sigma_z(r)} \tag{6-39}$$

（3）风向与线源成任意交角的情况　风向与线源的夹角为 φ（$\varphi \leqslant 90°$），浓度计算公式为：

$$C(\varphi) = C_{\text{垂}}\sin^2\varphi + C_{\text{平}}\cos^2\varphi \tag{6-40}$$

$C_{\text{垂}}$、$C_{\text{平}}$ 由前述方法计算。

5. 连续面源公式

（1）常用模式　点源修正法（直接修正法、虚点源法），点源积分法。

（2）虚点源法连续面源公式　设想面源上风方向有一个"虚点源"，其烟羽扩散到面源中心时，烟羽的宽度与高度分别为 L、H_e'，L 为面源在 y 方向的长度，H_e' 是面源的平均排放高度。

"虚点源"后退的距离为 x_y（对 σ_y 而言）和 x_z（对 σ_z 而言），根据已知的 $\sigma_y(x)$ 和 $\sigma_z(x)$ 关系式通过经验式 $\sigma_y(x_y) = L/4.3$、$\sigma_z(x_z) = H_e'/2.15$ 可推算出 x_y、x_z。

具体计算时，利用前述的点源模式，只需将 $\sigma_y(x)$ 和 $\sigma_z(x)$ 的自变量 x 分别代以 $x + x_y$ 和 $x + x_z$ 即可。

三、预测模式参数的确定

大气环境影响预测步骤：确定预测因子→确定预测范围→确定计算点→确定污染源计算

清单→确定气象条件→确定地形数据→确定预测内容和设定预测情景→选择预测模式→确定模式中的相关参数→进行大气环境影响预测与评价。

1. 预测因子

预测因子应根据评价因子而定,选取有环境空气质量标准的评价因子作为预测因子。

2. 预测范围与计算点

预测范围应覆盖评价范围,同时还应考虑污染源的排放高度、评价范围的主导风向、地形和周围环境敏感区的位置等。

计算点可分为三类:环境空气敏感区、预测范围内的网格点以及区域最大地面浓度点。所有的环境空气敏感区中的环境空气保护目标都为计算点。

预测网格点设置方法见表6-10。

表6-10 预测网格点设置方法

预测网格方法		直角坐标网格	极坐标网格
布点原则		网格等间距或近密远疏法	径向等间距或距源中心近密远疏法
预测网格点网格距/m	距离源中心≤1000m	50~100	50~100
	距离源中心>1000m	100~500	100~500

区域最大地面浓度点的预测网格设置,应依据计算出的网格点浓度分布而定,在高浓度分布区,计算点间距应不大于50m。对于临近污染源的高层住宅楼,应适当考虑不同代表高度上的预测受体。

3. 污染源计算清单

大气污染源按预测模式的模拟形式分为点源、面源、线源、体源四种类型。

颗粒污染物还应按不同粒径分布计算出相应的沉降速度。如果符合建筑物下洗的情况,还应调查建筑物下洗的参数,建筑物下洗的参数应根据所选预测模式的需要按相应要求内容进行调查。

点源计算清单包括:①点源排放速率(g/s);②排气筒几何高度(m);③排气筒出口内径(m);④排气筒出口处烟气排放速度(m/s);⑤排气筒出口处的烟气温度(K)。点源参数调查清单如表6-11所示。

表6-11 点源参数调查清单

项目	点源编号	点源名称	X坐标	Y坐标	排气筒底部海拔高度	排气筒高度	排气筒内径	烟气出口速度	烟气出口温度	年排放时间	排放工况	评价因子源强
单位			m	m	m	m	m	m/s	K	h		g/s
数据												

面源计算清单按矩形面源、多边形面源和近圆形面源进行分类,如表6-12~表6-14所示。其参数包括:①面源排放速率[g/(s·m^2)];②排放高度(m);③长度(m,矩形面源较长的一边),宽度(m,矩形面源较短的一边)。

表 6-12　矩形面源参数调查清单

项目	面源编号	面源名称	面源起始点		海拔高度	面源长度	面源宽度	与正北夹角	面源初始排放高度	年排放时间	排放工况	评价因子源强
			X坐标	Y坐标								
单位			m	m	m	m	m	(°)	m	h		g/(s·m²)
数据												

表 6-13　多边形面源参数调查清单

项目	面源编号	面源名称	顶点1坐标		顶点2坐标		其他顶点坐标	海拔高度	面源初始排放高度	年排放时间	排放工况	评价因子源强
			X坐标	Y坐标	X坐标	Y坐标						
单位			m	m	m	m		m	m	h		g/(s·m²)
数据												

表 6-14　近圆形面源参数调查清单

项目	面源编号	面源名称	中心坐标		海拔高度	近圆形半径	顶点数或边数	面源初始排放高度	年排放时间	排放工况	评价因子源强
			X坐标	Y坐标							
单位			m	m	m	m		m	h		g/(s·m²)
数据											

体源参数包括：①体源排放速率（g/s）；②排放高度（m）；③初始横向扩散参数（m），初始垂直扩散参数（m）。具体内容可参见相关标准。

计算小时平均质量浓度需采用长期气象条件，进行逐时或逐次计算。选择污染最严重的（针对所有计算点）小时气象条件和对各环境空气保护目标影响最大的若干个小时气象条件（可视对各环境空气敏感区的影响程度而定）作为典型小时气象条件。

计算日平均质量浓度需采用长期气象条件，进行逐日平均计算。选择污染最严重的（针对所有计算点）日气象条件和对各环境空气保护目标影响最大的若干个日气象条件（可视对各环境空气敏感区的影响程度而定）作为典型日气象条件。

4. 地形数据

① 在非平坦地形的评价范围内，地形的起伏对污染物的传输、扩散会有一定的影响。对于复杂地形下的污染物扩散模拟需要输入地形数据。

② 地形数据的来源应予以说明，地形数据的精度应结合评价范围及预测网格点的设置进行合理选择。

5. 预测内容和设定预测情景

(1) 大气环境影响预测内容　依据评价工作等级和项目的特点而定。

① 一级评价项目预测内容一般包括：

a. 全年逐时或逐次小时气象条件下，环境空气保护目标、网格点处的地面质量浓度和评价范围内的最大地面小时质量浓度；

b. 全年逐日气象条件下，环境空气保护目标、网格点处的地面质量浓度和评价范围内的最大地面日平均质量浓度；

c. 长期气象条件下，环境空气保护目标、网格点处的地面质量浓度和评价范围内的最大地面年平均质量浓度；

d. 非正常排放情况，全年逐时或逐次小时气象条件下，环境空气保护目标的最大地面小时质量浓度和评价范围内的最大地面小时质量浓度；

e. 对于施工期超过一年，并且施工期排放的污染物影响较大的项目，还应预测施工期间的大气环境质量。

② 二级评价项目预测内容为上述一级评价预测内容中的 a、b、c、d 项内容。

③ 三级评价项目可不进行上述预测。

（2）设定预测情景　根据预测内容设定预测情景，一般考虑五个方面的内容：污染源类别、排放方案、预测因子、气象条件、计算点。

① 污染源类别分新增污染源、削减污染源和被取代污染源及其他在建、拟建项目相关污染源。

新增污染源分正常排放和非正常排放两种情况。

② 排放方案分工程设计或可行性研究报告中现有排放方案和环评报告所提出的推荐排放方案，排放方案内容根据项目选址、污染源的排放方式以及污染控制措施等进行选择。

③ 预测因子、气象条件、计算点见前面相关条款所述。

④ 常规预测情景组合见表 6-15。

表 6-15　常规预测情景组合

序号	污染源类别	排放方案	预测因子	计算点	常规预测内容
1	新增污染源（正常排放）	现有方案/推荐方案	所有预测因子	环境空气保护目标网格点；区域最大地面浓度点	小时平均质量浓度；日平均质量浓度；年平均质量浓度
2	新增污染源（非正常排放）		主要预测因子	环境空气保护目标；区域最大地面浓度点	小时平均质量浓度
3	削减污染源（若有）			环境空气保护目标	日平均质量浓度；年平均质量浓度
4	被取代污染源（若有）				
5	其他在建、拟建项目相关污染源（若有）	—			

四、大气环境影响评价分析

1. 环境影响叠加

（1）达标区环境影响叠加　预测评价项目建成后各污染物对预测范围的环境影响，应用本项目的贡献浓度，叠加（减去）区域削减污染源以及其他在建、拟建项目污染源环境影响，并叠加环境质量现状浓度。计算方法见下式：

$$C_{叠加(x,y,t)} = C_{本项目(x,y,t)} - C_{区域削减(x,y,t)} + C_{拟在建(x,y,t)} + C_{现状(x,y,t)} \quad (6\text{-}41)$$

式中 $C_{\text{叠加}(x,y,t)}$——在 t 时刻,预测点 (x,y) 叠加各污染源及现状浓度后的环境质量浓度,$\mu g/m^3$;

$C_{\text{本项目}(x,y,t)}$——在 t 时刻,本项目对预测点 (x,y) 的贡献浓度,$\mu g/m^3$;

$C_{\text{区域削减}(x,y,t)}$——在 t 时刻,区域削减污染源对预测点 (x,y) 的贡献浓度,$\mu g/m^3$;

$C_{\text{现状}(x,y,t)}$——在 t 时刻,预测点 (x,y) 的环境质量现状浓度,$\mu g/m^3$;

$C_{\text{拟在建}(x,y,t)}$——在 t 时刻,其他在建、拟建项目污染源对预测点 (x,y) 的贡献浓度,$\mu g/m^3$。

其中本项目预测的贡献浓度除新增污染源环境影响外,还应减去"以新带老"污染源的环境影响,计算方法见下式:

$$C_{\text{本项目}(x,y,t)} = C_{\text{新增}(x,y,t)} - C_{\text{以新带老}(x,y,t)} \tag{6-42}$$

式中 $C_{\text{新增}(x,y,t)}$——在 t 时刻,本项目新增污染源对预测点 (x,y) 的贡献浓度,$\mu g/m^3$;

$C_{\text{以新带老}(x,y,t)}$——在 t 时刻,"以新带老"污染源对预测点 (x,y) 的贡献浓度,$\mu g/m^3$。

(2) 不达标区环境影响叠加 对于不达标区的环境影响评价,应在各预测点上叠加达标规划中达标年的目标浓度,分析达标规划年的保证率日平均质量浓度和年平均质量浓度的达标情况。叠加方法可以用达标规划方案中的污染源清单参与影响预测,也可直接用达标规划模拟的浓度进行叠加计算。计算方法见下式:

$$C_{\text{叠加}(x,y,t)} = C_{\text{本项目}(x,y,t)} - C_{\text{区域削减}(x,y,t)} + C_{\text{拟在建}(x,y,t)} + C_{\text{规划}(x,y,t)} \tag{6-43}$$

式中 $C_{\text{规划}(x,y,t)}$——在 t 时刻,预测点 (x,y) 的达标规划年目标浓度,$\mu g/m^3$。

2. 保证率日平均质量浓度

对于保证率日平均质量浓度,首先计算叠加后预测点上的日平均质量浓度,然后对该预测点所有日平均质量浓度从小到大进行排序,根据各污染物日平均质量浓度的保证率 (p),计算排在 p 百分数的第 m 个序数,序数 m 对应的日平均质量浓度即为保证率日平均浓度。其中序数 m 计算方法见下式:

$$m = 1 + (n-1)p \tag{6-44}$$

式中 p——该污染物日平均质量浓度的保证率,按 HJ 663 规定的对应污染物年评价中 24h 平均百分数取值,%;

n——1 个日历年内单个预测点上的日平均质量浓度的所有数据个数;

m——百分数 p 对应的序数(第 m 个),向上取整数。

3. 浓度超标范围

以评价基准年为计算周期,统计各网格点的短期浓度或长期浓度的最大值,所有最大浓度超过环境质量标准的网格,即为该污染物浓度超标范围。超标网格的面积之和即为该污染物的浓度超标面积。

4. 区域环境质量变化评价

当无法获得不达标区规划达标年的区域污染源清单或预测浓度场时,也可评价区域环境质量的整体变化情况。按下面公式计算实施区域削减方案后预测范围的年平均质量浓度变化率 k。当 $k \leqslant -20\%$ 时,可判定项目建设后区域环境质量得到整体改善。

$$k = \frac{\overline{C}_{\text{本项目}(a)} - \overline{C}_{\text{区域削减}(a)}}{\overline{C}_{\text{区域削减}(a)}} \times 100\% \tag{6-45}$$

式中　　k——预测范围年平均质量浓度变化率，％；

$\overline{C}_{本项目(a)}$——本项目对所有网格点的年平均质量浓度贡献值的算术平均值，$\mu g/m^3$；

$\overline{C}_{区域削减(a)}$——区域削减污染源对所有网格点的年平均质量浓度贡献值的算术平均值，$\mu g/m^3$。

5. 大气环境防护距离确定

采用进一步预测模型模拟评价基准年内，本项目所有污染源（改建、扩建项目应包括全厂现有污染源）对厂界外主要污染物的短期贡献浓度分布。厂界外预测网格分辨率不应超过50m。在底图上标注从厂界起所有超过环境质量短期浓度标准值的网格区域，以自厂界起至超标区域的最远垂直距离作为大气环境防护距离。

五、防治大气污染的措施及评价结论与建议

1. 污染防护措施

（1）合理安排工业布局和城镇功能分区　应结合城镇规划，全面考虑工业的合理布局。工业区一般应配置在城市的边缘或郊区，位置应当在当地最大频率风向的下风侧，使得废气吹向居住区的次数最少。居住区不得修建有害工业企业。

（2）加强绿化　植物除美化环境外，还具有调节气候，阻挡、滤除和吸附灰尘，吸收大气中的有害气体等功能。

（3）加强对居住区内局部污染源的管理　如饭馆、公共浴室等的烟囱、废品堆放处、垃圾箱等均可散发有害气体污染大气，并影响室内空气，卫生部门应与有关部门配合，加强管理。

（4）控制燃煤污染

① 采用原煤脱硫技术，可以除去燃煤中40%～60%的无机硫。优先使用低硫燃料，如含硫较低的低硫煤和天然气等。

② 改进燃煤技术，减少燃煤过程中二氧化硫和氮氧化物的排放量。例如，液态化燃煤技术是受各国欢迎的新技术之一，它主要是利用加进石灰石和白云石与二氧化硫发生反应，生成硫酸钙随灰渣排出。对煤燃烧后形成的烟气，在排放到大气之前进行烟气脱硫。

③ 开发新能源，如太阳能、风能、核能、可燃冰等，但是目前技术不够成熟，如果使用不当会造成新污染，且消耗费用十分高。

（5）加强工艺措施

① 加强工艺过程。以无毒或低毒原料代替毒性大的原料；采取闭路循环以减少污染物的排放等。

② 加强生产管理。防止一切可能排放废气、污染大气的情况发生。

③ 综合利用，变废为宝。例如电厂排出的大量煤灰可制成水泥、砖等建筑材料，又可回收氮，制造氮肥等。

（6）区域集中供暖供热　设立大的电热厂和供热站，实行区域集中供暖供热，尤其是将热电厂、供热站设在郊外，对于矮烟囱密集、冬天供暖的北方城市来说，是消除烟尘的十分有效的措施。

（7）交通运输工具废气的治理　减少汽车废气排放。主要是改进发动机的燃烧设计和提高油的燃烧质量，加强交通管理。解决汽车尾气问题一般采用安装汽车催化转化器，使燃料充分燃烧，减少有害物质的排放。转化器中催化剂用高温多孔陶瓷载体，上涂微细分散的钯

和铂，可将 NO_x、HC、CO 等转化为氮气、水和二氧化碳等无害物质。另外，也可以开发新型燃料，如甲醇、乙醇等含氧有机物，植物油和气体燃料，降低汽车尾气污染排放量。采用有效措施控制私人轿车的发展、扩大地铁的运输范围和能力、使用绿色公共汽车（采用液化石油气和压缩燃气）等环保车辆，也是解决环境污染的有效途径。

（8）烟囱除尘　烟气中二氧化硫控制技术分为干法（以固体粉末或颗粒为吸收剂）和湿法（以液体为吸收剂）两大类。高烟囱排烟，烟囱越高越有利于烟气的扩散和稀释，一般烟囱高度超过100m效果就已十分明显，烟囱过高导致造价急剧上升是不经济的。应当指出，这是一种以扩大污染范围为代价减少局部地面污染的办法。

2. 大气环境影响评价结论与建议

（1）大气环境影响评价结论

① 达标区域的建设项目环境影响评价，当同时满足以下条件时，则认为环境影响可以接受：

a. 新增污染源正常排放下污染物短期浓度贡献值的最大浓度占标率≤100%。

b. 新增污染源正常排放下污染物年均浓度贡献值的最大浓度占标率≤30%（其中一类区≤10%）。

c. 项目环境影响符合环境功能区划。叠加现状浓度、区域削减污染源以及在建、拟建项目的环境影响后，主要污染物的保证率日平均质量浓度和年平均质量浓度均符合环境质量标准；对于项目排放的主要污染物仅有短期浓度限值的，叠加后的短期浓度符合环境质量标准。

② 不达标区域的建设项目环境影响评价，当同时满足以下条件时，则认为环境影响可以接受：

a. 达标规划未包含的新增污染源建设项目，需另有替代源的削减方案。

b. 新增污染源正常排放下污染物短期浓度贡献值的最大浓度占标率≤100%。

c. 新增污染源正常排放下污染物年均浓度贡献值的最大浓度占标率≤30%（其中一类区≤10%）。

d. 项目环境影响符合环境功能区划或满足区域环境质量改善目标。现状浓度超标的污染物评价，叠加达标年目标浓度、区域削减污染源以及在建、拟建项目的环境影响后，污染物的保证率日平均质量浓度和年平均质量浓度均符合环境质量标准或满足达标规划确定的区域环境质量改善目标，或按计算的预测范围内年平均质量浓度变化率 k≤-20%；对于现状达标的污染物评价，叠加后污染物浓度符合环境质量标准；对于项目排放的主要污染物仅有短期浓度限值的，叠加后的短期浓度符合环境质量标准。

③ 区域规划的环境影响评价，当主要污染物的保证率日平均质量浓度和年平均质量浓度均符合环境质量标准，对于主要污染物仅有短期浓度限值的，叠加后的短期浓度符合环境质量标准时，则认为区域规划环境影响可以接受。

（2）污染控制措施可行性及方案比选结果

① 大气污染治理设施与预防措施必须保证污染源排放以及控制措施均符合排放标准的有关规定，满足经济、技术可行性。

② 从项目选址选线、污染源的排放强度与排放方式、污染控制措施技术与经济可行性等方面，结合区域环境质量现状及区域削减方案、项目正常排放及非正常排放下大气环境影响预测结果，综合评价治理设施、预防措施及排放方案的优劣，并对存在的问题（如果有）

提出解决方案。经对解决方案进行进一步预测和评价比选后,给出大气污染控制措施可行性建议及最终的推荐方案。

(3) 大气环境防护距离

① 根据大气环境防护距离计算结果,并结合厂区平面布置图,确定项目大气环境防护区域。若大气环境防护区域内存在长期居住的人群,应给出相应优化调整项目选址、布局或搬迁的建议。

② 项目大气环境防护区域之外,大气环境影响评价结论应符合前述规定的要求。

(4) 污染物排放量核算结果

① 环境影响评价结论是环境影响可接受的,根据环境影响评价审批内容和排污许可证申请与核发所需表格要求,明确给出污染物排放量核算结果表。

② 评价项目完成后污染物排放总量控制指标能否满足环境管理要求,并明确总量控制指标的来源和替代源的削减方案。

某地拟建设生产能力为 150 万吨/年的原煤煤矿井田,面积约 46km,煤层埋深 380~450m,井田处于平原农业区,井田范围有大、小村庄 16 个,居民人口约 3700 人,区域北部有白水河自西向东流过,浅层地下水埋深为 2~3m,井田范围内有二级公路由东部通过,长约 2.1km,区域内土地大部分为农田,并有少量果园和菜地。白水河下游距井田边界 3km 处为合庄水库,属小型水库,功能为农田用水。井区西边界内 200m 有一占地 1km 的宋朝古庙,为省级文物保护单位。项目工业场占地将搬迁 2 个自然村约 450 人,在井田外新建一个村庄,集中安置居民。工程主要内容有采煤、选煤和储运等,煤矿预计开采 59 年,投产后的矿井最大涌水量为 12216m/d。水中主要污染物是 SS(煤粉和岩粉),污水处理后回用,剩余部分排入白水河。煤矸石产生量约 29.5×10^4 t/年,含硫率为 1.6%,属 I 类一般固体废物。开采期煤矸石堆放场设在距工业场地西南侧约 400m 的空地上,堆场西方约 0.4km 有 A 村,东方约 0.6km 有 B 村,东南方约 0.4km 有 C 村,西南方约 0.71km 有 D 村。该区域年主导风向为 NW 风。

1. 该煤矸石堆场大气污染控制因子有哪几个?
2. 本项目主要环保目标有哪些?
3. 在编制环保措施时,优先考虑的措施应该是什么?
4. 对两个自然村搬迁的环评中应论证分析的主要内容有哪些?
5. 判定大气环境影响评价工作等级的依据有哪些?简述。

1. 描述不同大气层结下烟流的扩散特征及其可能出现的时间。
2. 简述大气污染源的分类,并说明污染源现状调查应包括的内容和常用的调查方法。
3. 常见的不利气象条件及其特点是什么?

4. 制定一个比较完整的大气环境质量现状监测方案通常应考虑哪些方面的内容？

5. 大气环境影响评价的主要内容和方法是什么？

6. 大气环境影响预测的目的与内容是什么？

7. 在选取大气环境影响预测方法时，应考虑哪些方面？

8. 各等级评价大气环境影响的预测内容及要求分别是什么？

9. 大气环境容量的计算方法有哪些？

10. 某城市工业区一污染源，其主要污染物为SO_2，排放量为125g/s，平均风速为2m/s。求大气稳定度为A类时（对应有效源高为180m），下风距离1000m处的地面轴线浓度和最大落地浓度。

11. 某石油精炼厂自平均有效源高60m处排放的SO_2的量为80g/s，有效源高处的平均风速为6m/s，试估算冬季阴天正下风向距离烟囱500m处地面上SO_2的浓度。

参考文献

[1]　环境影响评价技术导则　大气环境[S].HJ 2.2—2018.

[2]　李淑芹,孟宪林.环境影响评价[M].3版.北京：化学工业出版社,2022.

[3]　郭璐璐.大气环境影响评价技术[M].北京：中国环境出版社,2017.

[4]　生态环境部环境工程评估中心.环境影响评价技术方法（2021年版）[M].北京：中国环境出版集团,2021.

[5]　朱世云,林春绵.环境影响评价[M].2版.北京：化学工业出版社,2013.

[6]　胡辉,杨旗,肖可可,等.环境影响评价[M].2版.武汉：华中科技大学出版社,2017.

第七章

地表水环境影响评价

　　水是生命之源，水环境保护事关人民群众切身利益，事关全面建成小康社会，事关实现中华民族伟大复兴中国梦。为了保护和改善环境，防治水污染，保护水生态，保障饮用水安全，维护公众健康，推进生态文明建设，促进经济社会可持续发展，2017年修订并通过了《中华人民共和国水污染防治法》，强调新建、改建、扩建直接或者间接向水体排放污染物的建设项目和其他水上设施，应当依法进行环境影响评价。建设项目的水污染防治设施，应当与主体工程同时设计、同时施工、同时投入使用。水污染防治设施应当符合经批准或者备案的环境影响评价文件的要求。2018年9月生态环境部修订并发布《环境影响评价技术导则 地表水环境》，贯彻以改善环境质量为核心的要求，落实与排污许可管理制度的衔接，聚焦污染源与环境质量的输入响应关系，强化废水直接排放的建设项目环境影响预测工作。按照党的二十大提出的要求，我们要持续深入打好碧水保卫战。统筹水资源、水环境、水生态治理，推动重要江河湖库生态保护治理，基本消除城市黑臭水体。

　　地表水是指存在于地球表面的江河、湖泊、沼泽、冰川、冰盖等的水。河流和湖泊等液态流动的地表水和地下水是相互补充、相互影响的，海湾或海岸带是内陆水的受体，它们之间也是相互联系、相互影响的。地表水是人们赖以生存的环境系统中的重要组成部分，人类的生产和生活不可避免地对其产生影响。本章阐述了与地表水环境影响评价相关的污染物迁移转化的基础理论和基本知识、评价的主要任务，介绍了地表水环境影响评价等级划分与范围确定、环境影响预测与评价的基本要求与方法。从环境保护目标出发，通过一定的评价方法，确定建设项目或开发行为所排放的主要污染物对地表水环境可能造成的影响范围和程度，并据此提出预防或避免影响的对策，为建设项目或开发行为方案的优化决策提供科学的依据和指导性意见。

第一节　地表水体污染与自净

一、水体污染

　　人类活动和自然过程的影响可使水的感官性状（色、臭、味、透明度等）、物理化学性质（温度、氧化还原电位、电导率、放射性、有机和无机物质组分等）、水生生物组成（种类、数量、形态等）以及底部沉积物的数量和组分发生恶化，破坏水体原有的功能。

　　一定量的污水、废水、各种废物等污染物质进入水域，超出了水体的自净能力和纳污能力，从而导致水体及其底泥的物理、化学性质和生物群落组成发生不良变化，破坏了水中固有的生态系统和水体的功能，从而降低水体使用价值的现象，即为水体污染。

　　自然界中的水体污染，从不同的角度可以划分为各种污染类别。

　　从污染成因上划分，可以分为自然污染和人为污染。自然污染是指由于特殊的地质或自然条件，使一些化学元素大量富集，或天然植物腐烂时产生的某些有毒物质或生物病原体进入水体，从而污染了水质。人为污染则是指由于人类活动（包括生产性的和生活性的）引起地表水水体污染。

从污染源（环境污染物的来源）划分，可分为点污染源和面污染源。点污染是指污染物质从集中的地点（如工业废水及生活污水的排放口）排入水体。而面污染则是指污染物质来源于大面积的地面上（或地下），如农田施用化肥和农药，灌排后常含有农药和化肥的成分；城市、矿山在雨季，雨水冲刷地面污物形成的地面径流等。面源污染的排放是以扩散方式进行的，时断时续，并与气象因素有联系。

从污染的性质划分，可分为物理性污染、化学性污染和生物性污染。物理性污染是指水的浑浊度、温度和水的颜色发生改变，水面的漂浮油膜、泡沫以及水中含有的放射性物质增加等；化学性污染包括有机化合物和无机化合物的污染，如水中溶解氧减少、溶解盐类增加、水的硬度变大、酸碱度发生变化或水中含有某种有毒化学物质等；生物性污染是指水体中进入了细菌和污水微生物等。

在进行地表水环境影响评价预测时经常将水体污染物分成四种类型：持久性污染物、非持久性污染物、酸碱和废热。

持久性污染物是指在水环境中很难通过物理、化学、生物作用而分解、沉淀和挥发的污染物。通常包括在水环境中难降解、毒性大、易长期积累的有毒物质，如金属、无机盐和许多高分子有机化合物等。如果水体的 $BOD_5/COD_{Cr}<0.3$ [BOD_5 为 5 天生化需氧量，指 5 天内好氧微生物氧化分解单位体积水中有机物所消耗的游离氧的数量。COD_{Cr} 为化学需氧量，指采用重铬酸钾（$K_2Cr_2O_7$）作为氧化剂测定出的水样化学耗氧量]，通常认为其可生化性差，其中所含的污染物可视为持久性污染物。

非持久性污染物是指在水环境中某些因素作用下，由于发生化学或生物反应而不断衰减的污染物，如好氧有机物。通常表征水质状况的 COD、BOD_5 等指标均视为非持久性污染物。

酸碱是指各种废酸、废碱等，通常以 pH 值表征。

废热主要指排放热废水，由水温表征。

二、水体自净

水体可以在其环境容量范围内，经过自身的物理、化学和生物作用，使受纳的污染物浓度不断降低，逐渐恢复原有的水质，这种过程叫水体自净。水体自净可以看作是污染物在水体中迁移、转化和衰减的过程。

迁移和转化作用包括推流迁移、分散稀释、吸附沉降等方面。

衰减变化包括：污染物的好氧生化衰减过程、有机污染物的好氧生化降解、硝化作用、温度影响、脱氮作用、硫化物的反应、细菌衰减作用、重金属和有机毒物的衰减作用。

废水或污染物一旦进入水体后，就开始了自净过程。该过程由弱到强，直到趋于恒定，使水质逐渐恢复到正常水平。全过程的特征是：①进入水体中的污染物，在连续的自净过程中，总的趋势是浓度逐渐下降；②大多数有毒污染物经各种物理、化学和生物作用，转变为低毒或无毒化合物；③重金属类污染物，从溶解状态被吸附或转变为不溶性化合物，沉淀后进入底泥；④复杂的有机物，如碳水化合物、脂肪和蛋白质等，不论是在溶解氧富裕条件下还是缺氧条件下，都能被微生物利用和分解，先降解为较简单的有机物，再进一步分解为二氧化碳和水；⑤不稳定的污染物在自净过程中转变为稳定的化合物，如氨转变为亚硝酸盐，再氧化为硝酸盐；⑥在自净过程的初期，水中溶解氧数量急剧下降，到达最低点后又缓慢上升，逐渐恢复到正常水平；⑦进入水体的大量污染物，如果是有毒的，则生物不能栖息，如不逃避就要死亡，水中生物种类和个体数量就要随之大量减少。随着自净过程的进行，有毒物质浓度或数量下降，生物种类和个体数量也逐渐随之回升，最终趋于正常的生物分布。进入水体的大量污染物中，如果含有机物过高，那么微生物就可以以丰富的有机物为食料而迅速地繁殖，溶解氧随之减少。

三、水体耗氧与复氧

水体的耗氧和复氧过程是指在水中有机物不断降解的同时水中的溶解氧不断被消耗，水体氧平衡被破坏，空气中的氧不断溶入水中的过程。

1. 耗氧过程

水体的耗氧过程包括有机物降解耗氧、水生植物呼吸耗氧、水体底泥耗氧等。有机污染物的降解一般分为两个阶段：第一阶段为碳氧化阶段，主要是不含氮有机物的氧化，同时也包含部分含氮有机物的氨化及氨化后生成的含氮有机物的继续氧化，这一阶段一般要持续 7~8d，氧化的最终产物为水和 CO_2，该阶段的 BOD 被称为碳化耗氧量（BOD_1）；第二阶段为氨氮硝化阶段，此阶段的 BOD 被称为硝化耗氧量（BOD_2）。这两个阶段不是完全独立的，对于污染较轻的水体，两个阶段往往同时进行，而污染较重的水体一般是先进行碳氧化阶段再进行氨氮硝化阶段。

一般而言，上述耗氧过程所导致的溶解氧浓度变化均可用一级反应动力学方程表示。

（1）碳化耗氧量（BOD_1） 有机污染物生化降解，使碳化耗氧量衰减，其耗氧量为：

$$C_{BOD_1}=C_{BOD_C}(1-e^{-K_1 t}) \tag{7-1}$$

式中 C_{BOD_C}——总碳化耗氧量，mg/L；

K_1——碳化耗氧系数，d^{-1}；

t——污染物在水体中的停留时间，d。

（2）含氮化合物硝化耗氧（BOD_2）

$$C_{BOD_2}=C_{BOD_N}(1-e^{-K_N t}) \tag{7-2}$$

式中 C_{BOD_N}——总硝化耗氧量，mg/L；

K_N——硝化耗氧系数，d^{-1}。

由于含氮化合物硝化作用滞后于碳化耗氧，故式（7-2）可写成：

$$C_{BOD_2}=C_{BOD_N}[1-e^{-K_N(t-a)}] \tag{7-3}$$

式中 a——硝化比碳化滞后的时间。

（3）水生植物呼吸耗氧（BOD_3） 水体中的藻类和其他水生植物由于呼吸作用而耗氧，其耗氧量为：

$$C_{BOD_3}=-Rt \tag{7-4}$$

式中 C_{BOD_3}——水生植物耗氧量，mg/L；

R——水生植物呼吸消耗水体中溶解氧的速率系数，mg/(L·d)；

t——水生植物呼吸时间，d。

(4)水体底泥耗氧（BOD_4）　底泥耗氧的主要原因是底泥中返回到水中的耗氧物质和底泥顶层耗氧物质的氧化分解，目前底泥耗氧的机理尚未完全阐明。

2. 复氧过程

水体复氧过程包括大气复氧和水生植物的光合作用复氧。

(1)大气复氧　大气中氧气进入水体的速率和水体的氧亏量成正比。氧亏量 $\rho_D = \rho_{DO_f} - \rho_{DO}$。式中，$\rho_{DO_f}$ 为 T 水温下水体的饱和溶解氧浓度；ρ_{DO} 为水体中的溶解氧浓度。

$$\frac{d\rho_D}{dt} = -K_2 \rho_D \tag{7-5}$$

式中，K_2 为大气复氧速率系数，d^{-1}。

饱和溶解氧浓度是温度、盐度和大气压力的函数，在 101kPa（760mmHg）压力下，淡水中的饱和溶解氧浓度可以用式(7-6)计算：

$$\rho_{DO_f} = \frac{468}{31.6 + T} \tag{7-6}$$

式中　ρ_{DO_f}——饱和溶解氧浓度，mg/L；

　　　T——水温，℃。

在河口，饱和溶解氧浓度还会受到水的含盐量的影响，这时可以用海尔（Hyer，1971）经验式计算：

$$\rho_{DO_f} = 14.6244 - 0.367134T + 0.0044972T^2 - 0.0966S + 0.00205ST + 0.0002739S^2 \tag{7-7}$$

式中　S——水中含盐量，‰；

　　　T——水温，℃。

(2)光合作用复氧　水生植物的光合作用是水体复氧的另一个重要来源。奥康纳（O'Conner，1965）假定光合作用的速率随着光线照射强度的变化而变化，中午光照最强时，产氧速率最快；夜晚没有光照时，产氧速率为零。

第二节　地表水环境影响评价等级与范围

一、地表水环境影响评价基本思路及主要任务

地表水环境影响评价是从环境保护的目标出发，采用适当的评价手段确定拟开发行动或建设项目排放的主要污染物对水环境可能带来的影响范围和程度，提出避免、消除和减轻负面影响的对策，为开发行动或建设项目方案的优化决策提供依据。

1. 地表水环境影响评价基本思路

① 根据地表水环境影响评价技术导则和区域可持续发展的要求，明确包括水质要求和环境效益在内的环境质量目标。

② 根据国家排污控制标准（排放标准），分析和界定建设项目可能产生的特征污染物和污染源强（水质和水量指标）。

③ 选择合理的水质模型，建立污染源与环境质量目标的关系，根据各种工况下不同的污染源强进行水环境影响预测评价。

④ 采取社会、环境、经济协调统一的分析方法，优化污染源控制方案，实现建设项目水污染源的"达标排放，总量控制"。

⑤ 通过综合分析、评价，得出项目建设的环境可行性结论。

2. 地表水环境影响评价的主要任务

(1) 明确工程项目性质　全面了解建设项目的背景、进度和规模，调查其生产工艺和可能造成的环境影响因素，明确工程及环境影响性质。主要包括以下三个方面：

① 拟建工程是否符合产业政策与区域规划。

② 划分拟建工程的环境影响性质（水污染影响型、水文要素影响型以及两者兼有的复合影响型）。

③ 界定新、改、扩建项目，明确是否有"以新带老"的问题。

(2) 划定评价工作等级　依据《环境影响评价技术导则 地表水环境》（HJ 2.3），结合建设项目影响类型、排放方式、排放量或影响情况、受纳水体环境质量现状、水环境保护目标等，对地表水环境影响评价工作进行分级。

(3) 地表水环境现状调查和评价　通过对水质和水文、现有污染源的调查，弄清水环境现状，确定水环境问题的性质和类型，并对水质现状进行评价。

(4) 建设项目工程（水污染源）分析　根据建设项目的生产工艺流程、原辅材料消耗及用水量，通过工程分析及物料平衡和水平衡分析，弄清建设项目所产生的各类水污染源强（水质和水量指标），分析确定工程项目采用的废（污）水处理方案的有效性及可靠性，确定不同工况下的水污染负荷量（主要是特征污染物的水质和数量指标）。

(5) 建设项目的水环境影响预测与评价　利用现状调查和工程分析的有关数据，确定水质参数和计算条件，选择合适的水质模型，建立水质输入响应关系。针对不同工况下的外排污染负荷量，预测建设项目对地表水环境的影响范围及程度。根据环境影响预测结果，依据国家污染物排放标准和环境质量标准，对建设项目的水环境影响进行综合分析评价。

(6) 提出控制水污染的方案和保护水环境的措施　根据上述项目的环境影响预测和评价，比较优化建设方案，评定与估计建设项目对地表水影响的范围和程度，预测受影响水体的环境质量变化和达标率，为了实现水环境质量保护目标，提出水环境保护的建议和措施。

二、地表水环境影响评价工作程序

地表水环境影响评价的工作程序一般分为三个阶段：

第一阶段，研究有关文件，进行工程方案和环境影响的初步分析，开展区域环境状况的初步调查，明确水环境功能区或水功能区管理要求，识别主要环境影响，确定评价类别。根据不同评价类别进一步筛选评价因子，确定评价等级、评价范围，明确评价标准、评价重点和水环境保护目标。

第二阶段，根据评价类别、评价等级及评价范围等，开展与地表水环境影响评价相关的污染源、水环境质量现状、水文水资源与水环境保护目标调查和评价，必要时开展补充监测；选择适合的预测模型，开展地表水环境影响预测评价，分析与评价建设项目对地表水环境质量、水文要素及水环境保护目标的影响范围与程度，在此基础上核算建设项目的污染源排放量、生态流量等。

第三阶段，根据建设项目地表水环境影响预测与评价的结果，制定地表水环境保护措施，开展地表水环境保护措施的有效性评价，编制地表水环境监测计划，给出建设项目污染物排放清单和地表水环境影响评价的结论，完成环境影响评价文件的编写。

地表水环境影响评价的工作程序见图 7-1。

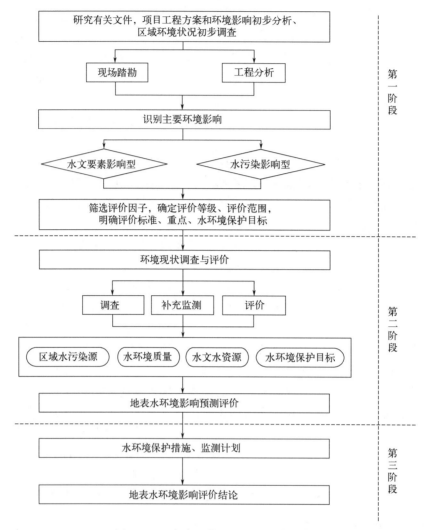

图 7-1 地表水环境影响评价工作程序

三、地表水环境影响评价工作等级划分与评价范围

1. 环境影响识别与评价因子筛选

（1）地表水环境影响因素识别应按照《建设项目环境影响评价技术导则 总纲》（HJ 2.1）的要求，分析建设项目建设阶段、生产运行阶段和服务期满后（可根据项目情况选择）各阶段对地表水环境质量、水文要素的影响行为。

（2）水污染影响型建设项目评价因子的筛选应符合以下要求：

① 按照污染源源强核算技术指南，开展建设项目污染源与水污染因子识别，结合建设项目所在水环境控制单元或区域水环境质量现状，筛选出水环境现状调查评价与影响预测评价的因子；

② 行业污染物排放标准中涉及的水污染物应作为评价因子；

③ 在车间或车间处理设施排放口排放的第一类污染物应作为评价因子;
④ 水温应作为评价因子;
⑤ 面源污染所含的主要污染物应作为评价因子;
⑥ 建设项目排放的,且为建设项目所在控制单元的水质超标因子或潜在污染因子(指近三年来水质浓度值呈上升趋势的水质因子),应作为评价因子。

(3) 水文要素影响型建设项目评价因子,应根据建设项目对地表水体水文要素影响的特征确定。河流、湖泊及水库主要评价水面面积、水量、水温、径流过程、水位、水深、流速、水面宽、冲淤变化等因子,湖泊和水库需要重点关注湖底水域面积、蓄水量及水力停留时间等因子。感潮河段、入海河口及近岸海域主要评价流量、流向、潮区界、潮流界、纳潮量、水位、流速、水面宽、水深、冲淤变化等因子。

(4) 建设项目可能导致受纳水体富营养化的,评价因子还应包括与富营养化有关的因子,如总磷、总氮、叶绿素 a、高锰酸盐指数和透明度等。其中,叶绿素 a 为必须评价的因子。

2. 评价等级的划分

建设项目地表水环境影响评价等级按照影响类型、排放方式、排放量或影响情况、受纳水体环境质量现状、水环境保护目标等综合确定。

水污染影响型建设项目根据排放方式和废水排放量划分评价等级,见表 7-1。

表 7-1 水污染影响型建设项目评价等级判定

评价等级	判定依据	
	排放方式	废水排放量 $Q/(m^3/d)$ 水污染物当量值 W(无量纲)
一级	直接排放	$Q \geqslant 20000$ 或 $W \geqslant 600000$
二级	直接排放	其他
三级 A	直接排放	$Q < 200$ 且 $W < 6000$
三级 B	间接排放	—

注:1. 水污染物当量值等于该污染物的年排放量除以该污染物的污染当量值,计算排放污染物的污染物数量,应区分第一类水污染物和其他类水污染物,统计第一类污染物当量值总和,然后与其他类污染物按照污染物数量从大到小顺序,取最大值作为建设项目评价等级确定的依据。

2. 废水排放量按行业排放标准中规定的废水种类统计,没有相关行业排放标准要求的通过工程分析合理确定,应统计含热量高的冷却水的排放量,可不统计间接冷却水、循环水以及其他含污染物极少的清净下水的排放量。

3. 厂区存在堆积物(露天堆放的原料、燃料、废渣等以及垃圾堆放场)、降尘污染的,应将初期雨污水纳入废水排放量,相应的主要污染物纳入水污染当量计算。

4. 建设项目直接排放第一类污染物的,其评价等级为一级;建设项目直接排放的污染物为受纳水体超标因子的,评价等级不低于二级。

5. 直接排放受纳水体影响范围涉及饮用水水源保护区、饮用水取水口、重点保护与珍稀水生生物的栖息地、重要水生生物的自然产卵场等保护目标时,评价等级不低于二级。

6. 建设项目向河流、湖库排放温排水引起受纳水体水温变化超过水环境质量标准要求,且评价范围有水温敏感目标时,评价等级为一级。

7. 建设项目利用海水作为调节温度介质,排水量 $\geqslant 500 \times 10^4 m^3/d$,评价等级为一级;排水量 $< 500 \times 10^4 m^3/d$,评价等级为二级。

8. 仅涉及清净下水排放的,如其排放水质满足受纳水体水环境质量标准要求的,评价等级为三级 A。

9. 依托现有排放口,且对外环境未新增排放污染物的直接排放建设项目,评价等级参照间接排放,定为三级 B。

10. 建设项目生产工艺中有废水产生,但作为回水利用,不排放到外环境的,按三级 B 评价。

水文要素影响型建设项目评价等级划分根据水温、径流与受影响地表水域等三类水文要素的影响程度进行判定，见表 7-2。

表 7-2　水文要素影响型建设项目评价等级判定

评价等级	水温	径流		受影响地表水域		
	年径流量与总库容百分比(α)/%	兴利库容与年径流量百分比(β)/%	取水量占多年平均径流量百分比(γ)/%	工程垂直投影面积及外扩范围(A_1)/km²；工程扰动水底面积(A_2)/km²；过水断面宽度占用比例或占用水域面积比例(R)/%		工程垂直投影面积及外扩范围(A_1)/km²；工程扰动水底面积(A_2)/km²
				河流	湖库	入海河口、近岸海域
一级	$\alpha \leq 10$；或稳定分层	$\beta \geq 20$；或完全年调节与多年调节	$\gamma \geq 30$	$A_1 \geq 0.3$；或 $A_2 \geq 1.5$；或 $R \geq 10$	$A_1 \geq 0.3$；或 $A_2 \geq 1.5$；或 $R \geq 20$	$A_1 \geq 0.5$；或 $A_2 \geq 3$
二级	$20 > \alpha > 10$；或不稳定分层	$20 > \beta > 2$；或季调节与不完全年调节	$30 \geq \gamma > 10$	$0.3 > A_1 > 0.05$；或 $1.5 > A_2 > 0.2$；或 $10 \geq R > 5$	$0.3 > A_1 > 0.05$；或 $1.5 > A_2 > 0.2$；或 $20 \geq R > 5$	$0.5 > A_1 > 0.15$；或 $3 > A_2 > 0.5$
三级	$\alpha \geq 20$；或混合型	$\beta \leq 2$；或无调节	$\gamma \leq 10$	$A_1 \leq 0.05$；或 $A_2 \leq 0.2$；或 $R \leq 5$	$A_1 \leq 0.05$；或 $A_2 \leq 0.2$；或 $R \leq 5$	$A_1 \leq 0.15$；或 $A_2 \leq 0.5$

注：1.影响范围涉及饮用水水源保护区、重点保护与珍稀水生生物的栖息地、重要水生生物的自然产卵场、自然保护区等保护目标，评价等级应不低于二级。

2.跨流域调水、引水式电站、可能受到河流感潮河段影响，评价等级不低于二级。

3.造成入海河口（湾口）宽度束窄（束窄尺度达到原宽度的5%以上），评价等级应不低于二级。

4.对不透水的单方向建筑尺度较长的水工建筑物（如防波堤、导流堤等），其与潮流或水流主流向切线垂直方向投影长度大于2km时，评价等级应不低于二级。

5.允许在一类海域建设的项目，评价等级为一级。

6.同时存在多个水文要素影响的建设项目，分别判定各水文要素影响评价等级，并取其中最高等级作为水文要素影响型建设项目评价等级。

3. 评价范围的确定

建设项目地表水环境影响评价范围指建设项目整体实施后可能对地表水环境造成的影响范围。评价范围应以平面图的方式表示，并明确起、止位置等控制点坐标。

（1）水污染影响型建设项目评价范围　根据评价等级、工程特点、影响方式及程度、地表水环境质量管理要求等确定。

① 一级、二级及三级A，其评价范围应符合以下要求：

a.应根据主要污染物迁移转化状况，至少需覆盖建设项目污染影响所及水域。

b.受纳水体为河流时，应满足覆盖对照断面、控制断面与消减断面等关心断面的要求。

c.受纳水体为湖泊、水库时，一级评价，评价范围宜不小于以入湖（库）排放口为中心、半径为5km的扇形区域；二级评价，评价范围宜不小于以入湖（库）排放口为中心、半径为3km的扇形区域；三级A评价，评价范围宜不小于以入湖（库）排放口为中心、半径为1km的扇形区域。

d. 受纳水体为入海河口和近岸海域时，评价范围按照《海洋工程环境影响评价技术导则》（GB/T 19485）执行。

e. 影响范围涉及水环境保护目标的，评价范围至少应扩大到水环境保护目标内受到影响的水域。

f. 同一建设项目有两个及两个以上废水排放口，或排入不同地表水体时，按各排放口及所排入地表水体分别确定评价范围；有叠加影响的，叠加影响水域应作为重点评价范围。

② 三级 B，其评价范围应符合以下要求：

a. 应满足其依托污水处理设施环境可行性分析的要求。

b. 涉及地表水环境风险的，应覆盖环境风险影响范围所及的水环境保护目标水域。

（2）水文要素影响型建设项目评价范围　根据评价等级、水文要素影响类别、影响及恢复程度确定，评价范围应符合以下要求：

① 水温要素影响评价范围为建设项目形成水温分层水域，以及下游未恢复到天然（或建设项目建设前）水温的水域。

② 径流要素影响评价范围为水体天然性状发生变化的水域，以及下游增减水影响水域。

③ 地表水域影响评价范围为相对建设项目建设前日均或潮均流速及水深、高（累积频率5%）低（累积频率90%）水位（潮位）变化幅度超过±5%的水域。

④ 建设项目影响范围涉及水环境保护目标的，评价范围至少应扩大到水环境保护目标内受影响的水域。

⑤ 存在多类水文要素影响的建设项目，应分别确定各水文要素影响评价范围，取各水文要素评价范围的外包线作为水文要素的评价范围。

4. 评价时期的确定

建设项目地表水环境影响评价时期根据受影响地表水体类型、评价等级等确定，见表7-3；三级 B 评价，可不考虑评价时期。

表 7-3　评价时期确定表

受影响地表水体类型	评价等级		
	一级	二级	水污染影响型(三级 A)/水文要素影响型(三级)
河流、湖库	丰水期、平水期、枯水期 至少丰水期和枯水期	丰水期和枯水期 至少枯水期	至少枯水期
入海河口（感潮河段）	河流：丰水期、平水期和枯水期 河口：春季、夏季和秋季 至少丰水期和枯水期，春季和秋季	河流：丰水期和枯水期 河口：春、秋 2 个季节 至少枯水期或 1 个季节	至少枯水期或 1 个季节
近岸海域	春季、夏季和秋季 至少春、秋 2 个季节	春季或秋季 至少 1 个季节	至少 1 次调查

注：1. 感潮河段、入海河口、近岸海域在丰、枯水期（或春夏秋冬四季）均应选择大潮期或小潮期中一个潮期开展评价（无特殊要求时，可不考虑一个潮期内高潮期、低潮期的差别）。选择原则为依据调查监测海域的环境特征，以影响范围较大或影响程度较重为目标，定性判别和选择大潮期或小潮期作为调查潮期。

2. 冰封期较长且作为生活饮用水与食品加工用水的水源或有渔业用水需求的水域，应将冰封期纳入评价时期。

3. 具有季节性排水特点的建设项目，根据建设项目排水期对应的水期或季节确定评价时期。

4. 水文要素影响型建设项目对评价范围内的水生生物生长、繁殖与洄游有明显影响的时期，需将对应的时期作为评价时期。

5. 复合影响型建设项目分别确定评价时期，按照覆盖所有评价时期的原则综合确定。

第三节 地表水环境现状调查与评价

环境现状调查与评价应按照《建设项目环境影响评价技术导则 总纲》（HJ 2.1—2016）及《环境影响评价技术导则 地表水环境》（HJ 2.3）要求，遵循问题导向与管理目标导向统筹、流域（区域）与评价水域兼顾、水质水量协调、常规监测数据利用与补充监测互补、水环境现状与变化分析结合的原则。环境现状调查应满足建立污染源与受纳水体水质响应关系的需求，符合地表水环境影响预测的要求。

一、地表水环境现状调查内容与方法

进行地表水环境现状调查的目的是了解评价范围内的水环境质量，是否满足水体功能使用要求，取得必要的背景资料，以此为基础进行计算预测，比较项目建设前后水质指标的变化情况。地表水环境现状调查应尽量利用现有数据，如资料不足时需进行实测。地表水水环境现状调查方法主要采用资料收集、现场监测、无人机或卫星遥感遥测等方法，且应根据调查对象的不同选取相应的调查方法。

地表水环境现状调查内容包括建设项目及区域水污染源调查、受纳或受影响水体水环境质量现状调查、区域水资源与开发利用状况、水文情势与相关水文特征值调查，以及水环境保护目标、水环境功能区或水功能区、近岸海域环境功能区及其相关的水环境质量管理要求等调查。涉及涉水工程的，还应调查涉水工程运行规则和调度情况。

1. 水文调查与水文测量

一般情况，水文调查与水文测量在枯水期进行，必要时，其他水期（丰水期、平水期、冰封期等）应进行补充调查，调查范围应尽量按照将来污染物排入水体后可能达到地表水环境质量标准的范围确定。水文测量的内容与拟采用的水环境影响预测方法密切相关。在采用数学模式时，应根据所选用的预测模式及应输入的参数的需要决定其内容。在采用物理模型时，水文测量主要应取得足够的制作模型及模型试验所需的水文特征值。

（1）河流　河流水文调查与水文测量的内容应根据评价等级、河流的规模决定，其中主要有：丰水期、平水期、枯水期的划分，河流平直及弯曲情况（如平直段长度或弯曲段的弯曲半径等），横断面、纵断面（坡度），水位、水深、河宽、流量、流速及其分布、水温、粗糙率及泥沙含量等，丰水期有无分流漫滩，枯水期有无浅滩、沙洲和断流，北方河流还应了解结冰、封冻、解冻等现象。如采用数学模式预测时，其具体调查内容应根据评价等级及河流规模，按照模式和参数的需要决定。

（2）感潮河口　感潮河口的水文调查与水文测量的内容应根据评价等级、河流的规模决定，其中除与河流相同的内容外，还有：感潮河段的范围，涨潮、落潮及平潮时的水位、水深、流向、流速及其分布、横断面、水面坡度以及潮间隙、潮差和历时等。如采用数学模式预测时，其具体调查内容应根据评价等级及河流规模，按照模式及参数的需要决定。

（3）湖泊、水库　湖泊和水库的水文调查与水文测量的内容应根据评价等级、湖泊和水库的规模决定，其中主要有：湖泊、水库的面积和形状（附平面图），丰水期、平水期、枯水期的划分，流入、流出的水量，停留时间，水量的调度和储量，湖泊、水库的水深、水温分层情况及水流状况（湖流的流向和流速，环流的流向、流速及稳定时间）等。如采用数学模式预测时，其具体调查内容应根据评价等级及湖泊、水库的规模，按照参数的需要来决定。

（4）海湾　海湾水文调查与水文测量的内容应根据评价等级及海湾的特点，选择下列全部或部分内容：海岸形状，海底地形，潮位及水深变化，潮流状况（小潮和大潮循环期间的水流变化、平行于海岸线流动的落潮和涨潮），流入的河水流量、盐度和温度造成的分层情况，水温、波浪的情况，以及内海水与外海水的交换周期等。如采用数学模式预测时，其具体调查内容应根据评价等级及湖泊、水库的规模，按照参数的需要来决定。

水文情势调查内容具体见表7-4。

表7-4　水文情势调查内容

水体类型	水污染影响型	水文要素影响型
河流	水文年及水期划分、不利水文条件及特征水文参数、水动力学参数等	水文系列及其特征参数；水文年及水期的划分；河流物理形态参数；河流水沙参数、丰枯水期水流及水位变化特征等
湖库	湖库物理形态参数；水库调节性能与运行调度方式；水文年及水期划分；不利水文条件特征及水文参数；出入湖（库）水量过程；湖流动力学参数；水温分层结构等	
入海河口（感潮河段）	潮汐特征、感潮河段的范围、潮区界与潮流界的划分；潮位及潮流；不利水文条件组合及特征水文参数；水流分层特征等	
近岸海域	水温、盐度、泥沙、潮位、流向、流速、水深等，潮汐性质及类型，潮流、余流性质及类型，海岸线、海床、滩涂、海岸蚀淤变化趋势等	

2. 污染源调查

（1）建设项目污染源　根据建设项目工程分析、污染源源强核算技术指南，结合排污许可技术规范等相关要求，分析确定建设项目所有排放口（包括涉及一类污染物的车间或车间处理设施排放口、企业总排口、雨水排放口、清净下水排放口、温排水排放口等）的污染物源强，明确排放口的相对位置并附图件、地理位置（经纬度）、排放规律等。改建、扩建项目还应调查现有企业所有废水排放口。

（2）区域水污染源调查　在调查范围内能对地表水环境产生污染影响的主要污染源均应进行调查。水污染源包括两类：点污染源（简称点源）和非点污染源（简称非点源或者面源）。

① 点污染源调查内容，主要包括以下内容。

a. 基本信息，主要包括污染源名称、排污许可证编号等。

b. 排放特点，主要包括排放形式，分散排放或集中排放，连续排放或间歇排放；排放口的平面位置（附污染源平面位置图）及排放方向；排放口在断面上的位置。

c. 排污数据，主要包括污水排放量、排放浓度、主要污染物等数据。

d. 用排水状况，主要调查取水量、用水量、循环水量、重复利用率、排水总量等。

e. 污水处理状况，主要调查各排污单位生产工艺流程中的产污环节、污水处理工艺、处理效率、处理水量、中水回用量、再生水量、污水处理设施的运转情况等。

f. 根据评价等级及评价工作需要，选择上述全部或部分内容进行调查。

② 面污染源调查内容，按照农村生活污染源、农田污染源、分散式畜禽养殖污染源、城镇地面径流污染源、堆积物污染源、大气沉降源等分类，采用源强系数法、面源模型法等

方法，估算面源源强、流失量与入河量等。主要包括：

a. 农村生活污染源，调查人口数量、人均用水量指标、供水方式、污水排放方式、去向和排污负荷量等。

b. 农田污染源，调查农药和化肥的施用种类、施用量、流失量及入河系数、去向及受纳水体等情况（包括水土流失、农药和化肥流失强度、流失面积、土壤养分含量等调查分析）。

c. 分散式畜禽养殖污染源，调查畜禽养殖的种类、数量、养殖方式、粪便污水收集与处置情况、主要污染物浓度、污水排放方式和排污负荷量、去向及受纳水体等。畜禽粪便污水作为肥水进行农田利用的，需考虑畜禽粪便污水土地承载力。

d. 城镇地面径流污染源，调查城镇土地利用类型及面积、地面径流收集方式与处理情况、主要污染物浓度、排放方式和排污负荷量、去向及受纳水体等。

e. 堆积物污染源，调查矿山、冶金、火电、建材、化工等单位的原料、燃料、废料、固体废物（包括生活垃圾）的堆放位置、堆放面积、堆放形式及防护情况、污水收集与处理情况、主要污染物和特征污染物浓度、污水排放方式和排污负荷量、去向及受纳水体等。

f. 大气沉降源，调查区域大气沉降（湿沉降、干沉降）的类型、污染物种类、污染物沉降负荷量等。

3. 污染源资料的整理与分析

对搜集到的和实测的水污染源资料进行检查，找出相互矛盾和错误的资料并予以更正。资料中的缺漏应尽量填补。将这些资料按污染源排入地表水的顺序及特征水质因子的种类列成表格，并从中找出调查水域的主要水污染源和主要水污染物。

4. 水环境质量现状调查

应根据不同评价等级对应的评价时期要求开展水环境质量现状调查，并优先采用国务院生态环境保护主管部门统一发布的水环境状况信息。当现有资料不能满足要求时，应按照不同等级对应的评价时期要求开展现状监测，水污染影响型建设项目一级、二级评价时，应调查受纳水体近3年的水环境质量数据，分析其变化趋势。

在选择水质参数时，应考虑能反映水域水质一般状况的常规水质参数和能代表建设项目将来排放的水质的特征水质参数。常规水质参数以《地表水环境质量标准》（GB 3838）中所提出的pH值、溶解氧、高锰酸盐指数、五日生化需氧量、凯氏氮或非离子氨、酚、氰化物、砷、汞、铬（六价）、总磷以及水温为基础，根据水域类别、评价等级、污染源状况适当删减。特征水质参数根据建设项目特点、水域类别及评价等级选定。

高等级评价可考虑水生生物和底泥方面指标。底泥物理指标包括力学性质、质地、含水率、粒径等；化学指标包括水域超标因子、与本建设项目排放污染物相关的因子。为使评价具有一定的代表性，检测项目一般不应小于8～10个。

二、地表水环境现状调查范围

地表水环境的现状调查范围应覆盖评价范围，应以平面图方式表示，并明确起、止断面的位置及涉及范围。

（1）对于水污染影响型建设项目，除覆盖评价范围外，受纳水体为河流时，在不受回水影响的河流段，排放口上游调查范围宜不小于500m，受回水影响河段的上游调查范围原则上与下游调查的河段长度相等;受纳水体为湖库时,以排放口为圆心,调查半径在评价范围基础上外延20%~50%。

(2) 对于水文要素影响型建设项目,受影响水体为河流、湖库时,除覆盖评价范围外,一级、二级评价时,还应包括库区及支流回水影响区、坝下至下一个梯级或河口、受水区、退水影响区。

(3) 对于水污染影响型建设项目,建设项目排放污染物中包括氮、磷或有毒污染物且受纳水体为湖泊、水库时,一级评价的调查范围应包括整个湖泊、水库,二级、三级A评价时,调查范围应包括排放口所在水环境功能区、水功能区或湖(库)湾区。

(4) 受纳或受影响水体为入海河口及近岸海域时,调查范围依据《海洋工程环境影响评价技术导则》(GB/T 19485)要求执行。

三、断面和采样点的布设

1. 河流

(1) 断面布设　根据河流的水文特征、功能要求与排污口的分布,按水力学原理与法规要求,布设在评价河段上的断面应包括对照断面、消减断面和控制断面(图7-2)。

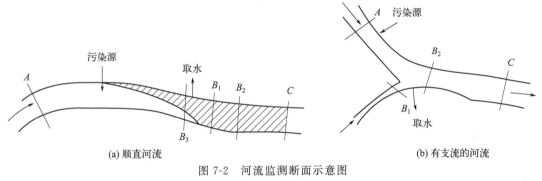

图7-2　河流监测断面示意图

A—对照断面;B_1,B_2,B_3—控制断面;C—消减断面

① 对照断面。应设在排污口上游100~500m处,基本不受建设项目排水影响的位置,以掌握评价河段的背景水质情况。

② 消减断面。应设在排污口下游污染物浓度变化不显著的完全混合段,以了解河流中污染物的稀释、净化和衰减情况。

③ 控制断面。应设在评价河段的末端或评价河段内有控制意义的位置,诸如支流汇入点、建设项目以外的其他污水排放口、工农业用水取水点、地球化学异常的水土流失区域、水工构筑物和水文站所在的位置。

消减断面和控制断面的数量可根据评价等级,污染物的迁移、转化规律,河流流量、水力特征和河流的环境条件等情况确定。

大的江河在沿岸排污往往会形成岸边污染带,对评价不同水文条件下岸边污染带的状况与规律具有特殊的现实意义。为此,必要时可设新的断面,以描述岸边污染带的状况并分析其规律,为科学决策提供依据。

以上断面应尽可能设在河流顺直、河床稳定、无急流浅滩处,非滞水区,并且是污水与河水比较均匀混合的河段。

(2) 断面垂线的布设　当河流形状为矩形或近似矩形时,可按下列原则布设:

① 小河。在取样断面的主流线上设一条取样垂线。

② 大、中河。河宽≤50m者,在取样断面上各距岸边1/3水面宽处,设一条取样垂线(垂线应设在有较明显水流处),共设两条取样垂线;河宽>50m者,在取样断面的主流线上及距两岸≥0.5m,并有明显水流的地方,各设一条取样垂线,即共设三条取样垂线。

③ 特大河(例如长江、黄河、珠江、黑龙江、淮河、松花江、海河等)。由于河流过宽,取样断面上的取样垂线数应适当增加,而且主流线两侧的垂线数目不必相等,拟设置排污口一侧可以多一些。如断面形状十分不规则时,应结合主流线的位置,适当调整取样垂线的位置和数目。

(3) 垂线上取样水深的确定　在一条垂线上,水深>5m时,在水面下0.5m水深处及在距河底0.5m处,各取样一个;水深为1~5m时,只在水面下0.5m处取一个样;在水深不足1m时,取样点距水面≥0.3m,距河底也应≥0.3m。对于三级评价的小河,不论河水深浅,只在一条垂线上一个点取一个样,一般情况下取样点应在水面下0.5m处,距河底≥0.3m。

(4) 水样的对待　对于二、三级评价,需要预测混合过程段水质的场合,每次应将该段内各取样断面中每条垂线上的水样混合成一个水样。其他情况每个取样断面每次只取一个混合水样,即在该断面上同各处所取的水样混匀成一个水样。对于一级评价,每个取样点的水样均应分析,不取混合样。

2. 湖泊和水库

(1) 取样位置的布设原则　在湖泊、水库中取样位置的布设,原则上应尽量覆盖整个调查范围,并能切实反映湖泊、水库的水质和水文特点;取样位置可以采用以建设项目的排放口为中心,沿放射线布设的方法。每个取样位置的间隔可参考表7-5。

表7-5　湖泊(水库)中每个取样位置的间隔

湖泊(水库)规模	污水排放量/(m³/d)	每个垂线平均控制面积/km²		
		一级评价	二级评价	三级评价
大、中型	<50000	1~2.5	1.5~3.5	2~4
	≥50000	3~6	4~7	
小型	<50000	0.5~1.5	1~2	
	≥50000	0.5~1.5		

(2) 取样位置上取样点的设置

① 大、中型湖泊与水库。平均水深<10m时,取样点设在水面下0.5m处,但距湖(库)底应≥0.5m;平均水深≥10m时,首先应找到斜温层,在水面下0.5m及斜温层以下,距湖库底0.5m以上处各取一个水样。

② 小型湖泊与水库。平均水深<10m时,水面下0.5m并距湖(库)底≥0.5m处设一取样点;平均水深≥10m时,水面下0.5m处和水深10m并在距底≥0.5m处各取一个水样。

(3) 水样的对待

① 小型湖泊与水库。水深<10m时,每个取样位置取一个水样;水深≥10m时,则一

般只取一个混合样，在上下层水质差距较大时，可不进行混合。

② 大、中型湖泊与水库。各取样位置上不同深度的水样均不混合。

3. 海湾

(1) 取样位置的布设原则　海湾水质取样位置的设置主要考虑污水排放量、评价工作等级，一般按照一定的水域面积布设水质取样位置。在海湾中取样位置的布设，原则上应尽量覆盖相应评价等级的调查范围，并能切实反映海湾的水质和水文特点；取样位置可以采用以建设项目的排放口为中心，沿放射线布设的方法或方格网布点的方法。

(2) 取样位置上取样点　每个位置按照水深布设水质取样点。水深≤10m 时，只在海面下 0.5m 处取一个水样，此点距海底应≥0.5m；水深＞10m 时，在海面下 0.5m 处和水深 10m 且距海底≥0.5m 处，分别设取样点。

(3) 水样的对待　每个取样位置一般只有一个水样，即在水深＞10m 时，将两个水深所取的水样混合成一个水样，在上下层水质差距较大时，可以不进行混合。

四、调查时期与频次

1. 调查时期

① 根据当地水文资料初步确定河流、湖泊、水库的丰水期、平水期、枯水期，同时确定最能代表这三个时期的季节或月份。遇气候异常年份，要根据水量实际变化情况确定。对有水库调节的河流，要注意水库放水或不放水时的流量变化情况。

② 评价等级不同，对调查时间的要求亦有所不同。调查时期和评价时期一致，具体见表 7-3。

2. 调查频次

每个水期可监测一次，每次同步连续调查取样 3~4d，每个水质取样点每天至少取一组水样，在水质变化较大时，每间隔一定时间取样一次。水温观测频次：应每间隔 6h 观测一次水温，统计计算日平均水温。

五、地表水环境质量现状评价

1. 环境现状评价内容与要求

根据建设项目水环境影响特点与水环境质量管理要求，选择以下全部或部分内容开展评价：

(1) 水环境功能区或水功能区、近岸海域环境功能区水质达标状况　评价建设项目评价范围内水环境功能区或水功能区、近岸海域环境功能区各评价时期的水质状况与变化特征，给出水环境功能区或水功能区、近岸海域环境功能区水质达标评价结论，明确水环境功能区或水功能区、近岸海域环境功能区水质超标因子、超标程度，分析超标原因。

(2) 水环境控制单元或断面水质达标状况　评价建设项目所在控制单元或断面各评价时期的水质现状与时空变化特征，评价控制单元或断面的水质达标状况，明确控制单元或断面的水质超标因子、超标程度，分析超标原因。

(3) 水环境保护目标质量状况　评价涉及水环境保护目标水域各评价时期的水质状况与变化特征，明确水质超标因子、超标程度，分析超标原因。

(4) 对照断面、控制断面等代表性断面的水质状况　评价对照断面水质状况，分析对照断面水质水量变化特征，给出水环境影响预测的设计水文条件；评价控制断面水质现状、达标状况，分析控制断面来水水质水量状况，识别上游来水不利组合状况，分析不利条件下的水质达标问题。评价其他监测断面的水质状况，根据断面所在水域的水环境保护目标水质要求，评价水质达标状况与超标因子。

（5）底泥污染评价　评价底泥污染项目及污染程度，识别超标因子，结合底泥处置排放去向，评价退水水质与超标情况。

（6）水资源与开发利用程度及其水文情势评价　根据建设项目水文要素影响特点，评价所在流域（区域）水资源与开发利用程度、生态流量满足程度、水域岸线空间占用状况等。

（7）水环境质量回顾评价　结合历史监测数据与国家及地方生态环境保护主管部门公开发布的环境状况信息，评价建设项目所在水环境控制单元或断面、水环境功能区或水功能区、近岸海域环境功能区的水质变化趋势，评价主要超标因子变化状况，分析建设项目所在区域或水域的水质问题，从水污染、水文要素等方面，综合分析水环境质量现状问题的原因，明确与建设项目排污影响的关系。

（8）开发利用状况评价　流域（区域）水资源（包括水能资源）与开发利用总体状况、生态流量管理要求与现状满足程度、建设项目占用水域空间的水流状况与河湖演变状况。

（9）依托污水处理设施稳定达标排放评价　评价建设项目依托的污水处理设施稳定达标状况，分析建设项目依托污水处理设施环境可行性。

2. 评价依据

地表水环境质量标准和有关法规及当地的环保要求是评价的基本依据。地表水环境质量标准应采用 GB 3838 或相应的地方标准；海湾水质标准应采用 GB 3097；有些水质参数国内尚无标准，可参考国外标准或建立临时标准，所采用的国外标准和建立的临时标准应按生态环境部规定的程序报有关部门批准。评价区内不同功能的水域应采用不同类别的水质标准。综合水质的分级应与 GB 3838 中水域功能的分类一致，其分级判据与所采用的多项水质参数综合评价方法有关。

3. 选择水质评价因子

地表水环境现状评价因子根据评价范围水环境质量管理要求、建设项目水污染物排放特点与水环境影响预测评价要求等综合分析确定。

评价因子从所调查收集的水质参数中选择，其选择遵循的一般原则为：①根据现状评价目的选择评价因子；②根据被评价水体的功能（饮用、渔业、公共娱乐等）选择评价因子；③根据污染源评价结果得出的评价区域主要污染物选择评价因子；④根据水环境评价标准选择评价因子；⑤根据监测条件和测试条件选择评价因子。

通常可供选择的评价因子类别有：感官因子，味、色、SS 等；氧平衡因子，DO、BOD_5、COD 等；营养因子，硝酸盐、磷酸盐等；毒性因子，Cr、As、酚、氰化物等；微生物因子，粪大肠菌群等；重金属因子，Cu、Pb、Hg、Cd 等。

4. 评价因子参数的确定

在单项水质参数评价中，一般情况，某水质因子的参数可采用多次监测的平均值，但如该水质因子监测数据变幅甚大，为了突出高值的影响可采用内梅罗值，或其他计入高值影响的方法。下式为内梅罗值的表达式：

$$C_{内}=\sqrt{\frac{C_{极}^2+C_{均}^2}{2}} \tag{7-8}$$

式中 $C_{内}$——某水质因子监测数据的内梅罗值，mg/L；

$C_{极}$——某水质因子监测数据的极值，mg/L；

$C_{均}$——某水质因子监测数据的算术平均值，mg/L。

5. 评价方法

水质评价方法主要采用单项水质参数评价法。单项水质参数评价是将每个污染因子单独进行评价，利用统计得出各自的达标率或超标率、超标倍数、统计代表值等结果。单项水质参数评价能客观地反映水体的污染程度，可清晰地判断出主要污染因子、主要污染时段和水体的主要污染区域，能较完整地提供监测水域的时空污染变化。

单项水质参数评价建议采用标准指数法，其计算公式如下：

$$S_{ij}=C_{ij}/C_{si} \tag{7-9}$$

式中 S_{ij}——单项水质参数 i 在第 j 点的标准指数；

C_{ij}——i 污染物在第 j 点的统计代表浓度，mg/L；

C_{si}——i 污染物的水质评价限值标准，mg/L。

① 溶解氧的标准指数为：

$$S_{DO,j}=\frac{|DO_f-DO_j|}{DO_f-DO_s} \quad (DO_j>DO_f) \tag{7-10}$$

$$S_{DO,j}=\frac{DO_s}{DO_j} \quad (DO_j \leqslant DO_f) \tag{7-11}$$

式中 $S_{DO,j}$——溶解氧在第 j 点的标准指数；

DO_j——溶解氧在第 j 点的统计代表浓度，mg/L；

DO_f——饱和溶解氧浓度，对于河流，$DO_f=\dfrac{468}{31.6+T}$，T 为水温（℃），mg/L；

DO_s——溶解氧的水质评价标准限值，mg/L。

【例 7-1】 气温为 23℃时，某河段溶解氧浓度为 6.5mg/L，已知该河段属于Ⅲ类水体，如采用单项指数法评价，试计算其标准指数。（根据 GB 3838—2002，Ⅲ类水体溶解氧标准为≥5.0mg/L）

解： 根据公式 $DO_f=\dfrac{468}{31.6+T}$ 可计算 23℃时的饱和溶解氧为

$$DO_f=\frac{468}{31.6+23}=8.57mg/L$$

由于河段实际溶解氧为 6.5mg/L，小于饱和溶解氧，根据式(7-11)，标准指数为：

$$S_{DO,j}=\frac{DO_s}{DO_j}=\frac{5.0}{6.5}=0.77$$

② pH 的标准指数为：

$$S_{pH,j}=\frac{7.0-pH_j}{7.0-pH_{sd}} \quad (pH_j \leqslant 7.0) \tag{7-12}$$

$$S_{\text{pH},j} = \frac{\text{pH}_j - 7.0}{\text{pH}_{\text{su}} - 7.0} \quad (\text{pH}_j > 7.0) \tag{7-13}$$

式中 $S_{\text{pH},j}$ ——pH 值的标准指数；

pH_j ——pH 统计代表值；

pH_{sd} ——评价标准规定的 pH 下限值；

pH_{su} ——评价标准规定的 pH 上限值。

水质评价因子的标准指数＞1，表明该评价因子的水质超过了规定的水质标准，已经不能满足使用功能要求。

【例 7-2】 某水样 pH 为 13，标准规定 pH 为 6～9，如采用单项指数法评价，试计算其标准指数。

解： 由于水样 pH＝13，大于 7，因此采用式(7-13)计算其标准指数

$$S_{\text{pH},j} = \frac{\text{pH}_j - 7.0}{\text{pH}_{\text{su}} - 7.0} = \frac{13 - 7.0}{9 - 7.0} = 3$$

③ 底泥污染指数法 底泥污染指数计算公式为：

$$P_{i,j} = C_{i,j} / C_{si} \tag{7-14}$$

式中 $P_{i,j}$ ——底泥污染因子 i 的单项污染指数，大于 1 表明该污染因子超标；

$C_{i,j}$ ——调查点位污染因子 i 的实测值，mg/L；

C_{si} ——污染因子 i 的评价标准值或参考值，mg/L。

底泥污染评价标准值或参考值可以根据土壤环境质量标准或所在水域的背景值确定。

第四节　地表水环境影响预测与评价

一、地表水环境影响预测

建设项目地表水环境影响预测是地表水环境影响评价的中心环节，它的任务是通过一定的技术方法，预测建设项目在不同实施阶段（建设期、运行期、服务期满后）对地表水的环境影响，为采取相应的环保措施及环境管理方案提供依据。

1. 预测原则

① 一级、二级、水污染影响型三级 A 与水文要素影响型三级评价应定量预测建设项目水环境影响，水污染影响型三级 B 评价可不进行水环境影响预测。

② 影响预测应考虑评价范围内已建、在建和拟建项目中，与建设项目排放同类（种）污染物、对相同水文要素产生的叠加影响。

③ 建设项目分期规划实施的，应估算规划水平年进入评价范围的污染负荷，预测分析规划水平年评价范围内地表水环境质量变化趋势。

④ 对于已确定的评价项目，都应预测建设项目对受纳水域水环境产生的影响，预测的范围、时段、内容及方法均应根据其评价工作等级、工程与水环境特性、当地的环保要求而定。同时应尽量考虑预测范围内，规划的建设项目可能产生的叠加性水环境影响。

⑤ 对于季节性河流，应依据当地环保部门所定的水体功能，结合建设项目的污水排放

特性，确定其预测的原则、范围、时段、内容及方法。

⑥ 当水生生物保护对地表水环境要求较高时（如珍贵水生生物保护区、经济鱼类养殖区等），应简要分析建设项目对水生生物的影响。分析时一般可采用类比调查法或专业判断法。

2. 预测范围和预测点位

（1）预测范围　一般来说，地表水影响预测的范围应与现状调查范围相同或略小（特殊情况下也可略大），确定原则与地表水现状调查相同。

（2）预测点位　在预测范围内应选择适当的预测点位，通过预测这些点位所受的水环境影响来全面反映建设项目对该范围内地表水环境的影响。预测点位的数量和预测点位的选择，应根据受纳水体和建设项目的特点、评价等级以及当地的环保要求确定。

虽然在预测范围以外，但估计有可能受到影响的重要用水地点，也应选择水质预测点位。

地表水环境现状监测点位应作为预测点位。水文特征突然变化和水质突然变化处的上、下游，重要水工建筑物附近，水文站附近等应选择作为预测点位。当需要预测河流混合过程段的水质时，应在该段河流中选择若干预测点位。

当拟预测水中溶解氧时，应预测最大亏氧点的位置及该点位的浓度，但是分段预测的河段不需要预测最大亏氧点。

排放口附近常有局部超标水域，如有必要，应在适当水域加密预测点位，以便确定超标水域的范围。

3. 预测时期与预测情景

（1）预测时期　水环境影响预测的时期应满足不同评价等级的评价时期要求（见表7-3）。水污染影响型建设项目，水体自净能力最不利以及水质状况相对较差的不利时期、水环境现状补充监测时期应作为重点预测时期；水文要素影响型建设项目，以水质状况相对较差或对评价范围内水生生物影响最大的不利时期为重点预测时期。

（2）预测情景　根据建设项目特点分别选择建设期、生产运行期和服务期满后三个阶段进行预测；生产运行期应预测正常排放、非正常排放两种工况对水环境的影响，如建设项目具有充足的调节容量，可只预测正常排放对水环境的影响；应对建设项目污染控制和减缓措施方案进行水环境影响模拟预测；对受纳水体环境质量不达标区域，应考虑区（流）域环境质量改善目标要求情景下的模拟预测。

4. 预测因子筛选

在选用预测方法之后，还应从工程和环境两方面确定必需的预测条件，方可实施预测工作。建设项目实施过程各阶段拟预测的水质参数应根据建设项目的工程分析和环境现状、评价等级、当地的环保要求筛选和确定。拟预测的水质参数的数目既要说明问题又不能过多，一般应少于环境现状调查水质参数的数目。建设过程、生产运行（包括正常工况和非正常工况排放两种情况）、服务期满后各阶段均应根据各自的具体情况决定其拟预测水质参数，彼此不一定相同。

在环境现状调查水质参数中选择拟预测水质参数。对河流，可按下式将水质参数排序后从中选取：

$$\mathrm{ISE} = \frac{C_p Q_p}{(C_s - C_h) Q_h} \tag{7-15}$$

式中　ISE——污染物排序指标；
　　　C_p——污染物排放浓度，mg/L；
　　　Q_p——废水排放量，m³/s；
　　　C_s——控制断面水质标准，mg/L；
　　　C_h——河流上游污染物浓度，mg/L；
　　　Q_h——河流流量，m³/s。

ISE 为负值或为正值越大时越大，说明建设项目对河流中该项水质参数的影响越大。

二、地表水环境影响预测模型

1. 水质模型预测一般原则

① 地表水环境影响预测模型是指用于描述水体的水质要素在各种因素作用下随时间和空间变化关系的数学模式。水质预测模式有很多种，分类方法也多种多样。按水体类型分为河流模式、河口模式、湖泊模式、海洋模式；按组分多少分为单组分模式、耦合模式、生态综合模式等；按时间变化分为动态模式和稳态模式；按研究对象分为水质模式、pH 模式、温度模式、水土流失模式等；按空间尺度分为零维、一维、二维、三维模式。

② 本书以空间尺度划分为依据，重点讲述零维、一维及二维水质预测模式在河流水质预测上的应用。

就河流而言，预测范围内的河段可以分为充分混合段、混合过程段和上游河段。充分混合段是指污染物在断面上均匀分布的河段。当断面上任意一点的浓度与断面平均浓度之差小于平均浓度的 5% 时，可以认为达到均匀分布。混合过程段是指排放口下游达到充分混合以前的河段。上游河段是指排放口上游的河段。

混合过程段的长度可由下式估算：

$$L_m = 0.11 + 0.7 \left[0.5 - \frac{a}{B} - 1.1 \left(0.5 - \frac{a}{B}\right)^2 \right]^{1/2} \frac{uB^2}{E_y} \quad (7\text{-}16)$$

式中　L_m——混合段长度，m；
　　　B——水面宽度，m；
　　　a——排放口到岸边的距离，m；
　　　u——断面流速，m/s；
　　　E_y——污染物横向扩散系数，m²/s。

【例 7-3】　一条流场均匀的河段，河宽 $B=200$m，平均水深 $H=3$m，流速 $u_x=0.5$m/s，横向扩散系数 $E_y=1$m²/s，平均底坡 $I=0.0005$。一拟建项目以岸边排放方式向该河段排放处理后达标的废水，试计算废水排入该河段后达到完全混合所需要的距离。

解：根据式(7-16)

$$L_m = 0.11 + 0.7 \left[0.5 - \frac{a}{B} - 1.1 \left(0.5 - \frac{a}{B}\right)^2 \right]^{1/2} \frac{uB^2}{E_y}$$

达到完全混合所需要的距离为：

$$L_m = 0.11 + 0.7 \times \left[0.5 - \frac{0}{200} - 1.1 \times \left(0.5 - \frac{0}{200}\right)^2 \right]^{1/2} \times \frac{0.5 \times 200^2}{1} = 6640.89\text{m}$$

③ 采用水质模型进行地表水环境预测时，所遵循的一般原则可归纳为以下几点：

a.利用数学模式预测河流水质时，充分混合段可以采用一维模式或零维模式预测断面平均水质。大、中河流一级、二级评价，且排放口下游 3~5km 以内有集中取水点或其他特别重要的环保目标时，均应采用二维模式（或弗-罗模式）预测混合过程段水质。其他情况可根据工程特点、环境特点、评价工作等级及当地环保要求，决定是否采用二维模式。

b.弗-罗模式适用于预测混合过程段以内的断面平均水质。其使用条件为：大、中河流，$B/H \geqslant 20$，预测水质断面至排放口的距离 $x \geqslant 3000m$。

c.河流水温可以采用一维模式预测断面平均值或其他预测方法预测。pH 值视具体情况可以只采用零维模式预测。

d.除个别要求很高的情况（如评价等级为一级）外，感潮河段一般可以按潮周平均、高潮平均和低潮平均三种情况预测水质。感潮河段下游可能出现上溯流动，此时可按上溯流动期间的平均情况预测水质。感潮河段的水文要素和环境水力学参数（主要指水体混合输移参数及水质模式参数）应采用相应的平均值。

e.小湖（库）可以采用零维数学模式预测其平衡时的平均水质，大湖应预测排放口附近各点的水质。

f.海洋应采用二维数学模式预测平面各点的水质。评价等级为一级、二级时，首先应计算流场，然后预测水质。大型排污口选址和倾废区选址，可以考虑进行标识质点的拉格朗日数值计算和现场追踪。预测海区内有重要环境敏感区且为一级评价时，也可以采用这种方法。

g.在数学模式中，解析模式适用于恒定水域中点源连续恒定排放，其中二维解析模式只适用于矩形河流或水深变化不大的湖泊、水库；稳态数值模式适用于非矩形河流、水深变化较大的浅水湖泊、水库形成的恒定水域内的连续恒定排放；动态数值模式适用于各类恒定水域中的非连续恒定排放或非恒定水域中的各类排放。

h.运用数学模式时的坐标系以排放点为原点，z 轴铅直向上，x 轴、y 轴为水平方向，x 方向与主流方向一致，y 方向与主流垂直。

2. 河流常用水质预测模型

（1）零维水质模型　污染物进入河流水体后，在污染物充分混合断面上，污染物的指标无论是溶解态的、颗粒态的还是总浓度，其值均可按节点平衡原理来推求。对河流，零维模型常见的表现形式为河流稀释模型；对湖泊与水库，零维模型主要有盒模型。

① 河流常用零维模型的应用对象。

a.不考虑混合距离的重金属污染物、部分有毒物质等其他保守物质的下游浓度预测与允许纳污量的估算；

b.有机物降解性物质的降解项可忽略时，可采用零维模型；

c.对于有机物降解性物质，当需要考虑降解时，可采用零维模型分段模拟，但计算精度和实用性较差，最好用一维模型求解。

② 常用零维水质模型的适用条件。

a.河流充分混合段；

b.持久性污染物；

c.河流为恒定流动；

d.废水连续稳定排放。

③ 正常设计条件下河流稀释混合模型。

a. 点源稀释混合模型。通用的点源稀释混合模型方程式为：

$$C=\frac{C_p Q_p + C_h Q_h}{Q_p + Q_h} \tag{7-17}$$

式中　C——污染物浓度，mg/L；

　　　Q_p——废水排放量，m³/s；

　　　C_p——污染物排放浓度，mg/L；

　　　Q_h——河流流量，m³/s；

　　　C_h——河流来水中的污染物浓度，mg/L。

由于污染源作用可线性叠加，多个污染源排放对控制点或控制断面的影响，等于各个污染源单个影响作用之和，符合线性叠加关系。单点源计算可叠加使用，计算多点源条件。单断面或单点约束条件，可根据节点平衡，递推多断面或多点约束条件。

对于可概化为完全均匀混合类的排污情况，排污口与控制断面之间水域的允许纳污量计算公式如下：

ⅰ. 单点源排放：

$$W_c = C_s(Q_p + Q_h) - Q_h C_h \tag{7-18}$$

式中　W_c——水域允许纳污量，g/L；

　　　C_s——控制断面水质标准，mg/L。

ⅱ. 多点源排放：

$$W_c = C_s \left(\sum_{i=1}^{n} Q_{pi} + Q_h \right) - Q_h C_h \tag{7-19}$$

式中　Q_{pi}——第 i 个排污口污水设计排放流量，m³/s；

　　　n——排污口个数。

b. 非点源稀释混合模型。对于沿程有非点源（面源）分布入流时，可按下式计算河段污染物的平均浓度：

$$C = \frac{C_p Q_p + C_h Q_h}{Q_p + Q_h} + \frac{W}{86.4Q} \tag{7-20}$$

$$Q = Q_p + Q_h + \frac{Q_s}{x_s}x \tag{7-21}$$

式中　W——沿程河段内非点源处汇入的污染物负荷量，kg/d；

　　　Q——下游沿程距离为 x 处非点源汇入河段流量，m³/s；

　　　Q_s——沿程控制河段总长度为 x_s 的非点源汇入河段流量，m³/s；

　　　x_s——控制河段总长度，km；

　　　x——沿程距离（$0 < x \leqslant x_s$），km。

上游有一点源排放，沿程有面源汇入，点源排污口与控制断面之间水域的容许纳污量按下式计算：

$$W_c = C_s(Q_p + Q_h + Q_s) - Q_h C_h \tag{7-22}$$

（2）一维稳态水质模型　对于溶解态污染物，当污染物在河流横向方向上达到完全混合后，描述污染物的迁移、转化的微分方程为：

$$\frac{\partial(AC)}{\partial T}+\frac{\partial(QC)}{\partial x}=\frac{\partial}{\partial x}\left(D_L A \frac{\partial C}{\partial x}\right)+A(S_L+S_B)+AS_K \tag{7-23}$$

式中 A——河流横断面面积；

Q——河流流量；

C——水质组分浓度；

D_L——综合的纵向离散系数；

S_L——直接的点源或非点源强度；

S_B——上游区域进入的源强；

S_K——动力学转化率，正为源，负为汇。

设定条件：稳态 $\left(\frac{\partial C}{\partial t}=0\right)$，忽略纵向离散系数，一阶动力学反应速率 K，河流无侧旁入流，河流横断面面积为常数，上游来流量为 Q_h，上游来流水质浓度 C_h，污水排放流量 Q_p，污染物排放浓度 C_p，则上述微分方程的解为：

$$C_0=\frac{Q_p C_p+Q_h C_h}{Q_p+Q_h} \tag{7-24}$$

$$C=C_0 \exp\left(\frac{-Kx}{86400u}\right) \tag{7-25}$$

式中 C_0——初始浓度，mg/L；

K——一阶动力学反应速率，d^{-1}；

u——河流流速，m/s；

x——沿河流方向距离，m；

C——位于污染源（排放口）下游 x 处的水质浓度，mg/L。

【例7-4】 一个改建的工程拟向河流排放废水，废水流量 $Q_h=0.15\mathrm{m^3/s}$，苯酚浓度为 $C_h=30\mathrm{mg/L}$，河流流量 $Q_p=5.5\mathrm{m^3/s}$，流速 $u_x=0.3\mathrm{m/s}$，苯酚背景浓度 $C_p=0.5\mathrm{mg/L}$，苯酚的降解系数 $K=0.2\mathrm{d}^{-1}$，纵向弥散系数 $E_x=10\mathrm{m^2/s}$，求排放点下游10km处的苯酚浓度。

解：根据式(7-24)，计算废水排入河流达到完全混合后的初始浓度为

$$C_0=\frac{Q_p C_p+Q_h C_h}{Q_p+Q_h}=\frac{30\times 0.15+0.5\times 5.5}{0.15+5.5}=1.28\mathrm{mg/L}$$

根据式(7-25)，忽略纵向弥散时下游10km处的浓度为：

$$C=C_0 \exp\left(\frac{-Kx}{86400u}\right)=1.28\times \exp\left(\frac{-0.2\times 10\times 10^3}{86400\times 0.3}\right)=1.18\mathrm{mg/L}$$

(3) Streeter-Phelps 模型（S-P模型） 该模型是研究河流溶解氧与BOD关系最早的、最简单的耦合模型。S-P模型迄今仍得到广泛的应用，也是研究各种修正模型和复杂模型的基础。它的基本假设为：氧化和复氧都是一级反应，反应速率是定常的，氧亏的净变化仅是水中有机物耗氧和通过液-气界面的大气复氧的函数。

Streeter-Phelps 模型：

$$C=C_0 \exp\left(\frac{-K_1 x}{86400u}\right) \tag{7-26}$$

$$D = \frac{K_1 C_0}{K_2 - K_1}\left[\exp\left(-K_1 \frac{x}{86400u}\right) - \exp\left(-K_2 \frac{x}{86400u}\right)\right] + D_0 \exp\left(-K_2 \frac{x}{86400u}\right)$$

(7-27)

其中：
$$C_0 = \frac{Q_p C_p + Q_h C_h}{Q_p + Q_h}$$

(7-28)

$$D_0 = \frac{Q_p D_p + Q_h D_h}{Q_p + Q_h}$$

(7-29)

式中 Q_p——废水排放量，m^3/s；

Q_h——河流流量，m^3/s；

D——亏氧量，即 $DO_f - DO$，mg/L；

DO——溶解氧浓度，mg/L；

DO_f——饱和溶解氧浓度，mg/L；

D_0——计算初始断面亏氧量，mg/L；

D_h——上游来水中溶解氧亏量，mg/L；

D_p——污水中溶解氧亏量，mg/L；

u——河流断面平均流速，m/s；

x——沿程距离，m；

C——沿程浓度，mg/L；

K_1——好氧系数，d^{-1}；

K_2——复氧系数，d^{-1}。

水中溶解氧的平衡只考虑有机污染物的耗氧和大气复氧，则沿河水流动方向的溶解氧分布为一悬索形曲线，如图 7-3 所示。

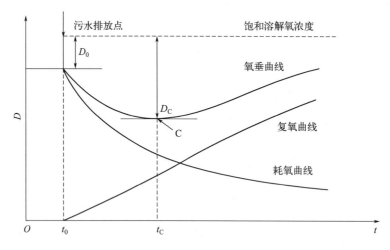

图 7-3 氧垂曲线

氧垂曲线的最低点 C 称为临界亏氧点，临界亏氧点处的亏氧量称为最大亏氧值 D_C。在临界亏氧点左侧，耗氧大于复氧，水中的溶解氧逐渐减少，污染物浓度因生物净化作用而逐渐减少；达到临界亏氧点时，耗氧和复氧平衡；临界点右侧，耗氧量因污染物浓度减小而减少，复氧量相对增加，水中溶解氧增多，水质逐渐恢复。如排入的耗氧污染物过多，将溶解氧耗尽，则有机物受到厌氧菌的还原作用生成甲烷气体，同时水中存在的硫酸根离子将由于硫酸还原菌的作用而成为硫化氢，引起河水发臭，水质严重恶化。由下式可以计算出临界亏氧点 x_C 出现的位置，计算公式为：

$$x_C = \frac{86400u}{K_2 - K_1} \ln\left[\frac{K_2}{K_1}\left(1 - \frac{D_0}{C_0} \times \frac{K_2 - K_1}{K_1}\right)\right] \tag{7-30}$$

（4）二维稳态水质模式　讨论二维水质模型，首先要明确混合区及超标水域的概念。混合区是指工程排污口至下游均匀混合断面之间的水域，它的影响预测主要是污染带分布问题，常采用混合过程段长度与超标水域范围两项指标反映。大、中河流由于水量较大，稀释混合能力较强（工程排放的废水量相对较小），因此，此类问题的水质影响预测的重点是超标水域的界定问题，常采用二维模式进行预测。

① 二维稳态水质混合模式（平直河段）。

a. 岸边排放。

$$C(x,y) = C_h + \frac{C_p Q_p}{H\sqrt{\pi E_y x u}}\left\{\exp\left(-\frac{uy^2}{4E_y x}\right) + \exp\left[-\frac{u(2B-y)^2}{4E_y x}\right]\right\} \tag{7-31}$$

b. 非岸边排放。

$$C(x,y) = C_h + \frac{C_p Q_p}{2H\sqrt{\pi E_y x u}}\left\{\exp\left(-\frac{uy^2}{4E_y x}\right) + \exp\left[-\frac{u(2a+y)^2}{4E_y x}\right] + \exp\left[-\frac{u(2B-2a-y)^2}{4E_y x}\right]\right\} \tag{7-32}$$

式中，y 为预测点的岸边距，m；C_h 为河流水质背景浓度，mg/L；E_y 为横向混合系数，m^2/s；其余符号意义同前。

② 二维稳态水质混合衰减模式（平直河段）。

a. 岸边排放。

$$C(x,y) = \exp\left(-K\frac{x}{86400u}\right)\left\{C_h + \frac{C_p Q_p}{H\sqrt{\pi E_y x u}}\left[\exp\left(-\frac{uy^2}{4E_y x}\right) + \exp\left(-\frac{u(2B-y)^2}{4E_y x}\right)\right]\right\} \tag{7-33}$$

b. 非岸边排放。

$$C(x,y) = \exp\left(-K\frac{x}{86400u}\right)\left\{C_h + \frac{C_p Q_p}{H\sqrt{\pi E_y x u}}\left[\exp\left(-\frac{uy^2}{4E_y x}\right) + \exp\left(-\frac{u(2a+y)^2}{4E_y x}\right) + \exp\left(-\frac{u(2B-2a-y)^2}{4E_y x}\right)\right]\right\} \tag{7-34}$$

式中，K 为水中可降解污染物的综合衰减系数，d^{-1}；其余符号意义同前。

三、预测模型参数确定与验证要求

水动力及水质模型参数包括水文及水力学参数、水质（包括水温及富营养化）参数等。其中水文及水力学参数包括流量、流速、坡度、糙率等；水质参数包括污染物综合衰减系数、扩散系数、耗氧系数、复氧系数、蒸发散热系数等。模型参数确定可采用类比、经验公式、实验室测定、物理模型试验、现场实测及模型率定等，可以采用多类方法比对确定模型参数。当采用数值解模型时，宜采用模型率定法核定模型参数。

在模型参数确定的基础上，通过模型计算结果与实测数据进行比较分析，验证模型的适用性与误差及精度；选择模型率定法确定模型参数的，模型验证应采用与模型参数率确定不同组的实测资料数据进行；应对模型参数确定与模型验证的过程和结果进行分析说明，并以河宽、水深、流速、流量以及主要预测因子的模拟结果作为分析依据，当采用二维或三维模型时，应开展流场分析。模型验证应分析模拟结果与实测结果的拟合情况，阐明模型参数确定取值的合理性。

四、水体与污染源简化

地面水环境简化包括边界几何形状的规则化和水文、水力要素时空分布的简化等。这种简化应根据水文调查与水文测量的结果和评价等级等进行。

1. 水体简化

河流可以简化为矩形平直河流、矩形弯曲河流和非矩形河流。河流的断面宽深比≥20时，可视为矩形河流。大、中河流中，预测河段弯曲较大（如其最大弯曲系数>1.3）时，可视为弯曲河流，否则可以简化为平直河流。大、中河流预测河段的断面形状沿程变化较大时，可以分段考虑。大、中河流断面上水深变化很大且评价等级较高（如一级评价）时，可以视为非矩形河流并应调查其流场，其他情况均可简化为矩形河流。小河可以简化为矩形平直河流。

河流水文特征或水质有急剧变化的河段，可在急剧变化之处分段，各段分别进行环境影响预测。河网应分段进行环境影响预测。

评价等级为三级时，江心洲、浅滩等均可按无江心洲、浅滩的情况对待。江心洲位于充分混合段，评价等级为二级时，可以按无江心洲对待；评价等级为一级且江心洲较大时，可以分段进行环境影响预测；江心洲较小时可不考虑。江心洲位于混合过程段，可分段进行环境影响预测，评价等级为一级时也可以采用数值模式进行环境影响预测。

2. 污染源简化

污染源简化包括排放形式的简化和排放规律的简化。根据污染源的具体情况排放形式可简化为点源和面源，排放规律可简化为连续恒定排放和非连续恒定排放。

① 排入河流的两排放口的间距较近时，可以简化为一个，其位置假设在两排放口之间，其排放量为两者之和。两排放口间距较远时，可分别单独考虑。

② 排入小湖（库）的所有排放口可以简化为一个，其排放量为所有排放量之和。排入大湖（库）的两排放口间距较近时，可以简化成一个，其位置假设在两排放口之间，其排放量为两者之和。两排放口间距较远时，可分别单独考虑。

③ 当评价等级为一级、二级并且排入海湾的两排放口间距小于沿岸方向差分网格的步长时，可以简化成一个，其排放量为两者之和；如不是这种情况，可分别单独考虑。评价等级为三级时，海湾污染源简化与大湖（库）相同。

④ 无组织排放可以简化成面源。从多个间距很近的排放口排水时，也可以简化为面源。

⑤ 在地面水环境影响预测中，通常可以把排放规律简化为连续恒定排放。

五、地表水环境影响评价分析

水环境影响评价是在工程分析和影响预测基础上，以法规、标准为依据解释拟建项目引起水环境变化的重大性,同时辨识敏感对象对污染物排放的反应;对拟建项目的生产工艺、水污染防治与废水排放方案等提出意见;提出避免、消除和减少水体影响的措施和对策建议;最后提出评价结论。

1. 评价重点和依据

① 水质参数应结合建设期、运行期和服务期满后三个阶段的不同情况对所有预测点和所有预测的水质参数进行环境影响重大性的评价,但应抓住重点。如空间方面,水文要素和水质急剧变化处、水域功能改变处、取水口附近等应作为重点;水质方面,影响较大的水质参数应作为重点。多项水质参数综合评价的评价方法和评价的水质参数应与环境现状综合评价相同。

② 进行评价的水质参数浓度应是其预测的浓度与基线浓度之和。

③ 了解水域的功能,包括现状功能和规划功能。

④ 评价建设项目的地面水环境影响所采用的水质标准应与环境现状评价相同。

⑤ 向已超标的水体排污时,应结合环境规划酌情处理或由生态环境主管部门事先规定排污要求。

2. 评价内容和评价要求

(1) 评价内容　一级、二级、水污染影响型三级 A 及水文要素影响型三级评价的主要评价内容包括水污染控制和水环境影响减缓措施有效性评价,水环境影响评价。水污染影响型三级 B 评价的主要评价内容包括水污染控制和水环境影响减缓措施有效性评价,以及依托污水处理设施的环境可行性评价。

(2) 评价要求

① 水环境影响评价要求。

a. 排放口所在水域形成的混合区,应限制在达标控制(考核)断面以外水域,且不得与已有排放口形成的混合区叠加,混合区外水域应满足水环境功能区或水功能区的水质目标要求。

b. 水环境功能区或水功能区、近岸海域环境功能区水质达标。说明建设项目对评价范围内的水环境功能区或水功能区、近岸海域环境功能区的水质影响特征,分析水环境功能区或水功能区、近岸海域环境功能区水质变化状况,在考虑叠加影响的情况下,评价建设项目建成以后各预测时期水环境功能区或水功能区、近岸海域环境功能区达标状况。涉及富营养化问题的,还应评价水温、水文要素、营养盐等变化特征与趋势,分析判断富营养化演变趋势。

c. 满足水环境保护目标水域水环境质量要求。评价水环境保护目标水域各预测时期的水质(包括水温)变化特征、影响程度与达标状况。

d. 水环境控制单元或断面水质达标。说明建设项目污染排放或水文要素变化对所在控制单元各预测时期的水质影响特征,在考虑叠加影响的情况下,分析水环境控制单元或断面的水质变化状况,评价建设项目建成以后水环境控制单元或断面在各预测时期下的水质达标状况。

e. 满足重点水污染物排放总量控制指标要求,重点行业建设项目,主要污染物排放满足等量或减量替代要求。

f. 满足区(流)域水环境质量改善目标要求。

g. 水文要素影响型建设项目同时应包括水文情势变化评价、主要水文特征值影响评价、生态流量符合性评价。

h. 对于新设或调整入河（湖库、近岸海域）排放口的建设项目，应包括排放口设置的环境合理性评价。

i. 满足生态保护红线、环境质量底线、资源利用上线和生态环境准入清单（"三线一单"）管理要求。

j. 依托污水处理设施的环境可行性评价，主要从污水处理设施的日处理能力、处理工艺、设计进水水质、处理后的废水稳定达标排放情况及排放标准是否涵盖建设项目排放的有毒有害的特征水污染物等方面开展评价，满足依托的环境可行性要求。

② 污染源排放量核算要求。污染源排放量是新（改、扩）建项目申请污染物排放许可的依据，对改建、扩建项目，除应核算新增源的污染物排放量外，还应核算项目建成后全厂的污染物排放量，污染源排放量为污染物的年排放量。

规划环评污染源排放量核算与分配应遵循水陆统筹、河海兼顾、满足"三线一单"约束要求的原则，综合考虑水环境质量改善目标要求，水环境功能区或水功能区，近岸海域环境功能区管理要求，经济社会发展，行业排污绩效等因素，确保发展不超载，底线不突破。

间接排放建设项目污染源排放量核算根据依托污水处理设施的控制要求核算确定，直接排放建设项目污染源排放量核算，根据建设项目达标排放的地表水环境影响、污染源源强核算技术指南及排污许可申请与核发技术规范进行核算，并从严要求。

直接排放建设项目污染源排放量核算应在满足上述要求的基础上，遵循以下原则要求：

a. 污染源排放量的核算水体为有水环境功能要求的水体。

b. 建设项目排放的污染物属于现状水质不达标的，包括本项目在内的区（流）域污染源排放量应调减至满足区（流）域水环境质量改善目标要求。

c. 当受纳水体为河流时，不受回水影响的河段，建设项目污染源排放量核算断面位于排放口下游，与排放口的距离应小于2km；受回水影响河段，应在排放口的上下游设置建设项目污染源排放量核算断面，与排放口的距离应小于1km。建设项目污染源排放量核算断面应根据区间水环境保护目标位置、水环境功能区或水功能区及控制单元断面等情况调整。当排放口污染物进入受纳水体在断面混合不均匀时，应以污染源排放量核算断面污染物最大浓度作为评价依据。

d. 当受纳水体为湖库时，建设项目污染源排放量核算点位应布置在以排放口为中心、半径不超过50m的扇形水域内，且扇形面积占湖库面积比例不超过5%，核算点位应不少于3个。建设项目污染源排放量核算点应根据区间水环境保护目标位置、水环境功能区或水功能区及控制单元断面等情况调整。

e. 遵循地表水环境质量底线要求，主要污染物（化学需氧量、氨氮、总磷、总氮）需预留必要的安全余量。安全余量可按地表水环境质量标准、受纳水体环境敏感性等确定：受纳水体为GB 3838 Ⅲ类水域，以及涉及水环境保护目标的水域，安全余量按照不低于建设项目污染源排放量核算断面（点位）处环境质量标准的10%确定（安全余量≥环境质量标准×10%）；受纳水体水环境质量标准为GB 3838 Ⅳ、Ⅴ类水域，安全余量按照不低于建设项目污染源排放量核算断面（点位）环境质量标准的8%确定（安全余量≥环境质量标准×8%）；地方如有更严格的环境管理要求，按地方要求执行。

③ 生态流量确定要求。根据河流、湖库生态环境保护目标的流量（水位）及过程需求

确定生态流量（水位）。河流应确定生态流量，湖库应确定生态水位。

河流生态环境需水包括水生生态需水、水环境需水、湿地需水、景观需水、河口压咸需水等。应根据河流生态环境保护目标要求，选择合适方法计算河流生态环境需水及其过程，符合以下要求：

a. 水生生态需水计算中，应采用水力学法、生态水力学法、水文学法等方法计算水生生态流量。水生生态流量最少采用两种方法计算，基于不同计算方法成果对比分析，合理选择水生生态流量成果；鱼类繁殖期的水生生态需水宜采用生境分析法计算，确定繁殖期所需的水文过程，并取外包线作为计算成果，鱼类繁殖期所需水文过程应与天然水文过程相似。水生生态需水应为水生生态流量与鱼类繁殖期所需水文过程的外包线。

b. 水环境需水应根据水环境功能区或水功能区确定控制断面水质目标，结合计算范围内的河段特征和控制断面与概化后污染源的位置关系，采用合适的数学模型方法计算水环境需水。

c. 湿地需水应综合考虑湿地水文特征和生态保护目标需水特征，综合不同方法合理确定湿地需水。河岸植被需水量采用单位面积用水量法、潜水蒸发法、间接计算法、彭曼公式法等方法计算；河道内湿地补给水量采用水量平衡法计算。保护目标在繁育生长关键期对水文过程有特殊需求时，应计算湿地关键期需水量及过程。

d. 景观需水应综合考虑水文特征和景观保护目标要求，确定景观需水。

e. 河口压咸需水应根据调查成果，确定河口类型，可采用相关数学模型计算河口压咸需水。

f. 其他需水应根据评价区域实际情况进行计算，主要包括冲沙需水、河道蒸发和渗漏需水等。对于多泥沙河流，需考虑河流冲沙需水计算。

3. 判断影响重大性的方法

① 规划中有几个建设项目在一定时期（如5年）内兴建并且向同一地表水环境排污的情况可采用自净利用指数法进行单项评价。

对位于地表水环境中 j 点的污染物 i 来说，其自净利用指数 P_{ij} 的计算公式为：

$$P_{ij} = \frac{C_{i,j} - C_{hi,j}}{\lambda(C_{si} - C_{hi,j})} \tag{7-35}$$

式中 $C_{i,j}$，$C_{hi,j}$，C_{si}——j 点污染物 i 的浓度，j 点上游 i 的浓度，i 的水质标准；
λ——自净能力允许利用率。

溶解氧的自净利用指数为：

$$P_{DO,j} = \frac{C_{DO_{hj}} - C_{DO_j}}{\lambda(C_{DO_{hj}} - C_{DO_s})} \tag{7-36}$$

式中，$C_{DO_{hj}}$，C_{DO_j}，C_{DO_s} 分别为 j 点上游和 j 点的溶解氧值，以及溶解氧的标准。

自净能力允许利用率 λ 应根据当地水环境自净能力的大小、现在和将来的排污状况以及建设项目的重要性等因素决定，并应征得主管部门和有关单位同意。

当 $P_{ij} \leq 1$ 时，说明污染物 i 在 j 点利用的自净能力没有超过允许的比例；否则说明超过允许利用的比例，这时的 P_{ij} 值即为超过允许利用的倍数，表明影响是重大的。

② 当水环境现状已经超标，可以采用指数单元法或综合指数法进行评价。具体方法是将由拟建项目时预测数据计算得到的指数单元或综合评价指数值与现状值（基线值）求得的

指数单元或综合指数值进行比较。根据比值大小，采用专家咨询法和征求公众与管理部门意见确定影响的重大性。

③ 多项水质参数综合评价可采用由拟建项目时的综合指数值与基线条件下的综合指数值进行比较。根据比值的大小，采用专业判断法，征求公众与管理部门意见确定影响的重大性。采用综合指数法应注意有些水质参数，特别是超过水质标准的参数对水域敏感对象的影响。

六、水环境保护措施及建议

1. 水环境保护措施要求

在建设项目污染控制治理措施与废水排放满足排放标准和环境管理要求的基础上，针对建设项目实施可能造成地表水环境不利影响的阶段、范围和程度，提出预防、治理、控制、补偿等环保措施或替代方案等内容，并制订监测计划。水环境保护对策措施的论证应包括水环境保护措施的内容、规模及工艺、相应投资、实施计划，所采取措施的预期效果、达标可行性、经济技术可行性及可靠性分析等内容。对水文要素影响型建设项目，应提出减缓水文情势影响，保障生态需水的环保措施。

2. 水环境保护措施

① 对建设项目可能产生的水污染物，需通过优化生产工艺和强化水资源的循环利用，提出减少污水产生量与排放量的环保措施，并对污水处理方案进行技术经济及环保论证比选，明确污水处理设施的位置、规模、处理工艺、主要构筑物或设备、处理效率；采取的污水处理方案要实现达标排放，满足总量控制指标要求，并对排放口设置及排放方式进行环保论证。

② 达标区建设项目选择废水处理措施或多方案比选时，应综合考虑成本和治理效果，选择可行技术方案。

③ 不达标区建设项目选择废水处理措施或多方案比选时，应优先考虑治理效果，结合区（流）域水环境质量改善目标、替代源的削减方案实施情况，确保废水污染物达到最低排放强度和排放浓度。

④ 对水文要素影响型建设项目，应考虑保护水域生境及水生态系统的水文条件以及生态环境用水的基本需求，提出优化运行调度方案或下泄流量及过程，并明确相应的泄放保障措施与监控方案。

⑤ 对于建设项目引起的水温变化可能对农业、渔业生产或鱼类繁殖与生长等产生不利影响，应提出水温影响减缓措施。对产生低温水影响的建设项目，对其取水与泄水建筑物的工程方案提出环保优化建议，可采取分层取水设施、合理利用水库洪水调度运行方式等。对产生温排水影响的建设项目，可采取优化冷却方式减少排放量，可通过余热利用措施降低热污染强度，合理选择温排水口的布置和类型，控制高温区范围等。

3. 水环境影响评价结论

根据水污染控制和水环境影响减缓措施有效性评价、地表水环境影响评价结论，明确给出地表水环境影响是否可接受的结论。

① 达标区的建设项目环境影响评价，依据评价要求，同时满足水污染控制和水环境影响减缓措施有效性评价、水环境影响评价的情况下，认为地表水环境影响可以接受，否则认

为地表水环境影响不可接受。

② 不达标区的建设项目环境影响评价，依据 HJ 2.3—2018 中 8.2 要求，在考虑区（流）域环境质量改善目标要求、削减替代源的基础上，同时满足水污染控制和水环境影响减缓措施有效性评价、水环境影响评价的情况下，认为地表水环境影响可以接受，否则认为地表水环境影响不可接受。

③ 新建项目的污染物排放指标需要等量替代或减量替代时，还应明确给出替代项目的基本信息，主要包括项目名称、排污许可证编号、污染物排放量等。

④ 有生态流量控制要求的，根据水环境保护管理要求，明确给出生态流量控制节点及控制目标。

案例分析

某地一国家规划矿区内拟"上大压小"，关闭周边 6 个小煤矿，整合新建 1 个大型煤矿，产煤涉及规模为 400 万吨/年。根据项目设计文件，矿区地面有设计主井和副井各一处，通风井两处，洗煤厂一处。洗煤厂设尾矿库一座，洗煤废水能够重复利用。工程设矿井水地面处理站一个，拟配套建设一个瓦斯抽放站用于发电，并建设矸石场储存矸石作建筑材料。矸石场选在开采境界边缘地带的一处山坳内，预计可堆放矸石 30 年。

该矿区雨量充沛，植被丰富，易发生泥石流，区内农作物种类繁多。井区范围内有泉点 15 个，其中 5 个为村民饮用水源。开采境界内有中型河流一条，为下游某城市的饮用水源。工程预测最大沉陷区内有村庄 2 个，省级文物保护单位 4 处，其他均为农田和林地。

请根据上述背景材料，回答以下问题：

1. 该项目生态环境影响评价的重点内容是什么？
2. 简述该项目地表水环境影响评价的重点。
3. 该项目环境影响评价中对沉陷区的现场调查主要包括哪些内容？
4. 从目前国家煤炭产业政策要求来看，本矿建成投产前必须落实哪些措施？
5. 该项目的主要环境保护目标有哪些？

1. 什么是水体污染？水污染源有哪几类？各有什么特点？
2. 地表水环境影响评价的主要任务是什么？
3. 地表水环境评价等级划分的依据有哪些？
4. 地表水环境影响评价的工作程序是什么？
5. 水污染物排放总量控制的主要内容是什么？
6. 地表水环境影响评价中判断影响重大性的方法有哪些？
7. 水环境保护措施有哪些？
8. 均匀河段长 10km，有一含 BOD_5 的废水从这一河段的上游端点流入。废水流量为：$q=0.2m^3/s$，BOD_5 浓度 $c_2=200mg/L$，上游河水流量 $Q=2.0m^3/s$，BOD_5 浓度 $c_1=$

2mg/L，河水的平均流速 $u=20$km/d，BOD_5 的衰减系数 $k=2/d$，求废水入河口以下（下游）1km、2km、5km 处的河水中 BOD_5 的浓度。

9. 某河段流量 $Q_h=216\times10^4\text{m}^3/\text{d}$，流速 $u=46$km/d，水温 $T=13.6℃$，$K_1=0.94\text{d}^{-1}$，$K_2=1.82\text{d}^{-1}$。河段始端排放 $Q_p=10\times10^4\text{m}^3/\text{d}$ 的废水，BOD_5 为 500mg/L，溶解氧为 0。上游河段的 BOD_5 未检出，溶解氧为 8.95mg/L。求该河段 $x=6$km 处河水的 BOD_5 和氧亏值。

10. 某改建工程拟向河流排放废水，流量为 $0.15\text{m}^3/\text{s}$，所含苯酚浓度为 30mg/L。河流流量为 $5.5\text{m}^3/\text{s}$，流速为 0.3m/s，苯酚的现状浓度为 0.5mg/L，苯酚的衰减系数为 0.2d^{-1}，纵向混合系数为 $10\text{m}^2/\text{s}$。求排放口下游 10km 处苯酚的浓度。

参考文献

[1] 环境保护部环境工程评估中心. 环境影响评价技术导则与标准（2021年版）[M]. 北京：中国环境出版集团，2021.
[2] 环境保护部环境工程评估中心. 环境影响评价技术方法（2021年版）[M]. 北京：中国环境出版集团，2021.
[3] 李淑芹，孟宪林. 环境影响评价 [M]. 3版. 北京：化学工业出版社，2022.
[4] 环境影响评价技术导则 地表水环境 [S]. HJ 2.3—2018.
[5] 建设项目环境影响评价技术导则 总纲 [S]. HJ 2.1—2016.
[6] 何德文. 环境影响评价 [M]. 2版. 北京：科学出版社，2021.
[7] 陈凯麟，江春波. 地表水环境影响评价数值模拟方法及应用 [M]. 北京：中国环境出版集团出版社，2018.

第八章

土壤环境影响评价

　　土壤是构成生态系统的基本环境要素，是人类赖以生存的物质基础，也是经济社会发展不可或缺的重要资源。土壤作为大部分污染物的最终受体，其环境质量受到显著影响。加强土壤污染防治，事关广大人民群众身体健康，事关经济社会可持续发展，事关美丽中国建设、生态文明建设和中华民族永续发展。

　　为了切实加强土壤污染防治，逐步改善土壤环境质量，管控土壤污染风险，国务院2016年5月印发了《土壤污染防治行动计划》，生态环境部2018年6月发布了《土壤环境质量 农用地土壤污染风险管控标准（试行）》(GB 15618)、《土壤环境质量 建设用地土壤污染风险管控标准（试行）》(GB 36600)。这是党中央、国务院推进生态文明建设，坚决向土壤污染宣战的一项重大举措，对确保生态环境质量改善、各类自然生态系统安全稳定具有重要作用。十三届全国人大常委会第五次会议通过了《中华人民共和国土壤污染防治法》，提出：各类涉及土地利用的规划和可能造成土壤污染的建设项目，应当依法进行环境影响评价。环境影响评价文件应当包括对土壤可能造成的不良影响及应当采取的相应预防措施等内容。为落实《中华人民共和国环境影响评价法》，规范和指导土壤环境影响评价工作，防止或减缓土壤环境退化，保护土壤环境，2018年11月生态环境部印发了《环境影响评价技术导则 土壤环境（试行）》(HJ 964—2018)。按照党的二十大提出的要求，我们要深入推进环境污染防治，持续深入打好净土保卫战，加强土壤污染源头防控，开展新污染物治理。

　　土壤环境是人类赖以生存的环境系统中重要的组成部分，人类的生产和生活不可避免地对其产生影响。土壤环境影响评价是土壤环境保护和土壤污染源头防控重要手段之一，本章主要阐述了建设项目评价工作等级划分原则与评判依据，现状调查、监测的原则、范围、土壤环境影响的预测及评估方法，据此对建设项目的开发提供优化方案，以此减轻对土壤环境的不良影响。

第一节　土壤的基本概况

一、基本概念

　　(1) 土壤环境　是指受自然或人为因素作用的，由矿物质、有机质、水、空气、生物有机体等组成的陆地表面疏松综合体，包括陆地表层能够生长植物的土壤层和污染物能够影响的松散层等。

　　(2) 土壤环境生态影响　是指由于人为因素引起土壤环境特征变化导致其生态功能变化的过程或状态。

　　(3) 土壤环境污染影响　是指因人为因素导致某种物质进入土壤环境，引起土壤物理、化学、生物等方面特性的改变，导致土壤质量恶化的过程或状态。

(4) 土壤环境敏感目标　是指可能受人为活动影响的、与土壤环境相关的敏感区或对象。

二、土壤的基本特征

土壤的形成源自地壳表层岩石的风化。风化壳的表层就是形成土壤的物质基础——成土母质。暴露在地表的成土母质不仅受风化作用的影响，还要与周围的环境（包括大气、水、动植物）相互作用，发生一系列的物质和能量交换，才能形成具有肥力特征的土壤。这就是土壤的形成过程，也叫成土过程。19世纪末，俄罗斯著名土壤学家 B. B. 道库恰耶夫创立了土壤发生学说，首次提出土壤是母质、气候、生物、地形和时间五大成土因素的产物。母质为土壤的发生发育提供最初的物质来源，是构成土壤矿物质、提供植物所需养分的物质基础。气候通过温度和降水全面影响成土过程中的物理、化学和生物作用的强度和方向。生物（包括植物、动物和微生物）在自身的生命活动过程中与土壤发生物质和能量交换，改变了土壤结构和孔隙状况，使土壤形成腐殖质层从而具有肥力特征。地形的作用又会进一步影响上述成土因素对土壤的作用，以及利用重力对地表的物质和能量进行重新分配。当然，任何因素对成土过程的影响都与时间有关，作用程度随时间的延长而加强。

1. 土壤肥力

土壤肥力是土壤的基本属性和本质特征，是反映土壤肥沃性的一个重要指标。它是衡量土壤为植物生长供应和协调养分、水分、空气和热量的能力的指标。土壤肥力是土壤各种基本性质的综合表现，是土壤区别于成土母质和其他自然体的最本质的特征，也是土壤作为自然资源和农业生产资料的物质基础。

2. 土壤缓冲性

在自然条件下，土壤 pH 值不因土壤酸碱环境条件的改变而发生剧烈的变化，而是保持在一定的范围内，土壤这种特殊的抵抗能力，称为缓冲性。土壤缓冲性能主要通过土壤胶体的离子交换作用（如 Ca^{2+}、Mg^{2+}、Na^+ 等可对酸起缓冲作用，H^+、Al^{3+} 可对碱起缓冲作用）、强碱弱酸盐的解离等过程来实现。因此，土壤缓冲性能的高低取决于土壤胶体的类型与总量，土壤中碳酸盐、重碳酸盐、硅酸盐、磷酸盐和磷酸氢盐的含量等。由于土壤具有缓冲性，因而有助于缓和土壤酸碱变化，避免因施肥、根的呼吸、微生物活动、有机质分解和湿度的变化而导致 pH 值强烈变化，为植物生长和微生物活动创造比较稳定的生活环境。

3. 土壤净化功能

土壤净化功能，是指进入土壤的外源物质通过土壤物理、化学、生物作用降低或消除土壤中污染物质的生物有效性和毒性的能力。土壤可通过吸附、分解、迁移、转化作用实现土壤减轻、缓解或去除外源物质的影响，包括在土体中过滤、挥发、扩散等物理作用，沉淀、吸附、分解等化学作用，代谢、降解等生物作用以及联合作用等净化能力。它是土壤对外源化学物质具有负载容量的基础，是保证土壤圈物质良性循环的前提。

由于人口急剧增长，工业迅猛发展，固体废物不断向土壤表面堆放和倾倒，有害废水不断向土壤中渗透，大气中的有害气体及飘尘也不断随雨水降落在土壤中并积累到一定程度，引起土壤质量恶化，并进而造成农作物中某些指标超过国家标准，造成了土壤污染。土壤污染除导致土壤质量下降、农作物产量和品质下降外，更为严重的是土壤对污染物具有富集作用，一些毒性大的污染物，如汞、镉等富集到作物果实中，人或牲畜食用后发生中毒。具有生理毒性的物质或过量的植物营养元素进入土壤而导致土壤性质恶化和植物生理功能失调的现象。土壤处于陆地生态系统中的无机界和生物界的中心，不仅在本系统内进行着能量和物质的循环，而且与水域、大气和生物之间也不断进行物质交换，一旦发生污染，三者之间就会有污染物质的相互传递。作物从土壤中吸收和积累的污染物常通过食物链传递而影响人体健康。

第二节 土壤环境影响识别

根据建设项目对土壤环境可能产生的影响，将土壤环境影响类型划分为生态影响型与污染影响型，土壤环境生态影响重点指土壤环境的盐化、酸化、碱化等。根据行业特征、工艺特点或规模大小等将建设项目类别分为Ⅰ类、Ⅱ类、Ⅲ类、Ⅳ类，其中Ⅳ类建设项目可不开展土壤环境影响评价；自身为敏感目标的建设项目，可根据需要仅对土壤环境现状进行调查。可根据表8-1识别部分建设项目所属行业的土壤环境影响评价项目类别。

表8-1 土壤环境影响评价部分项目类别

行业类别		项目类别			
		Ⅰ类	Ⅱ类	Ⅲ类	Ⅳ类
农林牧渔业		灌溉面积大于50万亩的灌区工程	新建5万亩至50万亩的、改造30万亩及以上的灌区工程；年出栏生猪10万头（其他畜禽种类折合猪的养殖规模）及以上的畜养殖场或养殖小区	年出栏生猪5000头（其他畜禽种类折合猪的养殖规模）及以上的畜禽养殖场或养殖小区	其他
水利		库容 $1\times10^8 m^3$ 及以上水库；长度大于1000km的引水工程	库容 $1000\times10^4 m^3$ 至 $1\times10^8 m^3$ 的水库；跨流域调水的引水工程	其他	
采矿业		金属矿、石油、页岩油开采	化学矿采选；石棉矿采选；煤矿采选、天然气开采、页岩气开采、砂岩气开采、煤层气开采（含净化、液化）	其他	
制造业	纺织、化纤、皮革等及服装、鞋制造	制革、毛皮鞣制	化学纤维制造；有洗毛、集整、脱胶工段及产生薄丝废水、精炼废水的纺织品；有湿法印花、染色、水洗工艺的服装制造；使用有机溶剂的制鞋业	其他	
	造纸和纸制品		纸浆、溶解浆、纤维浆等制造；造纸（含制浆工艺）	其他	
	设备制造、金属制品、汽车制造及其他用品制造	有电镀工艺的；金属制品表面处理及热处理加工的；使用有机涂层的（喷粉、喷塑和电泳除外）；有钝化工艺的热镀锌	有化学处理工艺的	其他	

续表

行业类别		项目类别			
		Ⅰ类	Ⅱ类	Ⅲ类	Ⅳ类
制造业	石油、化工	石油加工、炼焦;化学原料和化学制品制造;农药制造;涂料、染料、颜料、油墨及其类似产品制造;合成材料制造;炸药、火工及焰火产品制造;水处理剂等制造;化学药品制造;生物、生化制品制造	半导体材料、日用化学品制造;化学肥料制造	其他	
	金属冶炼和压延加工及非金属矿物制品	有色金属冶炼(含再生有色金属冶炼)	有色金属铸造及合金制造;炼铁;球团;烧结炼钢;冷轧压延加工;铬铁合金制造;水泥制造;平板玻璃制造;石棉制品;含焙烧的石墨、碳素制品	其他	

在工程分析结果的基础上,结合土壤环境敏感目标,根据建设项目建设期、运行期和服务期满后(可根据项目情况选择)三个阶段的具体特征,识别土壤环境影响类型与影响途径;对于运行期内土壤环境影响源可能发生变化的建设项目,还应按其变化特征分阶段进行环境影响识别。识别建设项目土壤环境影响类型与影响途径、影响源与影响因子,初步分析可能影响的范围,具体识别内容见表 8-2～表 8-4。

表 8-2　建设项目土壤环境影响类型与影响途径

不同时段	污染影响型				生态影响型			
	大气沉降	地面漫流	垂直入渗	其他	盐化	碱化	酸化	其他
建设期								
运行期								
服务期满后								

注：在可能产生的土壤环境影响类型处打"√",列表未涵盖的可自行设计。

表 8-3　污染影响型建设项目土壤环境影响源及影响因子识别

污染源	工艺流程/节点	污染途径	全部污染物指标①	特征因子	备注②
车间/场地		大气沉降 地面漫流 垂直入渗 其他			

① 根据工程分析结果填写。
② 应描述污染源特征,如连续、间断、正常、事故等;涉及大气沉降途径的,应识别建设项目周边的土壤环境敏感目标。

表 8-4　生态影响型建设项目土壤环境影响途径识别

影响结果	影响途径	具体指标	土壤环境敏感目标
盐化/酸化/碱化/其他	物质输入/运移 水位变化		

第三节　土壤环境影响评价工作程序和工作等级

土壤环境影响评价应按划定的评价工作等级开展工作，识别建设项目土壤环境影响类型、影响途径、影响源及影响因子，确定土壤环境影响评价工作等级；开展土壤环境现状调查，完成土壤环境现状监测与评价；预测与评价建设项目对土壤环境可能造成的影响，提出相应的防控措施与对策。涉及两个或两个以上场地或地区的建设项目或涉及土壤环境生态影响型与污染影响型两种影响类型的项目应按要求分别开展评价工作。

一、工作程序

土壤环境影响评价工作可划分为准备阶段、现状调查与评价阶段、预测分析与评价阶段和结论阶段。土壤环境影响评价工作程序见图8-1。

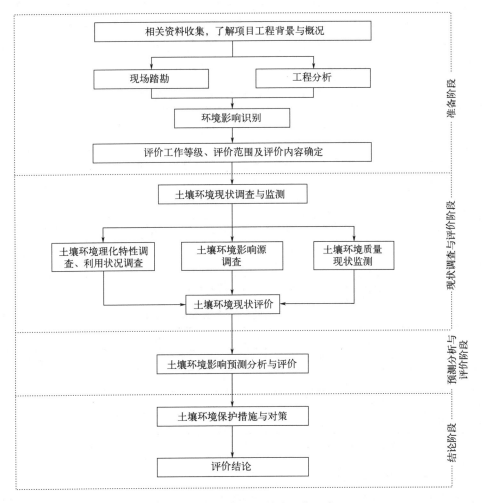

图8-1　土壤环境影响评价工作程序

准备阶段的主要工作内容为：收集分析国家和地方土壤环境相关的法律、法规、政策、标准及规划等资料；了解建设项目工程概况，结合工程分析，识别建设项目对土壤环境可能造成的影响类型，分析可能造成土壤环境影响的主要途径；开展现场踏勘工作，识别土壤环境敏感目标；确定评价等级、范围与内容。

现状调查与评价阶段的主要工作内容为：采用相应标准与方法，开展现场调查、取样、监测和数据分析与处理等工作，进行土壤环境现状评价。

预测分析与评价阶段的主要工作内容为：依据标准制定的或经论证有效的方法，预测分析与评价建设项目对土壤环境可能造成的影响。

结论阶段的主要工作内容为：综合分析各阶段成果，提出土壤环境保护措施与对策，对土壤环境影响评价结论进行总结。

二、评价工作等级划分

土壤环境影响评价工作等级划分为一级、二级、三级。

1. 生态影响型工作等级划分

首先将建设项目所在地土壤环境敏感程度分为敏感、较敏感、不敏感，判别依据见表8-5；同一建设项目涉及两个或两个以上场地或地区，应分别判定其敏感程度；产生两种或两种以上生态影响后果的，敏感程度按相对最高级别判定。再根据识别的土壤环境影响评价项目类别与敏感程度分级结果划分评价工作等级（如表8-6）。

表8-5 生态影响型敏感程度分级

敏感程度	判别依据		
	盐化	酸化	碱化
敏感	建设项目所在地干燥度①>2.5且常年地下水位平均埋深<1.5m的地势平坦区域；或土壤含盐量>4g/kg的区域	pH≤4.5	pH≥9.0
较敏感	建设项目所在地干燥度>2.5且常年地下水位平均埋深≥1.5m，或1.8<干燥度≤2.5且常年地下水位平均埋深<1.8m的地势平坦区域；建设项目所在地干燥度>2.5或常年地下水位平均埋深<1.5m的平原区；或2g/kg<土壤含盐量≤4g/kg的区域	4.5<pH≤5.5	8.5≤pH<9.0
不敏感	其他	5.5<pH<8.5	

① 干燥度是指采用E601观测的多年平均水面蒸发量与降水量的比值，即蒸降比值。

表8-6 生态影响型评价工作等级划分

敏感程度	项目类别		
	Ⅰ类	Ⅱ类	Ⅲ类
敏感	一级	二级	三级
较敏感	二级	二级	三级
不敏感	二级	三级	—

注："—"表示可不开展土壤环境影响评价工作。

2. 污染影响型工作等级划分

首先将建设项目所在地周边的土壤环境敏感程度分为敏感、较敏感、不敏感，判别依据见表8-7；再将建设项目占地规模分为大型（≥50hm²）、中型（5～50hm²）、小型（≤5hm²），建设项目占地主要为永久占地；根据土壤环境影响评价项目类别、占地规模与敏感程度划分评价工作等级，如表8-8所示。

表 8-7 污染影响型敏感程度分级表

敏感程度	判别依据
敏感	建设项目周边存在耕地、园地、牧草地、饮用水水源地或居民区、学校、医院、疗养院、养老院等土壤环境敏感目标的
较敏感	建设项目周边存在其他土壤环境敏感目标的
不敏感	其他情况

表 8-8 污染影响型评价工作等级划分表

占地规模 敏感程度	Ⅰ类			Ⅱ类			Ⅲ类		
	大	中	小	大	中	小	大	中	小
敏感	一级	一级	一级	二级	二级	二级	三级	三级	三级
较敏感	一级	一级	二级	二级	二级	三级	三级	三级	—
不敏感	一级	二级	二级	二级	三级	三级	三级	—	—

注："—"表示可不开展土壤环境影响评价工作。

建设项目同时涉及土壤环境生态影响型与污染影响型时，应分别判定评价工作等级，并按相应等级分别开展评价工作；当同一建设项目涉及两个或两个以上场地时，各场地应分别判定评价工作等级，并按相应等级分别开展评价工作。

第四节 土壤环境现状调查与评价

土壤环境现状调查与评价是土壤环境影响预测、分析、评价的重要依据，是土壤环境影响评价工作的重要组成部分和十分重要的基础工作之一。土壤环境现状调查与评价工作应遵循资料收集与现场调查相结合、资料分析与现状监测相结合的原则；土壤环境现状调查与评价工作的深度应满足相应的工作级别要求，当现有资料不能满足要求时，应通过组织现场调查、监测等方法获取；建设项目同时涉及土壤环境生态影响型与污染影响型时，应分别按相应评价工作等级要求开展土壤环境现状调查，可根据建设项目特征适当调整、优化调查内容；工业园区内的建设项目，应重点在建设项目占地范围内开展现状调查工作，并兼顾其可能影响的园区外围土壤环境敏感目标；线性工程重点针对主要站场位置（如输油站、泵站、阀室、加油站、维修场所等）参照上述分段判定评价等级，并按《环境影响评价技术导则 土壤环境（试行）》（HJ 964）相应等级分别开展评价工作。

一、现状调查

1. 现状调查评价范围

调查评价范围应包括建设项目可能影响的范围，能满足土壤环境影响预测和评价要求；改、扩建类建设项目的现状调查评价范围还应兼顾现有工程可能影响的范围；建设项目（除线性工程外）土壤环境影响现状调查评价范围可根据建设项目影响类型、污染途径、气象条件、地形地貌、水文地质条件等确定并说明，或参照表 8-9 确定。建设项目同时涉及土壤环境生态影响与污染影响时，应各自确定调查评价范围。危险品、化学品或石油等输送管线应以工程边界两侧向外延伸 0.2km 作为调查评价范围。

表 8-9　现状调查范围

评价工作等级	影响类型	调查范围①	
		占地②范围内	占地范围外
一级	生态影响型	全部	5km 范围内
	污染影响型		1km 范围内
二级	生态影响型		2km 范围内
	污染影响型		0.2km 范围内
三级	生态影响型		1km 范围内
	污染影响型		0.05km 范围内

① 涉及大气沉降途径影响的，可根据主导风向下风向的最大落地浓度点适当调整。
② 矿山类项目指开采区与各场地的占地，改、扩建类的指现有工程与拟建工程的占地。

2. 现状调查内容

根据建设项目特点、可能产生的环境影响和当地环境特征，有针对性收集调查评价范围内的相关资料，主要包括以下内容：

① 土地利用现状图、土地利用规划图、土壤类型分布图。
② 气象资料、地形地貌特征资料、水文及水文地质资料等。
③ 土地利用历史情况。
④ 与建设项目土壤环境影响评价相关的其他资料。

在充分收集资料的基础上，根据土壤环境影响类型、建设项目特征与评价需要，有针对性地选择土壤理化特性调查内容，主要包括土体构型、土壤结构、土壤质地、阳离子交换量、氧化还原电位、饱和导水率、孔隙度等；土壤环境生态影响型建设项目还应调查植被、地下水位埋深、地下水溶解性总固体等。同时还应调查与建设项目产生同种特征因子或造成相同土壤环境影响后果的影响源，对于改、扩建的污染影响型建设项目，其评价工作等级为一级、二级的，应对现有工程的土壤环境保护措施情况进行调查，并重点调查主要装置或设施附近的土壤污染现状。

二、现状监测

建设项目土壤环境现状监测应根据建设项目的影响类型、影响途径，有针对性地开展监测工作，了解或掌握调查评价范围内土壤环境现状。

1. 布点及监测点位要求

土壤环境现状监测点布设应根据建设项目土壤环境影响类型、评价工作等级、土地利用类型确定，采用均布性与代表性相结合的原则，充分反映建设项目调查评价范围内的土壤环境现状，可根据实际情况优化调整。调查评价范围内的每种土壤类型应至少设置 1 个表层样监测点，应尽量设置在未受人为污染或相对未受污染的区域。生态影响型建设项目应根据建设项目所在地的地形特征、地面径流方向设置表层样监测点。涉及入渗途径影响的，主要产污装置区应设置柱状样监测点，采样深度需至装置底部与土壤接触面以下，根据可能影响的深度适当调整。涉及大气沉降影响的，应在占地范围外主导风向的上、下风向各设置 1 个表层样监测点，可在最大落地浓度点增设表层样监测点。线性工程应重点在站场位置（如输油站、泵站、阀室、加油站及维修场所等）设置监测点，涉及危险品、化学品或石油等输送管线的应根据评价范围内土壤环境敏感目标或厂区内的平面布局情况确定监测点布设位置。评价工作等级为一级、二级的改、扩建项目，应在现有工程厂界外可能产生影响的土壤环境敏感目标处设置监测点。涉及大气沉降影响的改、扩建项目，可在主导风向下风向适当增加监测点位，以反映降尘对土壤环境的影响。建设项目占地范围及其可能影响区域的土壤环境已存在污染风险的，应结合用地历史资料和现状调查情况，在可能受影响最重的区域布设监测点；取样深度根据其可能影响的情况确定。建设项目现状监测点设置应兼顾土壤环境影响跟踪监测计划。

建设项目各评价工作等级的监测点数不少于表 8-10 的要求。生态影响型建设项目可优化调整占地范围内、外监测点数量，保持总数不变；占地范围超过 5000hm^2 的，每增加 1000hm^2 增加 1 个监测点。污染影响型建设项目占地范围超过 100hm^2 的，每增加 20hm^2 增加 1 个监测点。

表 8-10 现状监测布点类型与数量

评价工作等级		占地范围内	占地范围外
一级	生态影响型	5 个表层样点[①]	6 个表层样点
	污染影响型	5 个柱状样点[②]，2 个表层样点	4 个表层样点
二级	生态影响型	3 个表层样点	4 个表层样点
	污染影响型	3 个柱状样点，1 个表层样点	2 个表层样点
三级	生态影响型	1 个表层样点	2 个表层样点
	污染影响型	3 个表层样点	—

[①] 表层样应在 0～0.2m 取样。
[②] 柱状样通常在 0～0.5m、0.5～1.5m、1.5～3m 分别取样，3m 以下每 3m 取 1 个样，可根据基础埋深、土体构型适当调整。
注："—"表示无现状监测布点类型与数量的要求。

2. 监测因子

土壤环境现状监测因子分为基本因子和建设项目的特征因子，基本因子为《土壤环境质量 农用地土壤污染风险管控标准（试行）》（GB 15618）、《土壤环境质量 建设用地土壤污染风险管控标准（试行）》（GB 36600）中规定的基本项目（包括镉、汞、砷、铅、铬、铜、镍、锌及挥发性有机物和半挥发性有机物），分别根据调查评价范围内的土地利用类型选取；特征因子为建设项目产生的特有因子；既是特征因子又是基本因子的，按特征因子对待。

3. 取样方法及监测频次

表层样监测点及土壤剖面的土壤监测取样方法一般为监测采集表层土，采样深度 0～20cm，特殊要求的监测（土壤背景、环评、污染事故等），必要时选择部分采样点采集剖面样品。剖面的规格一般为长 1.5m、宽 0.8m、深 1.2m。挖掘土壤剖面要使观察面向阳，表土和底土分两侧放置。一般每个剖面采集 A、B、C 三层土样，地下水位较高时，剖面挖至地下水出露时为止；山地丘陵土层较薄时，剖面挖至风化层。具体可参照《土壤环境监测技术规范》（HJ/T 166）执行。

柱状样监测点和污染影响型改、扩建项目的土壤监测取样方法可根据系统随机布点法、专业判断布点法、分区布点法、系统布点法确定采样点位，深层土的采样深度应考虑污染物可能释放和迁移的深度（如地下管线和储槽埋深）、污染物性质、土壤的质地和孔隙度、地下水位和回填土等因素；采集含挥发性污染物的样品时应尽量减少对样品的扰动，严禁对样品进行均质化处理；土壤样品采集后，应根据污染物理化性质等，选用合适的容器保存，含汞或有机污染物的土壤样品应在4℃以下的温度条件下保存和运输，具体可参照《建设用地土壤污染状况调查　技术导则》（HJ 25.1）、《建设用地土壤污染风险管控和修复监测技术导则》（HJ 25.2）执行。

（1）基本因子　评价工作等级为一级的建设项目，应至少开展1次现状监测；评价工作等级为二级、三级的建设项目，若掌握近3年至少1次的监测数据，可不再进行现状监测；引用监测数据应满足相关要求，并说明数据的有效性。

（2）特征因子　应至少开展1次现状监测。

三、现状评价

土壤环境质量现状评价应采用标准指数法，并进行统计分析，给出样本数量、最大值、最小值、均值、标准差、检出率和超标率、最大超标倍数等。对照表8-11和表8-12给出各监测点位土壤盐化、酸化、碱化的级别，统计样本数量、最大值、最小值和均值，并评价均值对应的级别。

表8-11　土壤盐化分级标准

分　级	土壤含盐量(SSC)/(g/kg)	
	滨海、半湿润和半干旱地区	干旱、半荒漠和荒漠地区
未盐化	SSC<1	SSC<2
轻度盐化	1≤SSC<2	2≤SSC<3
中度盐化	2≤SSC<4	3≤SSC<5
重度盐化	4≤SSC<6	5≤SSC<10
极重度盐化	SSC≥6	SSC≥10

注：根据区域自然背景状况适当调整。

表8-12　土壤酸化、碱化分级标准

土壤pH值	土壤酸化、碱化强度	土壤pH值	土壤酸化、碱化强度
pH<3.5	极重度酸化	8.5≤pH<9.0	轻度碱化
3.5≤pH<4.0	重度酸化	9.0≤pH<9.5	中度碱化
4.0≤pH<4.5	中度酸化	9.5≤pH<10.0	重度碱化
4.5≤pH<5.5	轻度酸化	pH≥10.0	极重度碱化
5.5≤pH<8.5	无酸化或碱化		

注：土壤酸化、碱化强度指受人为影响后呈现的土壤pH值，可根据区域自然背景状况适当调整。

生态影响型建设项目应给出土壤盐化、酸化、碱化的现状；污染影响型建设项目应给出评价因子是否满足相关标准要求的结论，当评价因子存在超标时，应分析超标原因。

第五节　土壤环境影响预测与评价

土壤环境影响预测应根据影响识别结果与评价工作等级，结合当地土地利用规划确定影响预测的范围、时段、内容和方法。选择适宜的预测方法，预测评价建设项目各实施阶段不同环节与不同环境影响防控措施下的土壤环境影响，给出预测因子的影响范围与程度，明确建设项目对土壤环境的影响结果。应重点预测评价建设项目对占地范围外土壤环境敏感目标的累积影响，并根据建设项目特征兼顾对占地范围内的影响预测。土壤环境影响分析可定性或半定量地说明建设项目对土壤环境产生的影响和趋势。建设项目导致土壤潜育化、沼泽化、潴育化和土地沙漠化等影响的，可根据土壤环境特征，结合建设项目特点，分析土壤环境可能受到影响的范围和程度。

一、预测评价范围、时段、因子

（1）预测评价范围　一般与现状调查评价范围一致。
（2）预测评价时段　根据建设项目土壤环境影响识别结果，确定重点预测时段。
（3）预测评价因子　污染影响型建设项目应根据环境影响识别出的特征因子选取关键预测因子。可能造成土壤盐化、酸化、碱化影响的建设项目，分别选取土壤盐分含量、pH值等作为预测因子。

二、预测评价方法

土壤环境影响预测评价方法应根据建设项目土壤环境影响类型与评价工作等级确定。

（1）评价工作等级为一级、二级，可能引起土壤盐化、酸化、碱化等影响的建设项目或污染影响型建设项目预测方法

① 单位质量土壤中某种物质的增量可用下式计算：

$$\Delta S = \frac{n(I_s - L_s - R_s)}{\rho_b A D} \tag{8-1}$$

式中　ΔS——单位质量表层土壤中某种物质的增量，g/kg（表层土壤中游离酸或游离碱浓度增量，mmol/kg）；

　　　I_s——预测评价范围内单位年份表层土壤中某种物质的输入量，g（预测评价范围内单位年份表层土壤中游离酸、游离碱输入量，mmol）；

　　　L_s——预测评价范围内单位年份表层土壤中某种物质经淋溶排出的量，g（预测评价范围内单位年份表层土壤中经淋溶排出的游离酸、游离碱的量，mmol）；

　　　R_s——预测评价范围内单位年份表层土壤中某种物质经径流排出的量，g（预测评价范围内单位年份表层土壤中经径流排出的游离酸、游离碱的量，mmol）；

　　　ρ_b——表层土壤密度，kg/m³；

　　　A——预测评价范围，m²；

　　　D——表层土壤深度，一般取0.2m，可根据实际情况适当调整；

　　　n——持续年份，年。

② 单位质量土壤中某种物质的预测值可根据其增量叠加现状值进行计算，如式(8-2)：

$$S = S_b + \Delta S \tag{8-2}$$

式中 S_b——单位质量土壤中某种物质的现状值，g/kg；

S——单位质量土壤中某种物质的预测值，g/kg。

③ 酸性物质或碱性物质排放后表层土壤 pH 预测值，可根据表层土壤游离酸或游离碱浓度的增量进行计算，如式(8-3)：

$$pH = pH_b \pm \Delta S / BC_{pH} \tag{8-3}$$

式中 pH_b——土壤 pH 现状值；

BC_{pH}——缓冲容量，mmol/(kg·pH)；

pH——土壤 pH 预测值。

④ 缓冲容量（BC_{pH}）测定方法：采集项目区土壤样品，样品加入不同量游离酸或游离碱后分别测定。

该方法适用于某种物质可概化为以面源形式进入土壤环境的影响预测，包括大气沉降、地面漫流以及盐、酸、碱类等物质进入土壤环境引起的土壤盐化、酸化、碱化等。

(2) 评价工作等级为一级、二级，土壤盐化类建设项目的综合评分预测方法 根据表8-13 选取各项影响因素的分值与权重，采用式(8-4) 计算土壤盐化综合评分值（Sa），对照表 8-14 得出土壤盐化综合评分预测结果。

$$Sa = \sum_{i=1}^{n} Wx_i \cdot Ix_i \tag{8-4}$$

式中 n——影响因素指标数目；

Ix_i——影响因素 i 指标评分；

Wx_i——影响因素 i 指标权重。

表 8-13 土壤盐化影响因素赋值表

影响因素	分值				权重
	0 分	2 分	4 分	6 分	
地下水位埋深(GWD)/m	GWD≥2.5	1.5≤GWD<2.5	1.0≤GWD<1.5	GWD<1.0	0.35
干燥度(蒸降比值)(EPR)	EPR<1.2	1.2≤EPR<2.5	2.5≤EPR<6	EPR≥6	0.25
土壤本底含盐量(SSC)/(g/kg)	SSC<1	1≤SSC<2	2≤SSC<4	SSC≥4	0.15
地下水溶解性总固体(TDS)/(g/L)	TDS<1	1≤TDS<2	2≤TDS<5	TDS≥5	0.15
土壤质地	黏土	砂土	壤土	沙壤、粉土、砂粉土	0.10

表 8-14 土壤盐化综合评分预测表

土壤盐化综合评分值(Sa)	Sa<1	1≤Sa<2	2≤Sa<3	3≤Sa<4.5	Sa≥4.5
土壤盐化综合评分预测结果	未盐化	轻度盐化	中度盐化	重度盐化	极重度盐化

(3) 评价工作等级为三级的建设项目，可采用定性描述或类比分析法进行预测。

三、预测评价结论

(1) 以下情况可得出建设项目土壤环境影响可接受的结论：

① 建设项目各不同阶段。土壤环境敏感目标处或占地范围内各评价因子均满足《土壤

环境质量 农用地土壤污染风险管控标准（试行）》（GB 15618），《土壤环境质量 建设用地土壤污染风险管控标准（试行）》（GB 36600），表 8-11、表 8-13 中相关要求的。

② 生态影响型建设项目各不同阶段，出现或加重土壤盐化、酸化、碱化等问题，但采取防控措施后，可满足相关要求的。

③ 污染影响型建设项目不同阶段，土壤环境敏感目标处或占地范围内有个别点位、层位或评价因子出现超标，但采取必要措施后，可满足《土壤环境质量 农用地土壤污染风险管控标准（试行）》（GB 15618）、《土壤环境质量 建设用地土壤污染风险管控标准（试行）》（GB 36600）或其他土壤污染防治相关管理规定的。

（2）以下情况不能得出建设项目土壤环境影响可接受的结论：

① 生态影响型建设项目。土壤盐化、酸化、碱化等对预测评价范围内土壤原有生态功能造成重大不可逆影响的。

② 污染影响型建设项目。各不同阶段，土壤环境敏感目标处或占地范围内多个点位、层位或评价因子出现超标，采取必要措施后，仍无法满足《土壤环境质量 农用地土壤污染风险管控标准（试行）》（GB 15618）、《土壤环境质量 建设用地土壤污染风险管控标准（试行）》（GB 36600）或其他土壤污染防治相关管理规定的。

四、保护措施与对策

土壤环境保护措施与对策应包括：保护的对象、目标，措施的内容，设施的规模及工艺、实施部位和时间、实施的保证措施、预期效果的分析等，在此基础上估算（概算）环境保护投资，并编制环境保护措施布置图；在建设项目可行性研究提出的影响防控对策基础上，结合建设项目特点、调查评价范围内的土壤环境质量现状，根据环境影响预测与评价结果，提出合理、可行、操作性强的土壤环境影响防控措施；改、扩建项目应针对现有工程引起的土壤环境影响问题，提出"以新带老"措施，有效减轻影响程度或控制影响范围，防止土壤环境影响加剧；涉及取土的建设项目，所取土壤应满足占地范围对应的土壤环境相关标准要求，并说明其来源；弃土应按照固体废物相关规定进行处理处置，确保不产生二次污染。

1. 建设项目环境保护措施

（1）土壤环境质量现状保障措施　对于建设项目占地范围内的土壤环境质量存在点位超标的，应依据土壤污染防治相关管理办法规定和标准，采取有关土壤污染防治措施。

（2）源头控制措施　生态影响型建设项目应结合项目的生态影响特征，按照生态系统功能优化的理念，坚持高效适用的原则，提出源头防控措施；污染影响型建设项目应针对关键污染源、污染物的迁移途径提出源头控制措施，并与相关标准要求相协调。

（3）过程防控措施　建设项目根据行业特点与占地范围内的土壤特性，按照相关技术要求采取过程阻断、污染物削减和分区防控措施。涉及酸化、碱化影响的可采取相应措施调节土壤 pH 值，以减轻土壤酸化、碱化的程度；涉及盐化影响的，可采取排水排盐或降低地下水位等措施，以减轻土壤盐化的程度；涉及大气沉降影响的，占地范围内应采取绿化措施，以种植具有较强吸附能力的植物为主；涉及地面漫流影响的，应根据建设项目所在地的地形特点优化地面布局，必要时设置地面硬化、围堰或围墙，以防止土壤环境污染；涉及入渗途径影响的，应根据相关标准规范要求，对设备设施采取相应的防渗措施，以防止土壤环境污染。

2. 跟踪监测

土壤环境跟踪监测措施包括制定跟踪监测计划、建立跟踪监测制度，以便及时发现问题，采取措施。土壤环境跟踪监测计划应明确监测点位、监测指标、监测频次以及执行标准等：

① 监测点位应布设在重点影响区和土壤环境敏感目标附近；

② 监测指标应选择建设项目特征因子；

③ 评价工作等级为一级的建设项目一般每3年内开展1次监测工作，二级的每5年内开展1次，三级的必要时可开展跟踪监测；

④ 生态影响型建设项目跟踪监测应尽量在农作物收割后开展。

思考题

1. 土壤的基本特性有哪些？
2. 土壤环境影响类型如何划分？
3. 简述土壤环境影响评价工作程序。
4. 土壤环境影响评价工作等级如何划分？
5. 土壤环境影响评价现状调查范围及调查内容是什么？
6. 土壤环境影响评价现状监测布点的要点有哪些？
7. 简述引起土壤盐化、酸化、碱化等影响的建设项目的环境影响预测方法。
8. 简述土壤环境影响建设项目的环境保护措施。

参考文献

[1] 环境影响评价技术导则 土壤环境（试行）[S].HJ 964—2018.
[2] 陈怀满,朱永官,董元华,等.环境土壤学[M].3版.北京：科学出版社,2021.
[3] 贾建丽.环境土壤学[M].2版.北京：化学工业出版社,2016.
[4] 中国环境监测总站,国家环境保护环境监测质量控制重点实验室.环境监测方法标准实用手册[M].北京：中国环境出版社,2013.

第九章

声环境影响评价

噪声污染防治与人民群众生活息息相关，是最普惠民生福祉的组成部分，是生态文明建设的重要内容。为防治环境噪声污染，保护和改善生活环境，保障人体健康，促进经济和社会发展，2018年12月第十三届全国人民代表大会常务委员会第七次会议通过对《中华人民共和国环境噪声污染防治法》作出修改，提出了建设项目可能产生环境噪声污染的，建设单位必须提出环境影响报告书，规定环境噪声污染的防治措施，并按照国家规定的程序报生态环境主管部门批准；建设项目的环境噪声污染防治设施必须与主体工程同时设计、同时施工、同时投产使用。为了提高声环境影响评价的精确性，有效推动噪声污染防治，规范和指导声环境影响评价工作，2021年12月生态环境部修订并发布了《环境影响评价技术导则 声环境》（HJ 2.4—2021）。以习近平新时代中国特色社会主义思想为指导，全面贯彻党的二十大精神，深入贯彻习近平生态文明思想及"还自然以宁静、和谐、美丽"的重要指示精神，加快解决人民群众关心的突出噪声污染问题，持续推进"十四五"期间声环境质量改善，不断提升人民群众生态环境获得感、幸福感、安全感，生态环境部联合其他各部委发布了《"十四五"噪声污染防治行动计划》，通过实施噪声污染防治行动，不断完善噪声污染防治管理体系，有效落实治污责任，稳步提高治理水平，持续改善声环境质量，逐步形成宁静和谐的文明意识和社会氛围。

本章主要介绍了声环境影响评价相关的基本概念、声环境影响评价工作等级范围及工作程序，声环境现状调查与评价、声环境影响预测与评价方法，阐述了合理可行的防治对策措施，降低噪声影响以及从声环境影响角度评价建设项目实施的可行性，为建设项目优化选址、选线、合理布局以及国土空间规划提供科学依据。

第一节 噪声与噪声评价量

一、噪声的定义

声音是由物体振动产生的声波，是通过介质（空气、固体、液体）传播并能被人或动物听觉器官所感知的波动现象。声音作为一种波，频率在20Hz～20kHz的声音是可以被人耳识别的。声源可以是固体，也可以是流体（液体和气体）的振动。声音的传播介质有空气、水和固体等，分别称为空气声、水声和固体声等。

人类是生活在有声音的环境中，通过声音进行交谈、表达思想感情以及开展各种活动。但有些声音也会给人类带来危害，例如震耳欲聋的机器声、呼啸而过的飞机声等。一般认为，凡是不需要的、使人厌烦并对人类生活和工作有妨碍的声音都是噪声。

依据《环境影响评价技术导则 声环境》（HJ 2.4—2021）中的定义，噪声是指在工业生产、建筑施工、交通运输和社会生活中产生的干扰周围生活环境的声音（频率在20Hz～

20kHz 的可听声范围内)。环境噪声污染是指所产生的环境噪声超过国家规定的环境噪声排放标准,并干扰他人正常生活、工作和学习的现象。噪声的来源有四种:一是交通噪声,包括汽车、火车和飞机等所产生的噪声;二是工厂噪声,如鼓风机、汽轮机、织布机和冲床等所产生的噪声;三是建筑施工噪声,像打桩机、挖土机和混凝土搅拌机等发出的声音;四是社会生活噪声,如高音喇叭、收录机等发出的过强声音。

按种类划分,可将声源分为固定声源和移动声源的环境影响评价。固定声源是指在发声时间内位置不发生移动的声源。移动声源是指在发声时间内位置按一定轨迹移动的声源。

按形状划分,可将声源分为点声源、线声源、面声源。点声源是指以球面波形式辐射声波的声源,辐射声波的声压幅值与声波传播距离成反比。任何形状的声源,只要声波波长远远大于声源几何尺寸,该声源可视为点声源。线声源是指以柱面波形式辐射声波的声源,辐射声波的声压幅值与声波传播距离的平方根成反比。面声源是指以平面波形式辐射声波的声源,辐射声波的声压幅值不随传播距离改变。

二、噪声评价量

声音的三要素即频率、波长和声速,这是对声的基本描述量,噪声的基本评价量主要包括以下几种。

1. 分贝

所谓分贝是指两个相同的物理量(如 A_1 和 A_0)之比取以 10 为底的对数并乘以 10(或 20)。

$$N = 10 \lg \frac{A_1}{A_0} \tag{9-1}$$

分贝符号为"dB"。在噪声测量中分贝是很重要的参量。式中,A_0 是基准量(或参考量);A_1 是被量度量。被量度量和基准量之比取对数,这对数值称为被量度量的"级"。亦即用对数标度时,所得到的是比值,它代表被量度量比基准量高出多少"级"。

2. 声压(P)和声压级

声压是由于声波的存在而引起的压力增值。声波是空气分子有指向、有节律的运动。声压是衡量声音大小的尺度,声压单位为 Pa 或 N/m²。声波在空气中传播时形成压缩和稀疏交替变化,所以压力增值是正负交替的。但通常讲的声压是取均方根值,叫有效声压,故实际上总是正值,对于球面波和平面波,声压与声强的关系是:

$$I = \frac{P^2}{\rho c} \tag{9-2}$$

式中,ρ 为空气密度,如以标准大气压与 20℃ 时的空气密度和声速代入,得到 $\rho c = 408$ 国际单位(也叫瑞利),称为空气对声波的特性阻抗。

人耳对 1000Hz 的听阈声压为 $2 \times 10^{-5} \text{N/m}^2$,痛阈声压为 20N/m^2。从听阈到痛阈,声压的绝对值相差 10^6 倍。显然,用声压的绝对值来表示声音的大小是不方便的。为了更便于应用,人们根据人耳对声音强弱变化的特性,引出一个对数量来表示声音的大小,即声压级。所谓声压级就是声压平方与一个基准声压的平方比值的对数值。

$$L_P = 10 \lg \frac{P^2}{P_0^2} = 20 \lg \frac{P}{P_0} \tag{9-3}$$

式中　L_P——声压级，dB；
　　　P——声压，Pa；
　　　P_0——基准声压，为 2×10^{-5} Pa，该值是对 1000Hz 声音人耳刚能听到的最低声压。

3. 声功率（W）和声功率级

声功率是指单位时间内，声波通过垂直于传播方向某指定面积的声能量，单位为 W。而声功率级的定义为：

$$L_W = 10\lg\frac{W}{W_0} \tag{9-4}$$

式中　L_W——声功率级，dB；
　　　W——声功率，W；
　　　W_0——基准声功率，为 10^{-12} W。

4. 声强（I）和声强级

声强是指单位时间内，声波通过垂直于声波传播方向单位面积的声能量，为 W/s²。

$$I = \frac{E}{\Delta t \Delta s} = \frac{W}{\Delta s} \tag{9-5}$$

式中　I——声强；
　　　W——声功率；
　　　E——声能量；
　　　Δt——声音通过时间；
　　　Δs——声音通过面积。

如以人的听阈声强值 10^{-12} W 为基准，则声强级的定义为：

$$L_I = 10\lg\frac{I}{I_0} \tag{9-6}$$

式中　L_I——声强级，dB；
　　　I——声强，W/m²；
　　　I_0——基准声强，为 10^{-12} W。

声压级和声强级都是描述空间某处声音强弱的物理量。在自由声场中，声压级和声强级的数值近似相等。

5. A 声级、等效连续 A 声级、昼夜等效声级

（1）A 声级　为了能用仪器直接反映人的主观响度感觉的评价量，有关人员在噪声测量仪器——声级计中设计了一种特殊滤波器，叫计权网络。通过计权网络测得的声压级，已不再是客观物理量的声压级，而叫计权声压级或计权声级，简称声级。通用的有 A、B、C、D 计权声级。

A 计权声级是模拟人耳对 55dB 以下低强度噪声的频率特性；B 计权声级是模拟 55～85dB 的中等强度噪声的频率特性；C 计权声级是模拟高强度噪声的频率特性；D 计权声级是对噪声参量的模拟，专用于飞机噪声的测量。

后来实践证明，A 计权声级表征人耳主观听觉较好，故近年来 B 和 C 计权声级较少应用。A 计权声级以 L_{PA} 或 L_A 表示，其单位为 dB（A）。

（2）等效连续 A 声级　A 计权声级能够较好地反映人耳对噪声的强度与频率的主观感觉，因此对一个连续的稳态噪声，它是一种较好的评价方法，但对一个起伏的或不连续的噪声，A 计权声级就显得不合适了。例如，交通噪声随车辆流量和种类而变化；又如，一台机器工作时其声级是稳定的，但由于它是间歇地工作，与另一台声级相同但连续工作的机器对人的影响就不一样。因此提出了一个用噪声能量按时间平均方法来评价噪声对人影响的概念，即等效连续声级，符号"L_{eq}"。它是用一个相同时间内声能与之相等的连续稳定的 A 声级来表示该段时间内噪声的大小。例如，有两台声级为 85dB 的机器，第一台连续工作 8h，第二台间歇工作，其有效工作时间之和为 4h。显然作用于操作工人的平均能量是前者比后者大一倍。因此，等效连续声级反映在声级不稳定的情况下，人实际所接受的噪声能量的大小，它是一个用来表达随时间变化的噪声的等效量。

$$L_{eq} = 10\lg\left(\frac{1}{T}\int_0^T 10^{0.1L_{PA}}dt\right) \tag{9-7}$$

式中　L_{PA}——某时刻 t 的瞬时 A 声级，dB；

　　　T——规定的测量时间，s。

如果数据符合正态分布，其累积分布在正态概率纸上为一直线，则可用下面近似公式计算：

$$L_{eq} \approx L_{50} + d^2/60, \quad d = L_{10} - L_{90} \tag{9-8}$$

式中　L_{10}——测定时间内，10% 的时间超过的噪声级，相当于噪声的平均峰值；

　　　L_{50}——测量时间内，50% 的时间超过的噪声级，相当于噪声的平均值；

　　　L_{90}——测量时间内，90% 的时间超过的噪声级，相当于噪声的背景值。

其中，L_{10}、L_{50}、L_{90} 为累积百分声级，计算方法有两种：一种是在正态概率纸上画出累积分布曲线，然后从图中求得；另一种简便方法是将测定的一组数据（例如 100 个）从大到小排列，第 10 个数据即为 L_{10}，第 50 个数据即为 L_{50}，第 90 个数据即为 L_{90}。

（3）昼夜等效声级　考虑到夜间噪声具有更大的烦扰程度，故提出一个新的评价指标——昼夜等效声级（也称日夜平均声级），符号"L_{dn}"。它用来表达社会噪声昼夜间的变化情况，表达式为：

$$L_{dn} = 10\lg\left[\frac{16 \times 10^{0.1L_d} + 8 \times 10^{0.1 \times (L_n + 10)}}{24}\right] \tag{9-9}$$

式中　L_d——白天的等效声级，时间是从 6：00～22：00，共 16h；

　　　L_n——夜间的等效声级，时间是从 22：00 至第二天的 6：00，共 8h。

昼间和夜间的时间，可依地区和季节不同而稍有变更。

为了表明夜间噪声对人的烦扰更大，故计算夜间等效声级这一项时应加上 10dB 的计权。

为了表征噪声的物理量和主观听觉的关系，除了上述评价指标外，还有语言干扰级（SIL）、感觉噪声级（PNL）、交通噪声指数（TNI）和噪声次数指数（NNI）等。

三、噪声级的计算

1. 噪声的叠加

噪声的叠加是指两个以上独立声源作用于某一点，产生噪声的叠加。声能量是可以代数相加的，设两个声源的声功率分别为 W_1 和 W_2，那么总声功率 $W_总=W_1+W_2$。而两个声源在某点的声强为 I_1 和 I_2 时，叠加后的总声强 $I_总=I_1+I_2$。但声压不能直接相加。

N 个不同噪声源同时作用在声场中同一点，这点的总声压级 L_{pT} 计算可从声压级的定义得到：

$$L_{pT}=10\lg\frac{P_{pT}^2}{P_0^2}=10\lg\frac{\sum_{i=1}^n P_i^2}{P_0^2}=10\lg\sum_{i=1}^n\left(\frac{P_i}{P_0}\right)^2 \tag{9-10}$$

式中，P_i 为噪声源 i 作用于该点的声压，Pa。

由

$$L_{pT}=10\lg\left(\frac{P_i}{P_0}\right)^2 \tag{9-11}$$

得

$$\left(\frac{P_i}{P_0}\right)^2=10^{0.1L_{pT}} \tag{9-12}$$

故

$$L_{pT}=10\lg\left(\sum_{i=1}^n 10^{0.1L_{pi}}\right) \tag{9-13}$$

式中，L_{pi} 为噪声源 i 作用于该点的声压级，dB。

2. 噪声的减法

若已知两个声源在 M 点产生的总声压级 L_{pT} 及其中一个声源在该点产生的声压级 L_{p1}，则另一声源在该点产生的声压级 L_{p2} 可按定义，得：

$$L_{p2}=10\lg(10^{0.1L_{pT}}-10^{0.1L_{p1}})=L_{pT}+10\lg[1-10^{-0.1(L_{pT}-L_{p1})}] \tag{9-14}$$

令

$$\Delta L=10\lg[1-10^{-0.1(L_{pT}-L_{p1})}] \tag{9-15}$$

得

$$L_{p2}=L_{pT}+\Delta L \tag{9-16}$$

$\Delta L\leqslant 0$，由 $(L_{pT}-L_{p1})$ 值查表 9-1 可得 ΔL 值。

表 9-1 $(L_{pT}-L_{p1})$ 与 ΔL 值对应关系表

$L_{pT}-L_{p1}$	3	4	5	6	7	8	9	10	11
ΔL	−3	−2.2	−1.6	−1.3	−1.0	−0.8	−0.6	−0.5	−0.4

3. 噪声的平均值

某一地点的环境噪声常常是非稳态噪声，该点不同时间的噪声的平均值 $\overline{L_p}$ 可由下式进行计算：

$$\overline{L_p}=10\lg\left(\frac{1}{n}\sum_{i=1}^n 10^{\frac{L_{pi}}{10}}\right)=10\lg\sum_{i=1}^n 10^{0.1L_{pi}}-10\lg n \tag{9-17}$$

4. 声压级相同的声音叠加

设 $L_1=L_2=\cdots=L_i=\cdots=L_n$，则：

$$\sum_{i=1}^n L_i=10\lg\frac{P_1^2+P_2^2+\cdots+P_n^2}{P_0}=10\lg n+L_1 \tag{9-18}$$

即其声压级增大 $10\lg n$ dB。

第二节　声环境影响评价工作等级、范围及程序

一、声环境影响评价工作等级划分

声环境影响评价工作一般分为三级：一级为详细评价，二级为一般性评价，三级为简要评价。

1.评价等级划分的依据

建设项目噪声影响评价工作等级划分按照影响范围内是否存在声环境保护目标、保护目标处噪声增量大小及所在功能区等确定。

2.评价等级划分的基本原则

（1）一级评价

评价范围内有适用于 GB 3096 规定的 0 类声环境功能区域，或建设项目建设前后评价范围内声环境保护目标噪声级增量达 5dB（A）以上［不含 5dB（A）］，或受影响人口数量显著增加时，按一级评价。

（2）二级评价

建设项目所处的声环境功能区为 GB 3096 规定的 1 类、2 类地区，或建设项目建设前后评价范围内声环境保护目标噪声级增量达 3~5dB（A），或受噪声影响人口数量增加较多时，按二级评价。

（3）三级评价

建设项目所处的声环境功能区为 GB 3096 规定的 3 类、4 类地区，或建设项目建设前后评价范围内声环境保护目标噪声级增量在 3dB（A）以下［不含 3dB（A）］，且受影响人口数量变化不大时，按三级评价。

（4）其他情况

在确定评价等级时，如果建设项目符合两个等级的划分原则，按较高等级评价。

机场建设项目航空器噪声影响评价等级为一级。

二、声环境影响评价范围

依据评价工作等级和建设项目评价类别确定。

1.固定声源建设项目（如工厂、码头、站场等）的评价范围

（1）满足一级评价的要求，一般以建设项目边界向外 200m 为评价范围；

（2）二级、三级评价范围可根据建设项目所在区域和相邻区域的声环境功能区类别及声环境保护目标等实际情况适当缩小；

（3）如依据建设项目声源计算得到的贡献值到 200m 处，仍不能满足相应功能区标准值时，应将评价范围扩大到满足标准值的距离。

2.移动声源建设项目（如公路、城市道路、铁路、城市轨道交通等地面交通）的评价范围

（1）满足一级评价的要求，一般以线路中心线外两侧 200m 以内为评价范围；

（2）二级、三级评价范围可根据建设项目所在区域和相邻区域的声环境功能区类别及声环境保护目标等实际情况适当缩小；

（3）如依据建设项目声源计算得到的贡献值到200m处，仍不能满足相应功能区标准值时，应将评价范围扩大到满足标准值的距离。

3. 机场项目评价范围

（1）机场项目按照每条跑道承担飞行量进行评价范围划分：对于单跑道项目，以机场整体的吞吐量及起降架次判定机场噪声评价范围；对于多跑道机场，根据各条跑道分别承担的飞行量情况各自划定机场噪声评价范围并取合集。

a. 单跑道机场，机场噪声评价范围应是以机场跑道两端、两侧外扩一定距离形成的矩形范围；

b. 对于全部跑道均为平行构型的多跑道机场，机场噪声评价范围应是各条跑道外扩一定距离后的最远范围形成的矩形范围；

c. 对于存在交叉构型的多跑道机场，机场噪声评价范围应为平行跑道（组）与交叉跑道的合集范围。

（2）对于增加跑道项目或变更跑道位置项目（例如现有跑道变为滑行道或新建一条跑道），在现状机场噪声影响评价和扩建机场噪声影响评价工作中，可分别划定机场噪声评价范围；

（3）机场噪声评价范围应不小于计权等效连续感觉噪声级70dB等声级线范围。

（4）不同飞行量机场推荐噪声评价范围见表9-2。

表9-2 机场项目噪声评价范围

机场类别	起降架次 N（单条跑道承担量）	跑道两端推荐评价范围	跑道两侧推荐评价范围
运输机场	N≥15万架次/年	两端各12km以上	两侧各3km
	10万架次/年≤N＜15万架次/年	两端各10～12km	两侧各2km
	5万架次/年≤N＜10万架次/年	两端各8～10km	两侧各1.5km
	3万架次/年≤N＜5万架次/年	两端各6～8km	两侧各1km
	1万架次/年≤N＜3万架次/年	两端各3～6km	两侧各1km
	N＜1万架次/年	两端各3km	两侧各0.5km
通用机场	无直升机	两端各3km	两侧各0.5km
	有直升机	两端各3km	两侧各1km

三、声环境影响评价工作程序

依据《环境影响评价技术导则 声环境》（HJ 2.4—2021）规定，声环境影响评价的工作程序见图9-1。

四、声环境评价水平年的确定

根据建设项目实施过程中噪声影响特点，可按施工期和运行期分别开展声环境影响评价。

运行期声源为固定声源时，将固定声源投产运行年作为评价水平年；运行期声源为移动声源时，将工程预测的代表性水平年作为评价水平年。

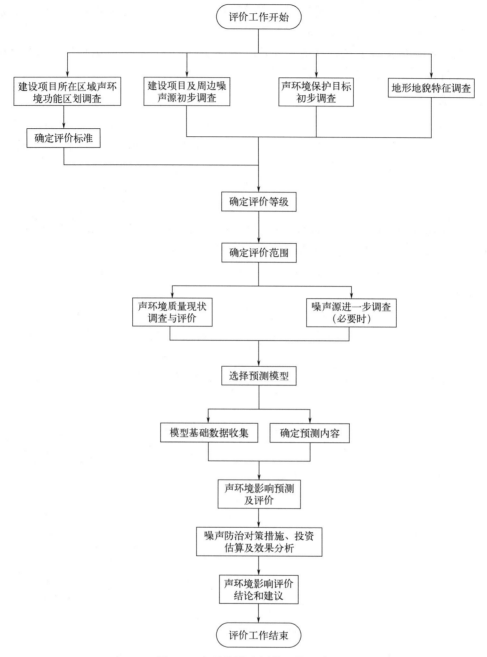

图 9-1 声环境影响评价工作程序

第三节 声环境现状调查与评价

一、噪声源调查与分析

1. 调查与分析对象

噪声源调查包括拟建项目的主要固定声源和移动声源。给出主要声源的数量、位置和强度,并在标准规范的图中标识固定声源的具体位置或移动声源的路线、跑道等位置。

噪声源调查内容和工作深度应符合环境影响预测模型对噪声源参数的要求。

二、三级评价均应调查分析拟建项目的主要噪声源。

2. 源强获取或核算方法

噪声源源强核算应按照《污染源源强核算技术指南 准则》(HJ 884)的要求进行。

对于拟建项目噪声源源强,当缺少所需数据时,可通过声源类比测量或引用有效资料、研究成果来确定。采用声源类比测量时应给出类比条件。

噪声源需获取的参数、数据格式和精度应符合环境影响预测模型输入要求。

二、声环境现状调查基本内容与方法

1. 声环境现状调查基本内容

(1) 一、二级评价

a. 调查评价范围内声环境保护目标的名称、地理位置、行政区划、所在声环境功能区、不同声环境功能区内人口分布情况、与建设项目的空间位置关系、建筑情况等。

b. 评价范围内具有代表性的声环境保护目标的声环境质量现状需要现场监测,其余声环境保护目标的声环境质量现状可通过类比或现场监测结合模型计算给出。

c. 调查评价范围内有明显影响的现状声源的名称、类型、数量、位置、源强等。评价范围内现状声源源强调查应采用现场监测法或收集资料法确定。分析现状声源的构成及其影响,对现状调查结果进行评价。

(2) 三级评价

a. 调查评价范围内声环境保护目标的名称、地理位置、行政区划、所在声环境功能区、不同声环境功能区内人口分布情况、与建设项目的空间位置关系、建筑情况等。

b. 对评价范围内具有代表性的声环境保护目标的声环境质量现状进行调查,可利用已有的监测资料,无监测资料时可选择有代表性的声环境保护目标进行现场监测,并分析现状声源的构成。

2. 声环境现状调查基本方法

声环境现状调查的基本方法有现场监测法、现场监测结合模型计算法、收集资料法。调查时,应根据评价等级的要求和现状噪声源情况,确定需采用的具体方法。

三、环境噪声现状监测

1. 环境噪声现状测量点布设原则

(1) 布点应覆盖整个评价范围,包括厂界(场界、边界)和声环境保护目标。当声环境保护目标高于(含)三层建筑时,还应按照噪声垂直分布规律、建设项目与声环境保护目标高差等因素选取有代表性的声环境保护目标的代表性楼层设置测点。

(2) 评价范围内没有明显的声源时(如工业噪声、交通运输噪声、建设施工噪声、社会生活噪声等),可选择有代表性的区域布设测点。

(3) 评价范围内有明显声源,并对声环境保护目标的声环境质量有影响时,或建设项目为改、扩建工程,应根据声源种类采取不同的监测布点原则。

a. 当声源为固定声源时,现状测点应重点布设在可能同时受到既有声源和建设项目声源影响的声环境保护目标处,以及其他有代表性的声环境保护目标处;为满足预测需要,也可在距离既有声源不同距离处布设衰减测点。

b. 当声源为移动声源,且呈现线声源特点时,现状测点位置选取应兼顾声环境保护目标的分布状况、工程特点及线声源噪声影响随距离衰减的特点,布设在具有代表性的声环境保护目标处。为满足预测需要,可在垂直于线声源不同水平距离处布设衰减测点。

c. 对于改、扩建机场工程,测点一般布设在主要声环境保护目标处,重点关注航迹下方的声环境保护目标及跑道侧向较近处的声环境保护目标,测点数量可根据机场飞行量及周围声环境保护目标情况确定,现有单条跑道、两条跑道或三条跑道的机场可分别布设 3~9、9~14 或 12~18 个噪声测点,跑道增加或保护目标较多时可进一步增加测点。对于评价范围内少于 3 个声环境保护目标的情况,原则上布点数量不少于 3 个,结合声保护目标位置布点的,应优先选取跑道两端航迹 3km 以内范围的保护目标位置布点;无法结合保护目标位置布点的,可适当结合航迹下方的导航台站位置进行布点。

2. 环境噪声现状测量和测量时段

(1)测量

① 环境噪声测量量为等效连续 A 声级,高声级的突发性噪声测量量应为最大 A 声级及噪声持续时间,机场飞机的噪声测量量为计权等效连续感觉噪声级(L_{WECPN})。

② 噪声的测量量有倍频带声压级、总声压级、A 声级、线性声级或声功率级、A 声功率级等。

③ 对较为特殊的噪声源(如排气放空等),应同时测量声级的频率特性和 A 声级。

④ 脉冲噪声应同时测量 A 声级及脉冲周期。

(2)测量时段

① 应在声源正常运行工况的条件下选择适当时段测量。

② 每一测点应分别进行昼间、夜间时段的测量,以便与相应标准对照。

③ 对于噪声起伏较大的情况(如道路交通噪声、铁路噪声、飞机机场噪声)应增加昼间、夜间的测量次数。其测量时段应具有代表性。

每个测量时段的采样或读数方式以现行标准方法规范要求为准。

四、声环境现状评价

1. 环境噪声现状评价的主要内容

① 分析评价范围内既有主要声源种类、数量及相应的噪声级、噪声特性等,明确主要声源分布。

② 分别评价厂界(场界、边界)和各声环境保护目标的超标和达标情况,分析其受到既有主要声源的影响状况。

2. 环境噪声现状评价的要求

① 一般应包括评价范围内的声环境功能区划图,声环境保护目标分布图,工矿企业厂区(声源位置)平面布置图,城市道路、公路、铁路、城市轨道交通等的线路走向图,机场总平面图及飞行程序图,现状监测布点图,声环境保护目标与项目关系图等。

② 列表给出评价范围内声环境保护目标的名称、户数、建筑物层数和建筑物数量,并明确声环境保护目标与建设项目的空间位置关系等。

③ 列表给出厂界（场界、边界）、各声环境保护目标现状值及超标和达标情况分析，给出不同声环境功能区或声级范围（机场航空器噪声）内的超标户数。

第四节　声环境影响预测与评价

一、声环境影响预测范围与点位布设

1. 预测范围

噪声预测范围一般与所确定的噪声评价等级所规定的范围相同，也可稍大于评价范围。

2. 预测点布置原则

建设项目评价范围内声环境保护目标和建设项目厂界（场界、边界）应作为预测点和评价点。

二、声环境影响预测方法

声环境影响可采用参数模型、经验模型、半经验模型进行预测，也可采用比例预测法、类比预测法进行预测。

三、声环境影响预测模式

1. 声环境预测的基本步骤

① 根据声源特性以及预测点与声源之间的距离等情况，把声源简化成点声源、线声源或者面声源，建立坐标系，确定各声源的坐标和预测点的坐标。

② 根据获得的声源强数据和各声源到预测点的声波传播条件，计算各声源单独作用于预测点时产生的噪声级。

③ 确定预测计算的时间段 T，并确定各个声源发生的持续时间 t。

④ 计算预测点在 T 时间段内的等效连续声级。

⑤ 计算各预测点的声级后，采用数学方法（如双三次组合法、按距离加权平均法等）计算并绘制等声级线。

2. 预测点噪声级计算

① 选择一个坐标系，确定出各噪声源位置和预测点位置的坐标；并根据预测点和声源 i 之间的距离把噪声源简化为点声源或线声源。

② 根据已获得的噪声源噪声级数据和声波从各声源传播到预测点 j 的传播条件，计算出噪声从各声源传播到预测点的声衰减量，由此算出各声源单独作用时在预测点 j 产生的 A 声级 L_{ij}。

③ 确定预测计算的时间 T，并确定各声源发生持续时间 t_i。

④ 计算预测点 j 在 T 时段内的等效连续 A 声级，公式为：

$$L_{eq} = 10\lg\left(\frac{\sum_{i=1}^{n} t_i 10^{0.1L_{Ai}}}{T}\right) \qquad (9\text{-}19)$$

3. 绘制等声级图

① 计算出各网格点上的噪声级（如 L_{eq}、L_{WECPN}）后，采用某种数学方法（如双三次拟合法、按距离加权平均法、按距离加权最小二乘法）计算并绘制出等声级线（用评价软件）。

② 等声级线的间隔不大于 5dB。对于 L_{eq}，最低可画到 35dB，最高可画到 75dB 的等声级线；对于 L_{WECPN}，一般应有 70dB、75dB、80dB、85dB、90dB 的等值线。

③ 等声级图直观地表明了项目的噪声级分布，对分析功能区噪声超标状况提供了方便，同时为城市规划、城市环境噪声管理提供了依据。

4. 典型建设项目噪声影响预测

（1）工业噪声预测

① 固定声源分析。

a. 主要声源的确定。分析建设项目的设备类型、型号、数量，并结合设备和工程厂界（场界、边界）以及声环境保护目标的相对位置确定工程的主要声源。

b. 声源的空间分布。依据建设项目平面布置图、设备清单及声源源强等资料，标明主要声源的位置。建立坐标系，确定主要声源的三维坐标。

c. 声源的分类。将主要声源划分为室内声源和室外声源两类。

确定室外声源的源强和运行时间及时间段。当有多个室外声源时，为简化计算，可视情况将数个声源组合为声源组团，然后按等效声源进行计算。

对于室内声源，需分析围护结构的尺寸及使用的建筑材料，确定室内声源的源强和运行时间及时间段。

d. 编制主要声源汇总表。以表格形式给出主要声源的分类、名称、型号、数量、坐标位置等；声功率级或某一距离处的倍频带声压级、A 声级。

② 声波传播途径分析。列表给出主要声源和声环境保护目标的坐标或相互间的距离、高差，分析主要声源和声环境保护目标之间声波的传播途径，给出影响声波传播的地面状况、障碍物、树林等。

③ 预测内容。按不同评价工作等级的基本要求，选择以下工作内容分别进行预测，给出相应的预测结果。

a. 厂界（场界、边界）噪声预测。预测厂界（场界、边界）噪声，给出厂界（场界、边界）噪声的最大值及位置。

b. 声环境保护目标噪声预测。预测声环境保护目标处的贡献值、预测值以及预测值与现状噪声值的差值，声环境保护目标所处声环境功能区的声环境质量变化，声环境保护目标所受噪声影响的程度，确定噪声影响的范围，并说明受影响人口分布情况。

当声环境保护目标高于（含）三层建筑时，还应预测有代表性的不同楼层噪声。

c. 绘制等声级线图。绘制等声级线图，说明噪声超标的范围和程度。

d. 分析超标原因。根据厂界（场界、边界）和声环境保护目标受影响的情况，明确影响厂界（场界、边界）和周围声环境功能区声环境质量的主要声源，分析厂界（场界、边界）和声环境保护目标的超标原因。

（2）公路、城市道路交通运输噪声预测

① 预测参数。

a. 工程参数。明确公路（或城市道路）建设项目各路段的工程内容，路面的结构、材料、标高等参数；明确公路（或城市道路）建设项目各路段昼间和夜间各类型车辆的比例、车流量、车速。

b. 声源参数。按照大、中、小车型的分类，利用相关模型计算各类型车的声源源强，也可通过类比测量进行修正。

c. 声环境保护目标参数。根据现场实际调查，给出公路（或城市道路）建设项目沿线声环境保护目标的分布情况，各声环境保护目标的类型、名称、规模、所在路段、与路面的相对高差、与线路中心线和边界的距离以及建筑物的结构、朝向和层数，保护目标所在路段的桩号（里程）、线路形式、路面坡度等。

② 声传播途径分析。列表给出声源和预测点之间的距离、高差，分析声源和预测点之间的传播路径，给出影响声波传播的地面状况、障碍物、树林等。

③ 预测内容。预测各预测点的贡献值、预测值、预测值与现状噪声值的差值，预测高层建筑有代表性的不同楼层所受的噪声影响。按贡献值绘制代表性路段的等声级线图，分析声环境保护目标所受噪声影响的程度，确定噪声影响的范围，并说明受影响人口分布情况。给出典型路段满足相应声环境功能区标准要求的距离。

依据评价工作等级要求，给出相应的预测结果。

(3) 铁路、城市轨道交通噪声预测

① 预测参数。

a. 工程参数。明确铁路（或城市轨道交通）建设项目各路段的工程内容，分段给出线路的技术参数，包括线路等级、线路结构、轨道和道床结构等。

b. 车辆参数。明确列车类型、牵引类型、运行速度、列车长度（编组情况）、列车轴重、簧下质量（城市轨道交通）、各类型列车昼间和夜间的开行对数等参数。

c. 声源源强参数。不同类型（或不同运行状况下）铁路噪声源强，可参照国家相关部门的规定确定，无相关规定的可根据工程特点通过类比监测确定。

d. 声环境保护目标参数。根据现场实际调查，给出铁路（或城市轨道交通）建设项目沿线声环境保护目标的分布情况，各声环境保护目标的类型、名称、规模、所在路段、桩号（里程）、与轨面的相对高差及建筑物的结构、朝向和层数等。

② 声传播途径分析。列表给出声源和预测点间的距离、高差，分析声源和预测点之间的传播路径，给出影响声波传播的地面状况、障碍物、树林、气象条件等。

③ 预测内容。预测各预测点的贡献值、预测值、预测值与现状噪声值的差值，预测高层建筑有代表性的不同楼层所受的噪声影响。按贡献值绘制代表性路段的等声级线图，分析声环境保护目标所受噪声影响的程度，确定噪声影响的范围，并说明受影响人口分布情况。给出典型路段满足相应声环境功能区标准要求的距离。

依据评价工作等级要求，给出相应的预测结果。

5. 户外声传播的衰减模式

(1) 基本原理　户外声传播衰减包括几何发散（A_{div}）、大气吸收（A_{atm}）、地面效应（A_{gr}）、障碍物屏蔽（A_{bar}）、其他多方面效应（A_{misc}）引起的衰减。

① 在环境影响评价中，应根据声源声功率级或参考位置处的声压级、户外声传播衰减，计算预测点的声级，可按式(9-20)计算：

$$L_p(r) = L_W + D_C - (A_{div} + A_{atm} + A_{gr} + A_{bar} + A_{misc}) \qquad (9-20)$$

式中　$L_p(r)$——预测点处声压级，dB；

　　　L_W——由点声源产生的声功率级（A 计权或倍频带），dB；

　　　D_C——指向性校正，它描述点声源的等效连续声压级与产生声功率级 L_W 的全向点声源在规定方向的声级的偏差程度，dB；

　　　A_{div}——几何发散引起的衰减，dB；

　　　A_{atm}——大气吸收引起的衰减，dB；

　　　A_{gr}——地面效应引起的衰减，dB；

　　　A_{bar}——障碍物屏蔽引起的衰减，dB；

　　　A_{misc}——其他多方面效应引起的衰减，dB。

$$L_p(r) = L_p(r_0) + D_C - (A_{div} + A_{atm} + A_{gr} + A_{bar} + A_{misc}) \qquad (9-21)$$

式中　$L_p(r_0)$——参考位置 r_0 处的声压级，dB。

② 预测点的 A 声级 $L_A(r)$。可将 8 个倍频带声压级合成，计算出预测点的 A 声级，可按式(9-22) 计算：

$$L_A(r) = 10 \lg \left\{ \sum_{i=1}^{8} 10^{0.1 \times [L_{pi}(r) - \Delta L_i]} \right\} \qquad (9-22)$$

式中　$L_A(r)$——距声源 r 处的 A 声级，dB（A）；

　　　$L_{pi}(r)$——预测点 r 处，第 i 倍频带声压级，dB；

　　　ΔL_i——第 i 倍频带的 A 计权网络修正值，dB。

③ 在只考虑几何发散衰减时，可按式(9-23) 计算：

$$L_A(r) = L_A(r_0) - A_{div} \qquad (9-23)$$

式中　$L_A(r)$——距声源 r 处的 A 声级，dB（A）；

　　　$L_A(r_0)$——参考位置 r_0 处的 A 声级，dB（A）；

　　　A_{div}——几何发散引起的衰减，dB。

（2）衰减量的计算

① 几何发散引起的衰减 A_{div}。噪声在传播过程中由于距离的增加而引起的衰减称为几何发散衰减。

a. 点声源的几何发散衰减。

$$A_{div} = 10 \lg \frac{1}{4\pi r^2} \qquad (9-24)$$

式中，r 为点声源到受声点的距离，m。

在距离点声源 r_0 处至 r 处的衰减值为：

$$A_{div} = 20 \lg \frac{r}{r_0} \qquad (9-25)$$

当 $r = 2r_0$ 时，$A_{div} = 6 dB$，即点声源传播距离增加 1 倍，衰减 6 dB。

【例 9-1】 工厂锅炉房排气口外 2m 处，噪声级为 80dB（A），厂界值要求标准为 65dB（A），厂界应与锅炉房最少距离是多少米？

解：根据式(9-25) 可计算噪声的衰减量为

$$80 - 65 = 20 \lg \frac{r}{2}$$

$$r = 6.98 m$$

当点声源与预测点处在反射体同侧附近时,到达预测点的声级是直达声与反射声叠加的结果,从而使预测点声级增高,反射体的影响示意图如图9-2。

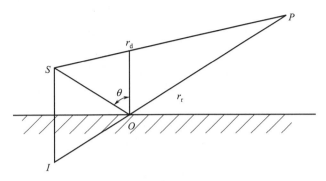

图 9-2 反射体的影响示意图

当满足下列条件时,需要计算反射体引起的修正量(ΔL_r):

反射体表面平整、光滑、坚硬;

反射体尺寸远远大于所有声波波长 λ;

入射角 $\theta < 85°$。

$r_r - r_d \gg \lambda$ 反射引起的修正量 ΔL_r 与 r_r/r_d 有关($r_r = IP$、$r_d = SP$),可按表9-3计算。

表 9-3 反射体引起的修正量计算

r_r/r_d	修正量/dB
≈1	3
≈1.4	2
≈2	1
≈2.5	0

b. 线声源的几何发散衰减。

$$A_{div} = 10\lg \frac{1}{4\pi rl} \tag{9-26}$$

式中,r 为线声源到受声点的距离,m;l 为线声源的长度,m。

当 $\frac{r}{l} < \frac{l}{10}$ 时,可视为无限长线声源,此时在距离线声源 r_0 处至 r 处的衰减值为:

$$A_{div} = 10\lg \frac{r}{r_0} \tag{9-27}$$

当 $\frac{r}{l} \geq 1$ 时,可视为点声源。

当线声源为有限长线声源时,设线声源长度为 l_0,如图9-3所示。

当 $r > l_0$ 且 $r_0 > l_0$ 时,可近似简化为:

$$L_p(r) = L_p(r_0) - 20\lg \frac{r}{r_0} \tag{9-28}$$

当 $r < \frac{l_0}{3}$ 且 $r_0 < \frac{l_0}{3}$ 时,可近似简化为:

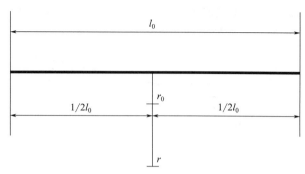

图 9-3 有限长线声源

$$L_p(r) = L_p(r_0) - 10\lg\frac{r}{r_0} \quad (9\text{-}29)$$

当 $\frac{l_0}{3} < r < l_0$ 且 $\frac{l_0}{3} < r_0 < l_0$ 时，可近似简化为：

$$L_p(r) = L_p(r_0) - 15\lg\frac{r}{r_0} \quad (9\text{-}30)$$

c. 面声源的几何发散衰减。一个大型机器设备的振动表面，车间透声的墙壁，均可以认为是面声源。面声源可看作由无数点声源连续分布组合而成，其合成声级可按能量叠加法求出。

图 9-4 给出了长方形面声源中心轴线上的声衰减曲线，其中面声源的 $b > a$，图中虚线为实际衰减量。当预测点和面声源中心距离 r 处于以下条件时，可按下述方法近似计算：

$r < a/\pi$ 时，几乎不衰减（$A_{\text{div}} \approx 0$）；

$a/\pi < r < b/\pi$ 时，距离加倍衰减 3dB 左右，类似线声源衰减特性 [$A_{\text{div}} \approx 10\lg (r/r_0)$]；

$r > b/\pi$ 时，距离加倍衰减趋近于 6dB，类似点声源衰减特性 [$A_{\text{div}} \approx 10\lg (r/r_0)$]。

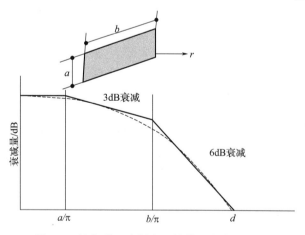

图 9-4 长方形面声源中心轴线上的衰减曲线

② 大气吸收引起的衰减 A_{atm}。

$$A_{\text{atm}} = \frac{\alpha(r - r_0)}{1000} \quad (9\text{-}31)$$

式中　A_{atm}——大气吸收引起的衰减，dB；

α ——与温度、湿度和声波频率有关的大气吸收衰减系数,预测计算中一般根据建设项目所处区域常年平均气温和湿度选择相应的大气吸收衰减系数(表9-4);

r ——预测点距声源的距离;

r_0 ——参考位置距声源的距离。

表9-4 空气吸收衰减系数

温度/℃	相对湿度/%	大气吸收衰减系数 α/(dB/km)							
		倍频带中心频率/Hz							
		63	125	250	500	1000	2000	4000	8000
10	70	0.1	0.4	1.0	1.9	3.7	9.7	32.8	117.0
20	70	0.1	0.3	1.1	2.8	5.0	9.0	22.9	76.6
30	70	0.1	0.3	1.0	3.1	7.4	12.7	23.1	59.3
15	20	0.3	0.6	1.2	2.7	8.2	28.2	28.8	202.0
15	50	0.1	0.5	1.2	2.2	4.2	10.8	36.2	129.0
15	80	0.1	0.3	1.1	2.4	4.1	8.3	23.7	82.8

③ 地面效应引起的衰减 A_{gr}。地面类型可分为:

a. 坚实地面,包括铺筑过的路面、水面、冰面以及夯实地面。

b. 疏松地面,包括被草或其他植物覆盖的地面,以及农田等适合于植物生长的地面。

c. 混合地面,由坚实地面和疏松地面组成。

声波越过疏松地面或大部分为疏松地面的混合地面时,地面效应引起的衰减为:

$$A_{gr} = 4.8 - \left(\frac{2h_m}{r}\right)\left(17 + \frac{300}{r}\right) \quad (9-32)$$

式中 A_{gr} ——地面效应引起的衰减,dB;

r ——预测点到声源的距离,m;

h_m ——传播路径的平均离地高度,可按图9-5所示 $h_m = F/r$ 计算,其中 F 为面积(m^2),m。

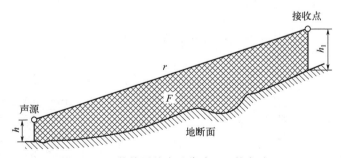

图9-5 估算平均离地高度 h_m 的方法

④ 障碍物屏蔽引起的衰减 A_{bar}。位于声源和预测点之间的实体障碍物,如围墙、建筑物、土坡或地堑等起声屏障作用,从而引起声能量的较大衰减。在环境影响评价中,可将各种形式的屏障简化为具有一定高度的薄屏障。

声屏障示意图如图9-6所示,S、O、P 三点在同一平面内且垂直于地面。

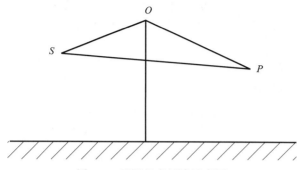

图 9-6 无限长声屏障示意图

定义 $\delta = SO + OP - SP$ 为声程差，$N = 2\delta/\lambda$ 为菲涅尔数，其中 λ 为声波波长。

在噪声预测中，声屏障插入损失的计算方法需要根据实际情况做简化处理。

屏障衰减 A_{bar} 在单绕射（即薄屏障）情况，衰减最大取 20dB；在双绕射（即厚屏障）情况，衰减最大取 25dB。

a. 有限长薄屏障在点声源声场中引起的衰减。

$$A_{\text{bar}} = -10\lg\left(\frac{1}{3+20N_1} + \frac{1}{3+20N_2} + \frac{1}{3+20N_3}\right) \tag{9-33}$$

式中　A_{bar}——障碍物屏蔽引起的衰减，dB；

N_1，N_2，N_3——图 9-7 所示三个传播途径的声程差 δ_1、δ_2、δ_3 相应的菲涅尔数。

b. 无限长薄屏障在点声源声场中引起的衰减。当屏障很长（做无限长处理）时，仅可考虑顶端绕射衰减，其衰减量按下式计算：

$$A_{\text{bar}} = -10\lg\left(\frac{1}{3+20N_1}\right) \tag{9-34}$$

式中　A_{bar}——障碍物屏蔽引起的衰减，dB；

N_1——顶端绕射的声程差 δ_1 相应的菲涅尔数。

c. 双绕射计算。图 9-8 为双绕射情形，绕射声与直达声之间的声程差 δ 可由下式计算：

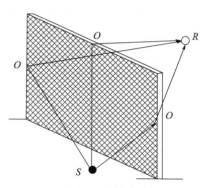

图 9-7 有限长声屏障传播路径

$$\delta = \left[(d_{ss} + d_{sr} + e)^2 + a^2\right]^{\frac{1}{2}} - d \tag{9-35}$$

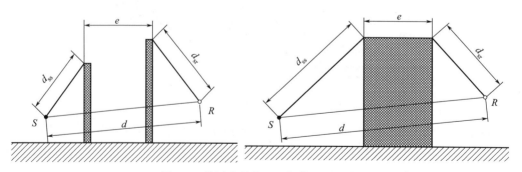

图 9-8 利用建筑物、土堤作为厚屏障

式中 δ——声程差，m；
   a——声源和接收点之间的距离在平行于屏障上边界的投影长度，m；
   d_{ss}——声源到第一绕射边的距离，m；
   d_{sr}——第二绕射边到接收点的距离，m；
   e——在双绕射情况下两个绕射边界之间的距离，m；
   d——声源到接收点的直线距离，m。

屏障衰减 A_{bar} 可参照《声学 户外声传播的衰减 第 2 部分：一般计算方法》（GB/T 17247.2）进行计算。

d. 屏障在线声源声场中引起的衰减。无限长声屏障在线声源声场中引起的衰减按下式计算：

$$A_{bar} = \begin{cases} 10\lg \dfrac{3\pi\sqrt{1-t^2}}{4\arctan\sqrt{\dfrac{1-t}{1+t}}}, & t = \dfrac{40f\delta}{3c} \leqslant 1 \\ 10\lg \dfrac{3\pi\sqrt{t^2-1}}{2\ln t + \sqrt{t^2-1}}, & t = \dfrac{40f\delta}{3c} > 1 \end{cases} \tag{9-36}$$

式中 A_{bar}——障碍物屏蔽引起的衰减，dB；
   f——声波频率，Hz；
   δ——声程差，m；
   c——声速，m/s。

有限长声屏障的衰减量（A'_{bar}）可按式（9-37）近似计算：

$$A'_{bar} \approx -10\lg\left(\dfrac{\beta}{\theta}10^{-0.1A_{bar}} + 1 - \dfrac{\beta}{\theta}\right) \tag{9-37}$$

式中 A'_{bar}——有限长声屏障引起的衰减，dB；
   β——受声点与声屏障两端连接线的夹角，(°)；
   θ——受声点与线声源两端连接线的夹角，(°)。

受声点与线声源、屏障两端连接线的夹角的关系如图 9-9 所示。

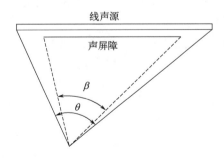

图 9-9　受声点与线声源、屏障两端连接线的夹角（遮蔽角）的关系

⑤ 其他方面原因引起的衰减 A_{misc}。其他衰减包括通过工业场所的衰减，通过房屋群的衰减等。在声环境影响评价中，一般情况下，不考虑自然条件（如风、温度梯度、雾）变化引起的附加修正。

a. 绿化林带引起的衰减（A_{fol}）。绿化林带的附加衰减与树种、林带结构和密度等因素有关。在声源附近的绿化林带，或在预测点附近的绿化林带，或两者均有的情况都可以使声波衰减，见图9-10。

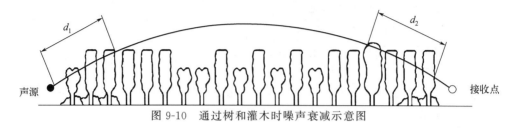

图 9-10　通过树和灌木时噪声衰减示意图

通过树叶传播造成的噪声衰减随通过树叶传播距离 d_f 的增长而增加，其中 $d_f = d_1 + d_2$，为了计算 d_1 和 d_2，可假设弯曲路径的半径为 5km。

表 9-5 中给出了通过总长度为 10～20m 之间的乔灌结合郁闭度较高的林带时，由林带引起的衰减；也给出通过总长度 20～200m 之间林带时的衰减系数；当通过林带的路径长度大于 200m 时，可使用 200m 的衰减值。

表 9-5　倍频带噪声通过林带传播时产生的衰减

项目	传播距离 d_f/m	倍频带中心频率/Hz							
		63	125	250	500	1000	2000	4000	8000
衰减/dB	$10 \leqslant d_f < 20$	0	0	1	1	1	1	2	3
衰减系数/(dB/m)	$20 \leqslant d_f < 200$	0.02	0.03	0.04	0.05	0.06	0.08	0.09	0.12

b. 建筑群引起的噪声衰减（A_{hous}）。当从受声点可直接观察到线路时，不考虑建筑群引起的噪声衰减。

建筑群衰减 A_{hous} 不超过 10dB 时，近似等效连续 A 声级，可按下式计算：

$$A_{hous} = A_{hous,1} + A_{hous,2} \tag{9-38}$$

式中 $A_{hous,1}$ 可按下式计算：

$$A_{hous,1} = 0.1 B d_b \tag{9-39}$$

式中　B——沿声传播路线上的建筑物的密度，等于建筑物总平面面积除以总地面面积（包括建筑物所占面积）；

d_b——通过建筑群的声传播路线长度，按式(9-40)计算，d_1 和 d_2 如图9-11所示。

$$d_b = d_1 + d_2 \tag{9-40}$$

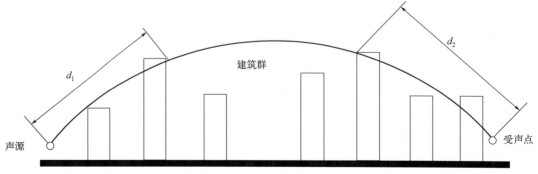

图 9-11　建筑群中声传播路径

假如声源沿线附近有成排整齐排列的建筑物时,则可将附加项 $A_{\text{hous},2}$ 包括在内(假定这一项小于在同一位置上与建筑物平均高度等高的一个屏障插入损失)。$A_{\text{hous},2}$ 按式(9-41)计算。

$$A_{\text{hous},2} = -10\lg(1-p) \quad (9-41)$$

式中 p——沿声源纵向分布的建筑物正面总长度除以对应的声源长度,其值小于或等于 90%。

在进行预测计算时,建筑群衰减 A_{hous} 与地面效应引起的衰减 A_{gr} 通常只需考虑一项最主要的衰减。对于通过建筑群的声传播,一般不考虑地面效应引起的衰减 A_{gr};但地面效应引起的衰减 A_{gr}(假定预测点与声源之间不存在建筑群时的计算结果)大于建筑群衰减 A_{hous} 时,则不考虑建筑群插入损失 A_{hous}。

工业噪声预测计算模型、公路(道路)交通运输噪声预测基本模型、铁路及城市轨道交通噪声预测模型、机场航空器噪声预测模型可参照《环境影响评价技术导则 声环境》(HJ 2.4—2021)。

四、声环境影响评价主要内容

噪声影响评价就是解释和评估拟建项目造成的周围声音环境预期变化的重大性,据此提出消减其影响的措施。

噪声影响评价的基本内容有以下几个方面:

① 评价建设项目在施工期和运营期所有声环境保护目标处超标和达标情况。

② 评价建设项目在施工期和运营期厂界(场界、边界)噪声超标和达标情况。

③ 一级评价应绘制运行期代表性评价水平年噪声贡献值等声级线图,二级评价根据需要绘制等声级线图。

④ 对工程设计文件给出的代表性评价水平年噪声级可能发生变化的建设项目,应分别预测与评价。

⑤ 评价结果用图表表示时应满足以下要求:

a. 列表给出建设项目厂界(场界、边界)噪声贡献值和各声环境保护目标处的背景噪声值、噪声贡献值、噪声预测值、超标和达标情况等。分析超标原因,明确引起超标的主要声源。机场项目还应给出评价范围内不同声级范围覆盖下的面积。

b. 判定为一级评价的工业企业建设项目应给出等声级线图;判定为一级评价的地面交通建设项目应结合现有或规划保护目标给出典型路段的噪声贡献值等声级线图;工业企业和地面交通建设项目预测评价结果图制图比例尺一般不应小于工程设计文件对其相关图件要求的比例尺;机场项目应给出飞机噪声等声级线图及超标声环境保护目标与等声级线关系局部放大图,飞机噪声等声级线图比例尺应和环境现状评价图一致,局部放大图底图应采用近3年内空间分辨率不低于 1.5m 的卫星影像或航拍图,比例尺不应小于 1:5000。

五、噪声防治对策措施

1. 噪声防治措施的一般要求

① 坚持统筹规划、源头防控、分类管理、社会共治、损害担责的原则。加强源头控制,合理规划噪声源与声环境保护目标布局;从噪声源、传播途径、声环境保护目标等方面采取措施;在技术经济可行条件下,优先考虑对噪声源和传播途径采取工程技术措施,实施噪声

主动控制。

② 评价范围内存在声环境保护目标时，工业企业建设项目噪声防治措施应根据建设项目投产后厂界噪声影响最大噪声贡献值以及声环境保护目标超标情况制定。

③ 交通运输类建设项目（如公路、城市道路、铁路、城市轨道交通、机场项目等）的噪声防治措施应针对建设项目代表性评价水平年的噪声影响预测值进行制定。

④ 当声环境质量现状超标时，属于与本工程有关的噪声问题应一并解决；属于本工程和工程外其他因素综合引起的，应优先采取措施降低本工程自身噪声贡献值，并推动相关部门采取区域综合整治等措施逐步解决相关噪声问题。

⑤ 当工程评价范围内涉及主要保护对象为野生动物及其栖息地的生态敏感区时，应从优化工程设计和施工方案、采取降噪措施等方面强化控制要求。

2. 噪声防治途径

① 规划防治对策。主要指从建设项目的选址（选线）、规划布局、总图布置（跑道方位布设）和设备布局等方面进行调整，提出降低噪声影响的建议。如根据"以人为本""闹静分开"和"合理布局"的原则，提出高噪声设备尽可能远离声环境保护目标、优化建设项目选址（选线）、调整规划用地布局等建议。

② 噪声源控制措施。

a. 选用低噪声设备、低噪声工艺；

b. 采取声学控制措施，如对声源采用吸声、消声、隔声、减振等措施；

c. 改进工艺、设施结构和操作方法等；

d. 将声源设置于地下、半地下室内；

e. 优先选用低噪声车辆、低噪声基础设施、低噪声路面等。

③ 噪声传播途径控制措施。

a. 设置声屏障等措施，包括直立式、折板式、半封闭、全封闭等类型声屏障。声屏障的具体形式根据声环境保护目标处超标程度、噪声源与声环境保护目标的距离、敏感建筑物高度等因素综合考虑来确定；

b. 利用自然地形物（如利用位于声源和声环境保护目标之间的山丘、土坡、地堑、围墙等）降低噪声。

④ 声环境保护目标自身防护措施。

a. 声环境保护目标自身增设吸声、隔声等措施；

b. 优化调整建筑物平面布局、建筑物功能布局；

c. 声环境保护目标功能置换或拆迁。

⑤ 管理措施。提出噪声管理方案（如合理制定施工方案、优化调度方案、优化飞行程序等），制定噪声监测方案，提出工程设施、降噪设施的运行使用、维护保养等方面的管理要求，必要时提出跟踪评价要求等。

案例分析

某省拟建设一条从 A 市到 B 市、双向 8 车道的高速公路，项目共投资 70 亿元，公路全长 230km，设计行车速度 120km/h，路基宽 28m，工程新建特大桥梁 2 座（其中 1 座跨 C

河大桥）和大桥 1 座，设置 3 个收费站和 5 个服务区。该项目属大型建设项目，预计建设前后区域声级变化 5~11dB（A）。

经环评人员现场踏勘，该高速公路途经 65 个村庄，并将穿过国家重点保护野生动物活动带。C 河段大桥下游 7km 处有 D 县生活饮用水源保护区。A 市和 B 市都有火电厂，粉煤灰运回自己的储存场堆放。该工程所在区域雨量充沛，夏季有暴雨。森林覆盖率约 40%，为人工森林和天然林。

根据所提供的素材，请回答以下问题：

1. 确定本项目噪声评价等级，并简述理由。
2. 评价运营期噪声影响，需要的主要技术资料有哪些？

1. 什么是噪声？
2. 噪声对人体的危害有哪些？
3. 噪声控制的目的是什么？
4. 噪声如何传输？
5. 噪声控制的基本途径有哪些？
6. 简述城市噪声的主要来源。
7. 分别用公式法和查表法计算 75dB、80dB、70dB、78dB、72dB 的和，并计算其平均值。
8. 三个声源对某敏感点的噪声贡献值分别为 55dB（A）、55dB（A）、58dB（A），总的贡献值是多少？
9. 在城市 I 类声功能区内，某卡拉 OK 厅的排风机在 19：00~2：00 工作，在距直径为 0.1m 的排气口 1m 处，测得噪声级为 68dB，在不考虑背景噪声和声源指向性条件下，请问距排气口 10m 处的居民楼前，排气噪声是否超标？如果超标，排气口至少应距居民楼前多少米？

参考文献

[1] 周兆驹.噪声环境影响评价与噪声控制实用技术[M].北京：机械工业出版社，2020.
[2] 王宝庆.物理性污染控制工程[M].北京：化学工业出版社，2020.
[3] 何德文.环境污染与控制[M].北京：科学出版社，2021.
[4] 生态环境部环境工程评估中心.环境影响评价技术导则[M].北京：中国环境出版集团，2021.
[5] 环境影响评价技术导则 声环境[S].HJ 2.4—2021.
[6] 声屏障声学设计和测量规范[S].HJ/T 90—2004.

第十章

生态环境影响评价

生态文明建设是关系中华民族永续发展的根本大计。党的十八大以来，以习近平同志为核心的党中央围绕生态文明建设提出了一系列新理念新思想新战略，开展了一系列根本性、开创性、长远性工作，生态文明理念日益深入人心，推动生态环境保护发生历史性、转折性、全局性变化。2015 年 3 月，中共中央政治局召开会议，审议通过《关于加快推进生态文明建设的意见》，指出生态文明建设是中国特色社会主义事业的重要内容，关系人民福祉，关乎民族未来，事关"两个一百年"奋斗目标和中华民族伟大复兴中国梦的实现。2018 年 3 月，第十三届全国人民代表大会第一次会议通过《中华人民共和国宪法》修正案，提出"国家保护和改善生活环境和生态环境，国务院行使领导和管理经济工作和城乡建设、生态文明建设"职权。2022 年 1 月，为规范和指导生态影响评价工作，防止生态破坏，生态环境部发布《环境影响评价技术导则 生态影响》（HJ 19—2022）。按照党的二十大提出的要求，我们要提升生态系统多样性、稳定性、持续性。以国家重点生态功能区、生态保护红线、自然保护地等为重点，加快实施重要生态系统保护和修复重大工程。推进以国家公园为主体的自然保护地体系建设。实施生物多样性保护重大工程等内容。生态文明建设功在当代、利在千秋。我们要牢固树立社会主义生态文明观，推动形成人与自然和谐发展现代化建设新格局，为保护生态环境做出我们这代人的努力。

本章首先介绍了生态环境影响的基本概念，生态影响特点，生态影响评价基本任务与基本要求，工作程序，生态影响识别对象与方法，工作等级划分与评价范围确定等基本内容，然后按生态环境影响评价工作要求，简述了生态现状调查与评价内容与方法，生态环境预测与评价内容和方法，最后提出了生态保护措施的相关内容。

第一节 生态影响评价概述

一、基本概念

（1）生态影响　工程占用、施工活动干扰、环境条件改变、时间或空间累积作用等，直接或间接导致物种、种群、生物群落、生境、生态系统以及自然景观、自然遗迹等发生的变化。生态影响包括直接、间接和累积的影响。

（2）生态敏感区　包括法定生态保护区域、重要生境以及其他具有重要生态功能、对保护生物多样性具有重要意义的区域。其中，法定生态保护区域包括：依据法律法规、政策等规范性文件划定或确认的国家公园、自然保护区、自然公园等自然保护地、世界自然遗产、生态保护红线等区域；重要生境包括：重要物种的天然集中分布区、栖息地，重要水生生物的产卵场、索饵场、越冬场和洄游通道，迁徙鸟类的重要繁殖地、停歇地、越冬地以及野生动物迁徙通道等。

(3) 重要物种　在生态影响评价中需要重点关注、具有较高保护价值或保护要求的物种，包括国家及地方重点保护野生动植物名录所列的物种，《中国生物多样性红色名录》中列为极危、濒危和易危的物种，国家和地方政府列入拯救保护的极小种群物种，特有种以及古树名木等。

(4) 生态保护目标　受影响的重要物种、生态敏感区以及其他需要保护的物种、种群、生物群落及生态空间等。

(5) 生物量　单位面积或体积内生物体的重量，又称现存量，是衡量环境质量变化的主要标志。

(6) 生态因子　生物或生态系统的周围环境因素。可归纳为两大类，非生物因子（如光照、温度、盐分、水分、土壤和大气等）和生物因子（动物、植物、微生物等）。

(7) 生物群落　在一定区域或一定环境中各个生物种群相互松散结合的一种结构单元。任何一个群落都由一定的生物种和伴生种组成，每个生物种均要求一定的生态条件，并在群落中处于不同的地位和起着不同的生态作用。

(8) 生物多样性　联合国《生物多样性公约》中定义，生物多样性是指"所有来源的活的生物体中的变异性，这些来源包括陆地、海洋和其他水生生态系统及其所构成的生态综合体；这包括物种内、物种之间和生态系统的多样性"。

(9) 景观　一个空间异质性的区域，由相互作用的拼块或生态系统组成，以相似的形式重复出现。景观是高于生态系统的自然系统，是生态系统的载体。生态系统是相对同质的系统，而景观是异质性的。景观是一个清晰的和可度量的单位，有明显的边界，范围可大可小，它具有可辨别性和空间上的可重复性，其边界由相互作用的生态系统、地貌和干扰状况所决定。

(10) 自然环境　环绕着人群空间中可以直接、间接影响到人类生活、生产的一切自然形成的物质能量的总称。

(11) 社会环境　在自然环境的基础上，人类通过长期有意识的社会劳动，加工和改造了自然物质，创造的物质生产体系、积累的物质文化所形成的环境体系。

(12) 异质性　指在一个区域里（景观或生态系统）对一个种或者更高级的生物组织的存在起决定作用的资源（或某种形状）在空间或时间上的变异程度（或强度）。

(13) 相对同质　指自然等级体系中低于景观的等级系统（主要指生态系统）具有不同于景观的基本特征，即它是由具有相似特征的组分或元素组成的系统。这些组分和元素即表现为相对同质。

(14) 连通程度　指一个地域空间成分具有的隔离其他成分的物理屏障能力和具有的适宜物种流动通道的能力。在火灾多发区设置防火障，是为了降低连通性，防止火灾蔓延；在森林繁育时注意多物种团块式混交，可防止虫害扩散，同时具有一定的防火功能。

(15) 植被覆盖率　指某一地域植物垂直投影面积与该地域面积之比，用百分数表示。

二、生态影响特点

① 累积性。开发建设活动的积累影响达到一定程度后，就能导致生态系统突然的质的恶化或破坏。

② 全过程。生态影响发生在开发建设活动的全过程，并且在不同的建设阶段有不同的影响。

③ 区域性。开发建设活动对生态环境的影响，无论项目建设还是区域开发，都具有区域影响性质。

④ 地域性。由于生态系统是有显著的地域性特点，故相同的开发建设项目在不同的地区绝对不会有完全相同的影响。

⑤ 多样性。生态影响有直接作用、间接作用，也有显见影响或潜在影响。有时间接影响比直接影响造成的影响还大，或潜在影响比显见影响更为重要。

三、生态影响评价基本任务

在工程分析和生态现状调查的基础上，识别、预测和评价建设项目在施工期、运行期以及服务期满后（可根据项目情况选择）等不同阶段的生态影响，提出预防或者减缓不利影响的对策和措施，制定相应的环境管理和生态监测计划，从生态影响角度明确建设项目是否可行。

四、生态影响评价的基本要求

① 建设项目选址选线应尽量避让各类生态敏感区，符合自然保护地、世界自然遗产、生态保护红线等管理要求以及国土空间规划、生态环境分区管控要求。

② 建设项目生态影响评价应结合行业特点、工程规模以及对生态保护目标的影响方式，合理确定评价范围，按相应评价等级的技术要求开展现状调查、影响分析及预测工作。

③ 应按照避让、减缓、修复和补偿的次序提出生态保护对策措施，所采取的对策措施应有利于保护生物多样性，维持或修复生态系统功能。

五、生态影响评价的工作程序

生态影响评价工作一般分为三个阶段，具体工作程序见图10-1。

第一阶段，收集、分析建设项目工程技术文件以及所在区域国土空间规划、生态环境分区管控方案、生态敏感区以及生态环境状况等相关数据资料，开展现场踏勘，通过工程分析、筛选评价因子进行生态影响识别，确定生态保护目标，有必要的补充提出比选方案。确定评价等级、评价范围。

第二阶段，在充分的资料收集、现状调查、专家咨询基础上，根据不同评价等级的技术要求开展生态现状评价和影响预测分析。涉及有比选方案的，应对不同方案开展同等深度的生态环境比选论证。

第三阶段，根据生态影响预测和评价结果，确定科学合理、可行的工程方案，提出预防或减缓不利影响的对策和措施，制定相应的环境管理和生态监测计划，明确生态影响评价结论。

六、生态影响识别

生态影响识别是一种定性的和宏观的生态影响分析，其目的是明确主要影响因素、主要受影响的生态系统和生态因子，从而筛选出评价工作的重点内容。生态影响识别包括影响因素的识别、影响对象的识别和影响性质及程度的识别。

1. 影响因素的识别

影响因素的识别是对拟建项目的识别，目的是明确主要作用因素，包括以下几个方面：

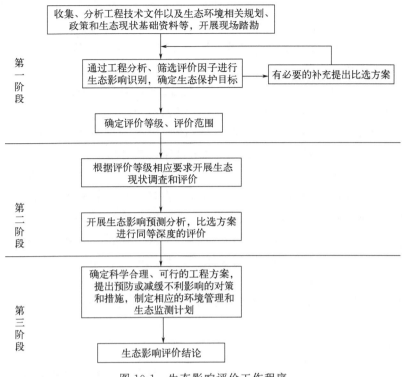

图 10-1　生态影响评价工作程序

① 作用主体。包括主要工程（或主设施、主装备）和全部辅助工程，如施工道路、作业场地、重要原材料产地、储运设施建设、拆迁居民安置等。

② 项目实施的时间序列。项目实施的全时间序列包括设计期（如选址和决定施工布局）、施工建设期、运行期和服务期满后（如矿山闭矿、渣场封闭与复垦）。至少应识别施工建设期和运行期。

③ 项目实施地点。包括集中开发建设地和分散影响点、永久占地和临时占地等。

④ 其他影响因素。包括影响方式，作用时间长短，物理性作用、化学性作用或生物性作用，直接作用或间接作用等。物理性作用是指因土地用途改变、清除植被、收获生物资源、引来外来物种、分割生境、改变河流水系、以人工生态系统代替自然生态系统，使组成生态系统的成分、结构形态或生态系统的外部条件发生变化，从而导致结构和功能的变化；化学性作用是指环境污染的生态效应；生物性作用是指人为地引进外来物种或严重破坏生态平衡导致的生态影响，但这种作用在开发建设项目中发生的概率不高。很多情况下，生态系统都是同时处在人类作用和自然力的双重作用下，两种作用常常相互叠加，加剧危害。

2. 影响对象的识别

影响对象识别是指对主要受影响的生态系统和生态因子的识别，识别的内容包括以下几方面：

① 识别受影响的生态系统的生态类型及生态系统的构成要素。如生态系统的类型、组成生态系统的生物因子（动物和植物）、组成生态系统的非生物因子（如水和土）、生态系统的区域性特点及区域性作用与主要环境功能。

② 识别受影响的重要生境。生物多样性受到的影响往往是由所在的重要生境受到占据、

破坏或威胁等造成的，故在识别影响对象时对此类生境应予以足够的重视并采取有效措施加以防护。

③ 识别区域自然资源及主要生态问题。区域自然资源对拟建项目及区域生态系统均有较大的影响或限制作用。在我国，诸如耕地资源和水资源等都是在影响识别及保护时首先考虑的。同时，由于自然资源的不合理利用以及生境的破坏等，一些区域性的生态环境问题如水土流失、沙漠化、各种自然灾害等也需要在影响识别中予以注意。

④ 识别敏感生态保护目标或地方要求的特别保护目标。这些目标往往是人们的关注点，在影响评价中应予以足够的重视。一般包括以下目标：具有生态学意义的保护目标，如珍稀濒危野生生物、自然保护区、重要生境等；具有美学意义的保护目标，如风景名胜区、文物古迹等；具有科学意义的保护目标，如著名溶洞、自然遗迹等；具有经济价值的保护目标，如水源地、基本农田保护地等；具有社会安全意义的保护目标，如排洪泄洪通道等；生态脆弱区和生态环境严重恶化区，如脆弱生态系统、严重缺水区等；人类社会特别关注的保护对象，如学校、医院、科研文教区和集中居民区等；其他一些有特别纪念或科学价值的地方，如特产地、繁育基地等，均应加以考虑。

⑤ 识别受影响的途径和方式。指直接影响、间接影响或通过相关性分析确定的潜在影响。

3. 影响性质及程度的识别

影响效应的识别主要是识别影响作用产生的生态效应，即影响后果与程度的识别，具体包括以下几个方面的内容：

① 影响的性质。应考虑是正影响还是负影响，可逆影响还是不可逆影响，可补偿影响还是不可补偿影响，短期影响还是长期影响，累积影响还是一次性影响，渐进的、累积性的影响还是有临界值的影响。凡是不可逆变化应给予更多关注，在确定影响可否接受时应给予更大的权重。

② 影响的程度。包括影响范围的大小、持续时间的长短、作用剧烈程度、受影响的生态因子多少、生态环境功能的损失程度、是否影响到敏感目标或影响到生态系统主导因子及重要资源。在判别生态受到影响的程度时，受到影响的空间范围越大、强度越高、时间越长，受到影响因子越多或影响到了主导因子，则影响越大。

③ 影响发生的可能性分析。即分析影响发生的可能性和概率，影响可能性可按极小、可能、很可能来识别。

4. 评价因子筛选

在生态影响识别的基础上筛选评价因子。生态影响评价因子筛选可参考表 10-1。

表 10-1 生态影响评价因子筛选

受影响对象	评价因子	工程内容及影响方式	影响性质	影响程度
物种	分布范围、种群数量、种群结构、行为等			
生境	生境面积、质量、连通性等			
生物群落	物种组成、群落结构等			
生态系统	植被覆盖度、生产力、生物量、生态系统功能等			
生物多样性	物种丰富度、均匀度、优势度等			

续表

受影响对象	评价因子	工程内容及影响方式	影响性质	影响程度
生态敏感区	主要保护对象、生态功能等			
自然景观	景观多样性、完整性等			
自然遗迹	遗迹多样性、完整性等			
……				

注：1. 应按施工期、运行期以及服务期满后（可根据项目情况选择）等不同阶段进行工程分析和评价因子筛选。

2. 影响性质主要包括长期与短期、可逆与不可逆生态影响。

3. 影响方式可分为直接、间接、累积生态影响，可依据以下内容进行判断：

a. 直接生态影响：临时、永久占地导致生境直接破坏或丧失；工程施工、运行导致个体直接死亡；物种迁徙（或洄游）、扩散、种群交流受到阻隔；施工活动以及运行期噪声、振动、灯光等对野生动物行为产生干扰；工程建设改变河流、湖泊等水体天然状态等。

b. 间接生态影响：水文情势变化导致生境条件、水生生态系统发生变化；地下水水位、土壤理化特性变化导致动植物群落发生变化；生境面积和质量下降导致个体死亡、种群数量下降或种群生存能力降低；资源减少及分布变化导致种群结构或种群动态发生变化；因阻隔影响造成种群间基因交流减少，导致小种群灭绝风险增加；滞后效应（例如，由于关键种的消失使捕食者和被捕食者的关系发生变化）等。

c. 累积生态影响：整个区域生境的逐渐丧失和破碎化；在景观尺度上生境的多样性减少；不可逆转的生物多样性下降；生态系统持续退化等。

4. 影响程度可分为强、中、弱、无四个等级，可依据以下原则进行初步判断：

a. 强：生境受到严重破坏，水系开放连通性受到显著影响；野生动植物难以栖息繁衍（或生长繁殖），物种种类明显减少，种群数量显著下降，种群结构明显改变；生物多样性显著下降，生态系统结构和功能受到严重损害，生态系统稳定性难以维持；自然景观、自然遗迹受到永久性破坏；生态修复难度较大。

b. 中：生境受到一定程度破坏，水系开放连通性受到一定程度影响；野生动植物栖息繁衍（或生长繁殖）受到一定程度干扰，物种种类减少，种群数量下降，种群结构改变；生物多样性有所下降，生态系统结构和功能受到一定程度破坏，生态系统稳定性受到一定程度干扰；自然景观、自然遗迹受到暂时性影响；通过采取一定措施上述不利影响可以得到减缓和控制，生态修复难度一般。

c. 弱：生境受到暂时性破坏，水系开放连通性变化不大；野生动植物栖息繁衍（或生长繁殖）受到暂时性干扰，物种种类、种群数量、种群结构变化不大；生物多样性、生态系统结构、功能以及生态系统稳定性基本维持现状；自然景观、自然遗迹基本未受到破坏；在干扰消失后可以修复或自然恢复。

d. 无：生境未受到破坏，水系开放连通性未受到影响；野生动植物栖息繁衍（或生长繁殖）未受到影响；生物多样性、生态系统结构、功能以及生态系统稳定性维持现状；自然景观、自然遗迹未受到破坏。

5. 评价标准选取

评价标准可参照国家、行业、地方或国外相关标准，无参照标准的可采用所在地区及相似区域生态背景值或本底值、生态阈值或引用具有时效性的相关权威文献数据等。

七、生态影响评价工作等级和评价范围

1. 评价工作等级的划分

① 依据建设项目影响区域的生态敏感性和影响程度，评价等级划分为一级、二级和三级。

② 按以下原则确定评价等级：

a. 涉及国家公园、自然保护区、世界自然遗产、重要生境时，评价等级为一级；

b. 涉及自然公园时，评价等级为二级；

c. 涉及生态保护红线时，评价等级不低于二级；

d. 根据《环境影响评价技术导则 地表水环境》(HJ 2.3) 判断属于水文要素影响型且地表水评价等级不低于二级的建设项目，生态影响评价等级不低于二级；

e. 根据《环境影响评价技术导则 地下水环境》(HJ 610)、《环境影响评价技术导则 土壤环境（试行）》(HJ 964) 判断地下水水位或土壤影响范围内分布有天然林、公益林、湿地等生态保护目标的建设项目，生态影响评价等级不低于二级；

f. 当工程占地规模大于 $20km^2$ 时（包括永久和临时占用陆域和水域），评价等级不低于二级，改扩建项目的占地范围以新增占地（包括陆域和水域）确定；

g. 除 a~f 以外的情况，评价等级为三级；

h. 当评价等级判定同时符合上述多种情况时，应采用其中最高的评价等级。

③ 建设项目涉及经论证对保护生物多样性具有重要意义的区域时，可适当上调评价等级。

④ 建设项目同时涉及陆生、水生生态影响时，可针对陆生生态、水生生态分别判定评价等级。

⑤ 在矿山开采可能导致矿区土地利用类型明显改变，或拦河闸坝建设可能明显改变水文情势等情况下，评价等级应上调一级。

⑥ 线性工程可分段确定评价等级。线性工程地下穿越或地表跨越生态敏感区，在生态敏感区范围内无永久、临时占地时，评价等级可下调一级。

⑦ 涉海工程评价等级判定参照《海洋工程环境影响评价技术导则》(GB/T 19485)。

⑧ 涉海工程符合生态环境分区管控要求且位于原厂界（或永久用地）范围内的污染影响类改扩建项目，位于已批准规划环评的产业园区内且符合规划环评要求、不涉及生态敏感区的污染影响类建设项目，可不确定评价等级，直接进行生态影响简单分析。

2. 评价范围的确定

① 生态影响评价应能够充分体现生态完整性和生物多样性保护要求，涵盖评价项目全部活动的直接影响区域和间接影响区域。评价范围应依据评价项目对生态因子的影响方式、影响程度和生态因子之间的相互影响和相互依存关系确定。可综合考虑评价项目与项目区的气候过程、水文过程、生物过程等生物地球化学循环过程的相互作用关系，以评价项目影响区域所涉及的完整气候单元、水文单元、生态单元、地理单元界限为参照边界。

② 涉及占用或穿（跨）越生态敏感区时，应考虑生态敏感区的结构、功能及主要保护对象合理确定评价范围。

③ 矿山开采项目评价范围应涵盖开采区及其影响范围、各类场地及运输系统占地以及施工临时占地范围等。

④ 水利水电项目评价范围应涵盖枢纽工程建筑物、水库淹没、移民安置等永久占地、施工临时占地以及库区坝上、坝下地表地下、水文水质影响河段及区域、受水区、退水影响区、输水沿线影响区等。

⑤ 线性工程穿越生态敏感区时，以线路穿越段向两端外延 1km、线路中心线向两侧外延 1km 为参考评价范围，实际确定时时应结合生态敏感区主要保护对象的分布、生态学特征、项目的穿越方式、周边地形地貌等适当调整，主要保护对象为野生动物及其栖息地时，应进一步扩大评价范围，涉及迁徙、洄游物种的，其评价范围应涵盖工程影响的迁徙洄游通道范围；穿越非生态敏感区时，以线路中心线向两侧外延 300m 为参考评价范围。

⑥ 陆上机场项目以占地边界外延 3~5km 为参考评价范围，实际确定时应结合机场类

型、规模、占地类型、周边地形地貌等适当调整。涉及有净空处理的，应涵盖净空处理区域。航空器爬升或进近航线下方区域内有以鸟类为重点保护对象的自然保护地和鸟类重要生境的，评价范围应涵盖受影响的自然保护地和重要生境范围。

⑦ 涉海工程的生态影响评价范围参照《海洋工程环境影响评价技术导则》(GB/T 19485)。

⑧ 污染影响类建设项目评价范围应涵盖直接占用区域以及污染物排放产生的间接生态影响区域。

第二节 生态现状调查与评价

一、生态现状调查

1. 生态现状调查要求

生态现状调查是生态现状评价、影响预测的基础和依据，调查的内容和指标应能反映评价工作范围内的生态背景特征和现存的主要生态问题。在有敏感生态保护目标（包括特殊生态敏感区和重要生态敏感区）或其他特别保护要求对象时，应做专题调查。

① 生态现状调查应在充分收集资料的基础上开展现场工作，生态现状调查范围应不小于评价范围。

② 生态现状评价应坚持定性和定量相结合，尽量采用定量方法的原则。

③ 生态现状调查及评价工作成果应采用文字、表格和图件相结合的表现形式列出调查结果统计表，并制作必要的图件。

④ 引用的生态现状资料其调查时间宜在5年以内，用于回顾性评价或变化趋势分析的资料可不受调查时间限制。

⑤ 当已有调查资料不能满足评价要求时，应通过现场调查获取现状资料，现场调查遵循全面性、代表性和典型性原则。项目涉及生态敏感区时，应开展专题调查。

⑥ 工程永久占用或施工临时占用区域应在收集资料基础上开展详细调查，查明占用区域是否分布有重要物种及重要生境。

⑦ 陆生生态一级、二级评价应结合调查范围、调查对象、地形地貌和实际情况选择合适的调查方法。开展样线、样方调查的，应合理确定样线、样方的数量、长度或面积，涵盖评价范围内不同的植被类型及生境类型，山地区域还应结合海拔段、坡位、坡向进行布设。根据植物群落类型（宜以群系及以下分类单位为调查单元）设置调查样地，一级评价每种群落类型设置的样方数量不少于5个，二级评价不少于3个，调查时间宜选择植物生长旺盛季节；一级评价每种生境类型设置的野生动物调查样线数量不少于5条，二级评价不少于3条，除了收集历史资料外，一级评价还应获得近1~2个完整年度不同季节的现状资料，二级评价尽量获得野生动物繁殖期、越冬期、迁徙期等关键活动期的现状资料。

⑧ 水生生态一级、二级评价的调查点位、断面等应涵盖评价范围内的干流、支流、河口、湖库等不同水域类型。一级评价应至少开展丰水期、枯水期（河流、湖库）或春季、秋季（入海河口、海域）两期（季）调查，二级评价至少获得一期（季）调查资料，涉及显著改变水文情势的项目应增加调查强度。鱼类调查时间应包括主要繁殖期，水生生境调查内容应包括水域形态结构、水文情势、水体理化性状和底质等。三级评价现状调查以收集有效资

料为主,可开展必要的遥感调查或现场校核。

⑨ 生态现状调查中还应充分考虑生物多样性保护的要求。

⑩ 涉海工程生态现状调查要求参照《海洋工程环境影响评价技术导则》(GB/T 19485)。

2. 生态现状调查方法

① 资料收集法。收集现有的可以反映生态现状或生态背景的资料,分为现状资料和历史资料,包括相关文字、图件和影像等。引用资料应进行必要的现场校核。

② 现场调查法。现场调查应遵循整体与重点相结合的原则,整体上兼顾项目所涉及的各个生态保护目标,突出重点区域和关键时段的调查,并通过实地踏勘,核实收集资料的准确性,以获取实际资料和数据。

③ 专家和公众咨询法。通过咨询有关专家,收集公众、社会团体和相关管理部门对项目的意见,发现现场踏勘中遗漏的相关信息。专家和公众咨询应与资料收集和现场调查同步开展。

④ 生态监测法。当资料收集、现场调查、专家和公众咨询获取的数据无法满足评价工作需要,或项目可能产生潜在的或长期累积影响时,可选用生态监测法。生态监测应根据监测因子的生态学特点和干扰活动的特点确定监测位置和频次,有代表性地布点。生态监测方法与技术要求须符合国家现行的有关生态监测规范和监测标准分析方法;对于生态系统生产力的调查,必要时需现场采样、实验室测定。

⑤ 遥感调查法。包括卫星遥感、航空遥感等方法。遥感调查应辅以必要的实地调查工作。

3. 生态现状调查内容

① 陆生生态现状调查内容主要包括:评价范围内的植物区系、植被类型,植物群落结构及演替规律,群落中的关键种、建群种、优势种;动物区系、物种组成及分布特征;生态系统的类型、面积及空间分布;重要物种的分布、生态学特征、种群现状,迁徙物种的主要迁徙路线、迁徙时间,重要生境的分布及现状。

② 水生生态现状调查内容主要包括:评价范围内的水生生物、水生生境和渔业现状;重要物种的分布、生态学特征、种群现状以及生境状况;鱼类等重要水生动物调查,包括种类组成、种群结构、资源时空分布,产卵场、索饵场、越冬场等重要生境的分布、环境条件,以及洄游路线、洄游时间等行为习性。

③ 收集生态敏感区的相关规划资料、图件、数据,调查评价范围内生态敏感区主要保护对象、功能区划、保护要求等。

④ 调查区域存在的主要生态问题,如水土流失、沙漠化、石漠化、盐渍化、生物入侵和污染危害等。调查已经存在的对生态保护目标产生不利影响的干扰因素。

⑤ 对于改扩建、分期实施的建设项目,调查既有工程、前期已实施工程的实际生态影响以及采取的生态保护措施。

二、生态现状评价内容与方法

生态现状评价是在区域生态基本特征现状调查的基础上,对评价区的生态现状进行定量或定性的分析评价,评价应采用文字和图件相结合的表现形式。生态现状评价一般可按两个层次进行：一是生态系统层次上的整体质量评价；二是生态因子状况评价。

1. 生态现状评价内容

(1) 一级、二级评价应根据现状调查结果选择以下全部或部分内容开展评价：

① 根据植被和植物群落调查结果，编制植被类型图，统计评价范围内的植被类型及面积，可采用植被覆盖度等指标分析植被现状，图示植被覆盖度空间分布特点。

② 据土地利用调查结果，编制土地利用现状图，统计评价范围内的土地利用类型及面积。

③ 根据物种及生境调查结果，分析评价范围内的物种分布特点、重要物种的种群现状以及生境的质量、连通性、破碎化程度等，编制重要物种、重要生境分布图，迁徙、洄游物种的迁徙、洄游路线图；涉及国家重点保护野生动植物及极危、濒危物种的，可通过模型模拟物种适宜生境分布，图示工程与物种生境分布的空间关系。

④ 根据生态系统调查结果，编制生态系统类型分布图，统计评价范围内的生态系统类型及面积；结合区域生态问题调查结果，分析评价范围内的生态系统结构与功能状况以及总体变化趋势；涉及陆地生态系统的，可采用生物量、生产力、生态系统服务功能等指标开展评价；涉及河流、湖泊、湿地生态系统的，可采用生物完整性指数等指标开展评价。

⑤ 涉及生态敏感区的，分析其生态现状、保护现状和存在的问题；明确并图示生态敏感区及其主要保护对象、功能分区与工程的位置关系。

⑥ 可采用物种丰富度、香农-威纳多样性指数、Pielou 均匀度指数、Simpson 优势度指数等对评价范围内的物种多样性进行评价。

(2) 三级评价可采用定性描述或面积、比例等定量指标，重点对评价范围内的土地利用现状、植被现状、野生动植物现状等进行分析，编制土地利用现状图、植被类型图、生态保护目标分布图等图件。

(3) 对于改扩建、分期实施的建设项目，应对既有工程、前期已实施工程的实际生态影响、已采取的生态保护措施的有效性和存在问题进行评价。

2. 生态现状评价方法

生态现状评价要有大量数据支持评价结果，也可应用定性与定量相结合的方法进行。常用的方法有列表清单法、图形叠置法、生态机理分析法、类比分析法、质量指标法（综合指数法）、景观生态学法、系统分析法、数学评价法等。

(1) 列表清单法　列表清单法是一种定性分析方法。该方法的特点是简单明了、针对性强。

将拟实施的开发建设活动的影响因素与可能受影响的环境因子分别列在同一张表格的行与列内，逐点进行分析，并逐条阐明影响的性质、强度等，由此分析开发建设活动的生态影响。

该方法适用于进行开发建设活动对生态因子的影响分析；进行生态保护措施的筛选；进行物种或栖息地重要性或优先度比选。

该方法使用方便，但不能对环境影响程度进行定量评价。

(2) 图形叠置法　图形叠置法是把两个以上的生态信息叠合到一张图上，构成复合图，用以表示生态变化的方向和程度。该方法的特点是直观、形象、简单明了。

图形叠置法有两种基本制作手段：指标法和 3S 叠图法。

① 指标法。

a. 确定评价范围;

b. 开展生态调查,收集评价范围及周边地区自然环境、动植物等信息;

c. 识别影响并筛选评价因子,包括识别和分析主要生态问题;

d. 建立表征评价因子特性的指标体系,通过定性分析或定量方法对指标赋值或分级,依据指标值进行区域划分;

e. 将上述区划信息绘制在生态图上。

② 3S 叠图法。

a. 选用符合要求的工作底图,底图范围应大于评价范围;

b. 在底图上描绘主要生态因子信息,如植被覆盖、动植物分布、河流水系、土地利用、生态敏感区等;

c. 进行影响识别与筛选评价因子;

d. 运用 3S 技术,分析影响性质、方式和程度;

e. 将影响因子图和底图叠加,得到生态影响评价图。

(3) 生态机理分析法　生态机理分析法是根据建设项目的特点和受影响物种的生物学特征,依照生态学原理分析、预测建设项目生态影响的方法。生态机理分析法的工作步骤如下:

① 调查环境背景现状,收集工程组成、建设、运行等有关资料;

② 调查植物和动物分布,动物栖息地和迁徙、洄游路线;

③ 根据调查结果分别对植物或动物种群、群落和生态系统进行分析,描述其分布特点、结构特征和演化特征;

④ 识别有无珍稀濒危物种、特有种等需要特别保护的物种;

⑤ 预测项目建成后该地区动物、植物生长环境的变化;

⑥ 根据项目建成后的环境变化,对照无开发项目条件下动物、植物或生态系统演替或变化趋势,预测建设项目对个体、种群和群落的影响,并预测生态系统演替方向。

评价过程中可根据实际情况进行相应的生物模拟试验,如环境条件、生物习性模拟试验,生物毒理学试验,实地种植或放养试验等;或进行数学模拟,如种群增长模型的应用。

该方法需要与生物学、地理学、水文学、数学及其他多学科合作评价,才能得出较为客观的结果。

(4) 指数法与综合指数法　指数法是利用同度量因素的相对值来表明因素变化状况的方法。指数法的难点在于需要建立表征生态环境质量的标准体系并进行赋权和准确定量。综合指数法是从确定同度量因素出发,把不能直接对比的事物变成能够同度量的方法。

① 单因子指数法。选定合适的评价标准,可进行生态因子现状或预测评价。例如,以同类型立地条件的森林植被覆盖率为标准,可评价项目建设区的植被覆盖现状情况;以评价区现状植被盖度为标准,可评价项目建成后植被盖度的变化率。

② 综合指数法。

a. 分析各生态因子的性质及变化规律;

b. 建立表征各生态因子特性的指标体系;

c. 确定评价标准;

d. 建立评价函数曲线,将生态因子的现状值(开发建设活动前)与预测值(开发建设活动后)转换为统一的无量纲生态环境质量指标,用 1~0 表示优劣("1"表示最佳的、顶级的、原始或人类干预甚少的生态状况;"0"表示最差的、极度破坏的、几乎无生物性的生态状况),计算开发建设活动前后各因子质量的变化值;

e. 根据各因子的相对重要性赋予权重;

f. 将各因子的变化值综合,提出综合影响评价值。

$$\Delta E = \sum (E_{hi} - E_{qi}) W_i \tag{10-1}$$

式中 ΔE——开发建设活动前后生态质量变化值;

E_{hi}——开发建设活动后 i 因子的质量指标;

E_{qi}——开发建设活动前 i 因子的质量指标;

W_i——i 因子的权值。

指数法可用于生态因子单因子质量评价;可用于生态多因子综合质量评价;可用于生态系统功能评价。

建立评价函数曲线需要根据标准规定的指标值确定曲线的上、下限。对于大气、水环境等已有明确质量标准的因子,可直接采用不同级别的标准值作为上、下限;对于无明确标准的生态因子,可根据评价目的、评价要求和环境特点等选择相应的指标值,再确定上、下限。

(5) 类比分析法 类比分析法是一种比较常用的定性和半定量评价方法,一般有生态整体类比、生态因子类比和生态问题类比等。

根据已有的建设项目的生态影响,分析或预测拟建项目可能产生的影响。选择好类比对象(类比项目)是进行类比分析或预测评价的基础,也是该方法成败的关键。

类比对象的选择条件是:工程性质、工艺和规模与拟建项目基本相当,生态因子(地理、地质、气候、生物因素等)相似,项目建成已有一定时间,所产生的影响已基本全部显现。

类比对象确定后,需选择和确定类比因子及指标,并对类比对象开展调查与评价,再分析拟建项目与类比对象的差异。根据类比对象与拟建项目的比较,做出类比分析结论。

类比分析法可用于进行生态影响识别(包括评价因子筛选);以原始生态系统作为参照,可评价目标生态系统的质量;进行生态影响的定性分析与评价;进行某一个或几个生态因子的影响评价;预测生态问题的发生与发展趋势及其危害;确定环保目标和寻求最有效、可行的生态保护措施。

(6) 系统分析法 系统分析法是指把要解决的问题作为一个系统,对系统要素进行综合分析,找出解决问题的可行方案的咨询方法。具体步骤包括:限定问题、确定目标、调查研究、收集数据、提出备选方案和评价标准、备选方案评估和提出最可行方案。

系统分析法因其能妥善解决一些多目标动态性问题,已广泛应用于各行各业,尤其在进行区域开发或解决优化方案选择问题时,系统分析法显示出其他方法所不能达到的效果。

在生态系统质量评价中使用系统分析的具体方法有专家咨询法、层次分析法、模糊综合评判法、综合排序法、系统动力学法、灰色关联法等方法。

(7) 生物多样性评价方法 生物多样性是生物(动物、植物、微生物)与环境形成的生态复合体以及与此相关的各种生态过程的总和,包括生态系统、物种和基因三个层次。

生态系统多样性指生态系统的多样化程度，包括生态系统的类型、结构、组成、功能和生态过程的多样性等。物种多样性指物种水平的多样化程度，包括物种丰富度和物种多度。基因多样性（或遗传多样性）指一个物种的基因组成中遗传特征的多样性，包括种内不同种群之间或同一种群内不同个体的遗传变异性。

物种多样性常用的评价指标包括物种丰富度、香农-威纳多样性指数、Pielou 均匀度指数、Simpson 优势度指数等。

① 物种丰富度（species richness）。该指标用于评价调查区域内物种种数之和。

② 香农-威纳多样性指数（Shannon-Wiener diversity index）。

$$H = -\sum_{i=1}^{s} P_i \ln P_i \tag{10-2}$$

式中　H——香农-威纳多样性指数；

　　　s——调查区域内物种种类总数；

　　　P_i——调查区域内属于第 i 种的个体比例，如总个体数为 N，第 i 种个体数为 n_i，则 $P_i = n_i/N$。

③ Pielou 均匀度指数。该指标是反映调查区域各物种个体数目分配均匀程度的指数，计算公式为：

$$J = \left(-\sum_{i=1}^{s} P_i \ln P_i\right)/\ln s \tag{10-3}$$

式中　J——Pielou 均匀度指数；

　　　s——调查区域内物种种类总数；

　　　P_i——调查区域内属于第 i 种的个体比例。

④ Simpson 优势度指数。该指标与均匀度指数相对应，其计算公式为：

$$D = 1 - \sum_{i=1}^{s} P_i^2 \tag{10-4}$$

式中　D——Simpson 优势度指数；

　　　s——调查区域内物种种类总数；

　　　P_i——调查区域内属于第 i 种的个体比例。

（8）生态系统评价方法

① 植被覆盖度。植被覆盖度可用于定量分析评价范围内的植被现状。

基于遥感估算植被覆盖度可根据区域特点和数据基础采用不同的方法，如植被指数法、回归模型法、机器学习法等。

植被指数法主要是通过对各像元中植被类型及分布特征的分析，建立植被指数与植被覆盖度的转换关系。采用归一化植被指数（NDVI）估算植被覆盖度的方法如下：

$$FVC = (NDVI - NDVI_s)/(NDVI_v - NDVI_s) \tag{10-5}$$

式中　FVC——所计算像元的植被覆盖度；

　　　$NDVI$——所计算像元的 NDVI 值；

　　　$NDVI_v$——纯植物像元的 NDVI 值；

　　　$NDVI_s$——完全无植被覆盖像元的 NDVI 值。

② 生物量。生物量是指一定地段面积内某个时期生存着的活有机体的重量。不同生态系统的生物量测定方法不同，可采用实测与估算相结合的方法。

地上生物量估算可采用植被指数法、异速生长方程法等方法进行计算。基于植被指数的生物量统计法是通过实地测量的生物量数据和遥感植被指数建立统计模型，在遥感数据的基础上反演得到评价区域的生物量。

③ 生产力。生产力是生态系统的生物生产能力，反映生产有机质或积累能量的速率。群落（或生态系统）初级生产力是单位面积、单位时间群落（或生态系统）中植物利用太阳能固定的能量或生产的有机质的量。

净初级生产力（NPP）是从固定的总能量或产生的有机质总量中减去植物呼吸所消耗的量，直接反映了植被群落在自然环境条件下的生产能力，表征陆地生态系统的质量状况。

④ 生物完整性指数。生物完整性指数（index of biotic integrity，IBI）已被广泛应用于河流、湖泊、沼泽、海岸滩涂、水库等生态系统健康状况评价，指示生物类群也由最初的鱼类扩展到底栖动物、着生藻类、维管植物、两栖动物和鸟类等。生物完整性指数评价的工作步骤如下：

a. 结合工程影响特点和所在区域水生态系统特征，选择指示物种；

b. 根据指示物种种群特征，在指标库中确定指示物种状况参数指标；

c. 选择参考点（未开发建设、未受干扰的点或受干扰极小的点）和干扰点（已开发建设、受干扰的点），采集参数指标数据，通过对参数指标值的分布范围分析、判别能力分析（敏感性分析）和相关关系分析，建立评价指标体系；

d. 确定每种参数指标值以及生物完整性指数的计算方法，分别计算参考点和干扰点的指数值；

e. 建立生物完整性指数的评分标准；

f. 评价项目建设前所在区域水生态系统状况，预测分析项目建设后水生态系统变化情况。

(9) 景观生态学法　景观生态学主要研究宏观尺度上景观类型的空间格局和生态过程的相互作用及其动态变化特征。景观格局是指大小和形状不一的景观斑块在空间上的排列，是各种生态过程在不同尺度上综合作用的结果。景观格局变化对生物多样性产生直接而强烈影响，其主要原因是生境丧失和破碎化。

景观变化的分析方法主要有三种：定性描述法、景观生态图叠置法和景观动态的定量化分析法。目前较常用的方法是景观动态的定量化分析法，主要是对收集的景观数据进行解译或数字化处理，建立景观类型图，通过计算景观格局指数或建立动态模型对景观面积变化和景观类型转化等进行分析，揭示景观的空间配置以及格局动态变化趋势。

景观指数是能够反映景观格局特征的定量化指标，分为三个级别，代表三种不同的应用尺度，即斑块级别指数、斑块类型级别指数和景观级别指数，可根据需要选取相应的指标，采用 FRAGSTATS 等景观格局分析软件进行计算分析。涉及显著改变土地利用类型的矿山开采、大规模的农林业开发以及大中型水利水电建设项目等可采用该方法对景观格局的现状及变化进行评价，公路、铁路等线性工程造成的生境破碎化等累积生态影响也可采用该方法进行评价。

(10) 生境评价方法　物种分布模型（species distribution model，SDM）是基于物种分布信息和对应的环境变量数据对物种潜在分布区进行预测的模型，广泛应用于濒危物种保护、保护区规划、入侵物种控制及气候变化对生物分布区影响预测等领域。目前已发展了多种多样的预测模型，每种模型因其原理、算法不同而各有优势和局限，预测表现也存在差异。其中，基于最大熵理论建立的最大熵模型（maximum entropy model，MaxEnt），可以在分布点相对较少的情况下获得较好的预测结果，是目前使用频率最大的物种分布模型之一。

第三节　生态影响预测与评价

一、生态影响预测

生态影响预测就是在生态现状调查与评价、工程分析与环境影响识别的基础上，有选择、有重点地对某些评价因子的变化和生态功能变化进行预测。

生态影响预测内容应与现状评价内容相对应，根据建设项目特点、区域生物多样性保护要求以及生态系统功能等选择预测指标。

1. 生态影响预测内容

（1）一级、二级评价应根据现状评价内容选择以下全部或部分内容开展预测评价：

① 采用图形叠置法分析工程占用的植被类型、面积及比例；通过引起地表沉陷或改变地表径流、地下水水位、土壤理化性质等方式对植被产生影响的，采用生态机理分析法、类比分析法等方法分析植物群落的物种组成、群落结构等变化情况。

② 结合工程的影响方式预测分析重要物种的分布、种群数量、生境状况等变化情况；分析施工活动和运行产生的噪声、灯光等对重要物种的影响；涉及迁徙、洄游物种的，分析工程施工和运行对迁徙、洄游行为的阻隔影响；涉及国家重点保护野生动植物及极危、濒危物种的，可采用生境评价方法预测分析物种适宜生境的分布及面积变化、生境破碎化程度等，图示建设项目实施后的物种适宜生境分布情况。

③ 结合水文情势、水动力和冲淤、水质（包括水温）等影响预测结果，预测分析水生生境质量、连通性以及产卵场、索饵场、越冬场等重要生境的变化情况，图示建设项目实施后的重要水生生境分布情况；结合生境变化预测分析鱼类等重要水生生物的种类组成、种群结构、资源时空分布等变化情况。

④ 采用图形叠置法分析工程占用的生态系统类型、面积及比例；结合生物量、生产力、生态系统功能等变化情况预测分析建设项目对生态系统的影响。

⑤ 结合工程施工和运行引入外来物种的主要途径、物种生物学特性以及区域生态环境特点，分析建设项目实施可能导致外来物种造成生态危害的风险。

⑥ 结合物种、生境以及生态系统变化情况，分析建设项目对所在区域生物多样性的影响；分析建设项目通过时间或空间的累积作用方式产生的生态影响，如生境丧失、退化及破碎化、生态系统退化、生物多样性下降等。

⑦ 涉及生态敏感区的，结合主要保护对象开展预测评价；涉及以自然景观、自然遗迹为主要保护对象的生态敏感区时，分析工程施工对景观、遗迹完整性的影响，结合工程建筑物、构筑物或其他设施的布局及设计，分析与景观、遗迹的协调性。

（2）三级评价可采用图形叠置法、生态机理分析法、类比分析法等预测分析工程对土地利用、植被、野生动植物等的影响。

（3）不同行业应结合项目规模、影响方式、影响对象等确定评价重点：

① 矿产资源开发项目。应对开采造成的植物群落及植被覆盖度变化、重要物种的活动、分布及重要生境变化以及生态系统结构和功能变化、生物多样性变化等开展重点预测与评价。

② 水利水电项目。应对河流、湖泊等水体天然状态改变引起的水生生境变化、鱼类等重要水生生物的分布及种类组成、种群结构变化，水库淹没、工程占地引起的植物群落、重要物种的活动、分布及重要生境变化，调水引起的生物入侵风险，以及生态系统结构和功能变化、生物多样性变化等开展重点预测与评价。

③ 公路、铁路、管线等线性工程。应对植物群落及植被覆盖度变化，重要物种的活动、分布，重要生境变化，生境连通性、破碎化程度变化，生物多样性变化等开展重点预测与评价。

④ 农业、林业、渔业等建设项目。应对土地利用类型或功能改变引起的重要物种的活动、分布，重要生境变化，生态系统结构和功能变化，生物多样性变化，以及生物入侵风险等开展重点预测与评价。

⑤ 涉海工程。海洋生态影响评价应符合《海洋工程环境影响评价技术导则》（GB/T 19485）的要求，对重要物种的活动、分布及重要生境变化、海洋生物资源变化、生物入侵风险以及典型海洋生态系统的结构和功能变化、生物多样性变化等开展重点预测与评价。

2. 生态影响预测方法

① 生态影响预测尽量采用定量方法进行描述和分析。
② 可以采用数学模拟进行预测，如水土流失、富营养化等。
③ 也可采用类比分析、生态机理分析、景观生态学的方法进行文字分析与定性描述。
④ 在现状定量调查基础上，根据项目建设生态破坏的程度进行推算。
⑤ 常用的生态影响预测方法包括列表清单法、图形叠置法、生态机理分析法、指数法、类比分析法、系统分析法等。

3. 生态影响的经济损益分析

经济损益分析常用的方法有恢复和防护费用法、影子工程法、市场价值法、机会成本法和调查评价法等。分析时应根据影响因子的不同特点，选用不同的方法。对所有效益和成本的当前价值和纯当前价值要统一采用投资所得到利益的固有比率进行比较。对环境保护投资要单独进行有效性分析，并列出环境保护投资及所占总投资比例。对于无法恢复的生态破坏和物种灭绝无须做经济损益分析。

二、生态影响评价内容与要求

生态影响评价是指对某种生态环境的影响是否显著、严重以及可否为社会和生态接受进行的判断。生态影响评价是对生态影响进行预测与评价，对其保护措施进行经济技术论证的过程。

1. 生态影响评价的目的

对科学预测的生态影响进行评价的目的主要是：评价影响的性质和影响的程度、影响的显著性，以决定行止；评价生态环境的敏感性和主要受影响的保护目标，以决定保护的优先性；评价资源和社会价值的得失，以决定取舍。

2. 生态影响评价的标准

现行的环境评价以污染控制为宗旨，其评价标准有质量标准和污染物排放标准。生态评价也需要一定的判别基准。但生态系统是一种类型和结构多样性很高、地域性特别强的复杂系统，其影响变化包括内在本质（生态结构）的变化和外在表征（环境功能）的变化，既有数量变化，又有质量变化，并且存在由量变到质变的发展规律变化，因而评价的标准体系不仅复杂而且因地而异。

① 生态环境影响评价标准的基本要求：

a. 能反映生态环境质量的优劣，特别是能够衡量生态系统环境功能的变化。

b. 能反映生态环境受影响的范围和程度，尽可能地定量化。

c. 能用于规定开发建设活动的行为方式，即具有可操作性。

② 生态影响评价的指标。对科学预测的生态环境影响评价时，可采用以下指标和标准：

a. 生态学评估指标和基准。这是从生态学角度判断所发生的影响是否可为生态所接受。在生态学评估中，避免物种濒危和灭绝的一条基本原则，相应地可形成灭绝风险、种群活力、最小可存活种群、有效种群、最小生态区等评估技术指标和技术，也可评估出最重要的生态区、最重要的生态系统等以及需要优先保护的生态系统、生境和生物种群。生态学评估是一种客观科学的评估，反映影响的真实性，也是最重要的评估指标。

b. 可持续发展评估指标与基准。这是从可持续发展战略来判断所发生的影响是否为战略所接受，或是否影响区域的可持续发展。在可持续发展战略中，谋求经济与社会、环境、生态的协调，谋求社会公平，谋求长期稳定和国际利益平衡等，都是基本原则。与此相应，评估资源的可持续利用性、生态的可持续性等，都是评估的基准。

c. 政策与战略作为评估指标和基准。党的二十大提出中国式现代化是人与自然和谐共生的现代化。人与自然是生命共同体，无止境地向自然索取甚至破坏自然必然会遭到大自然的报复。我们坚持可持续发展，坚持节约优先、保护优先、自然恢复为主的方针，像保护眼睛一样保护自然和生态环境，坚定不移走生产发展、生活富裕、生态良好的文明发展道路，实现中华民族永续发展。国家的发展战略与政策可作为基本评估指标与基准，在此基础上产生的许多环境政策、资源政策、产业政策都是重要的评价指标与标准。

d. 以环境保护法规和资源保护法规作为评估基准。根据法律和规划进行评估，主要需注意法定的保护目标和保护级别，注意法规禁止的行为和活动，法律规定的重要界限等。

e. 以经济价值损益和得失作为评估的指标和标准。经济学评估不仅评估价值的大小与得失，还有经济重要度的评估问题，如稀缺性、唯一性以及基本生存资源等，都具有较高的重要性。

f. 社会文化评估标准。以社会文化价值和公众可接受度为基本依据。社会公众关注程度、敏感人群特殊要求、社会损益的公平性等，都是社会影响评估中应特别注意的。

3. 生态影响评价标准的来源

（1）常用的国家、行业和地方规定的标准　包括国家及地方发布的环境质量标准、污染物排放标准以及特定行业发布的环境影响评价规定，设计规范中有关生态保护的要求。

（2）规划确定的目标、指标和区划功能

① 重要生态功能区划及详细规划的目标、指标和保护要求。

② 敏感保护目标的规划、区划及确定的生态功能与保护界域、要求，如对自然保护区、

风景名胜区等提出的保护要求。

③ 城市规划区的环境功能区划以及其保护目标与保护要求，如城市绿化率。

④ 水土保持区划与规划目标、指标与保护要求。

⑤ 其他地方规划及其相应的生态规划与保护要求。

(3) 背景值或本底值　以项目所在地的区域生态背景值或本底值作为评价指标：

① 区域土壤背景值。

② 区域植被覆盖率与生物量。

③ 区域水土流失本底值。

④ 建设项目进行前项目所在地的生态背景值，如植被覆盖率、生物量、生物丰富度和生物多样性等。

(4) 生物承载力　科学研究已证明的"阈值"或"生物承载力"。

(5) 特定生态问题的限值

① 水行政主管部门按不同的地区和不同侵蚀类型确定的水土流失侵蚀模数限值；土壤容许流失量。

② 草原生态系统年产草量和产草质量。

③ 土壤沙化按景观特征或生态学指标分为潜在沙漠化、正在发展中的沙漠化、强烈发展中的沙漠化、严重沙漠化等几个等级，表示沙漠化的不同程度，或按流沙覆盖划分为强度沙漠化、中度沙漠化、轻度沙漠化等，都是一种评价的标准。

④ 生物物种保护中，根据种群状态将生物分为受威胁、渐危、濒危和灭绝物种。

第四节　生态保护措施

资源开发与建设项目的施工与运行过程对生态的影响是不可避免的，其影响的性质分为可逆转和不可逆转两大类。在环境影响评价过程中，确定生态影响的类别、性质、程度和范围，并针对上述问题制定减缓、避免或补偿生态影响的防护措施、恢复计划和替代方案，向建设者、管理者或土地权属部门提供生态管理建议。因此，建设项目生态影响减缓措施和生态保护措施是整个生态影响评价工作成果的集中体现，也是环境影响报告书中最重要的部分之一。

一、生态保护措施的基本要求

(1) 应针对生态影响的对象、范围、时段、程度，提出避让、减缓、修复、补偿、管理、监测、科研等对策措施，分析措施的技术可行性、经济合理性、运行稳定性、生态保护和修复效果的可达性，选择技术先进、经济合理、便于实施、运行稳定、长期有效的措施，明确措施的内容、设施的规模及工艺、实施位置和时间、责任主体、实施保障、实施效果等，编制生态保护措施平面布置图、生态保护措施设计图，并估算（概算）生态保护投资。

(2) 优先采取避让方案，源头防止生态破坏，包括通过选址选线调整或局部方案优化避让生态敏感区，施工作业避让重要物种的繁殖期、越冬期、迁徙洄游期等关键活动期和特别保护期，取消或调整产生显著不利影响的工程内容和施工方式等。优先采用生态友好的工程建设技术、工艺及材料等。

（3）坚持山水林田湖草沙一体化保护和系统治理的思路，提出生态保护对策措施。必要时开展专题研究和设计，确保生态保护措施有效。坚持尊重自然、顺应自然、保护自然的理念，采取自然的恢复措施或绿色修复工艺，避免生态保护措施自身的不利影响。不应采取违背自然规律的措施，切实保护生物多样性。

二、生态保护的主要措施

1. 生态保护措施应遵循的基本原则

生态影响的防护与恢复应遵守以下原则。

① 凡涉及珍稀濒危物种和敏感地区等生态因子发生不可逆影响时，必须提出可靠的保护措施和方案。

② 凡涉及尽可能需要保护的生物物种和敏感地区，必须制定补偿措施加以保护。

③ 对于再生周期较长，恢复速度较慢的自然资源损失，要制定恢复和补偿措施。

④ 对于普遍存在的再生周期短的资源损失，当其恢复的基本条件没有发生逆转时，不必制定补偿措施。

⑤ 需要制定区域的绿化规划。

⑥ 要明确生态影响防护与恢复费用的数量及使用科目，同时论述其必要性。

2. 生态保护措施的主要内容

生态影响的保护对于建设项目的设计、施工、运行和管理是非常重要的。保护重要生境及野生生物可能受工程影响的措施，按优先次序选择，应遵循"避免→消减→补偿"这一顺序。即能避免的尽量避免，实在不能避免的则采取措施消减，消减不能奏效的应有必要的补偿方案。

生态影响避免就是采取适当的措施，最大限度避免潜在的不利生态影响。

生态影响的防护、恢复就是采取适当的措施，尽量降低不可避免的建设项目对生态的影响程度和缩小影响范围。

生态影响的补偿，即当重要物种（如树木）、生境（如林地）及资源受到工程影响时，可采取在当地或异地（工程场址内或场址外）提供同样物种或相似生境的方法得到补偿。

生态的恢复是指建设项目产生的不可避免的生态影响或暂时性的生态影响，可以通过生态恢复技术予以消除。生态恢复技术的理论基础是恢复生态学，恢复生态学的理论基础是生态系统的群落演替。

生态保护的具体内容包括如下几点：

① 项目施工前应对工程占用区域可利用的表土进行剥离，单独堆存，加强表土堆存防护及管理，确保有效回用。施工过程中，采取绿色施工工艺，减少地表开挖，合理设计高陡边坡支挡、加固措施，减少对脆弱生态的扰动。

② 项目建设造成地表植被破坏的，应提出生态修复措施，充分考虑自然生态条件，因地制宜，制定生态修复方案，优先使用原生表土和选用乡土物种，防止外来生物入侵，构建与周边生态环境相协调的植物群落，最终形成可自我维持的生态系统。生态修复的目标主要包括：恢复植被和土壤，保证一定的植被覆盖度和土壤肥力；维持物种种类和组成，保护生物多样性；实现生物群落的恢复，提高生态系统的生产力和自我维持力；维持生境的连通性等。生态修复应综合考虑物理（非生物）方法、生物方法和管理措施，结合项目施工工期、

扰动范围，有条件的可提出"边施工、边修复"的措施要求。

③ 尽量减少对动植物的伤害和生境占用。项目建设对重点保护野生植物、特有植物、古树名木等造成不利影响的，应提出优化工程布置或设计、就地或迁地保护、加强观测等措施，具备移栽条件、长势较好的尽量全部移栽。项目建设对重点保护野生动物、特有动物及其生境造成不利影响的，应提出优化工程施工方案、运行方式，实施物种救护，划定生境保护区域，开展生境保护和修复，构建活动廊道或建设食源地等措施。采取增殖放流、人工繁育等措施恢复受损的重要生物资源。项目建设产生阻隔影响的，应提出减缓阻隔、恢复生境连通的措施，如野生动物通道、过鱼设施等。项目建设和运行噪声、灯光等对动物造成不利影响的，应提出优化工程施工方案、设计方案或降噪遮光等防护措施。

④ 矿山开采项目还应采取保护性开采技术或其他措施控制沉陷深度和保护地下水的生态功能。水利水电项目还应结合工程实施前后的水文情势变化情况、已批复的所在河流生态流量（水量）管理与调度方案等相关要求，确定合适的生态流量，具备调蓄能力且有生态需求的，应提出生态调度方案。涉及河流、湖泊或海域治理的，应尽量塑造近自然水域形态、底质、亲水岸线，尽量避免采取完全硬化措施。

3. 生态影响的补偿与建设

补偿是一种重建生态系统以补偿因开发建设活动而损失的环境功能的措施。补偿有就地补偿和异地补偿两种形式。就地补偿类似于恢复，但是建立的新生态系统和原生态系统没有一致性；异地补偿是在开发建设项目发生地无法补偿损失的生态功能时，在项目发生地之外实施的补偿措施。补偿中最常见的是耕地和植被补偿，植被补偿按照生物物质产量等当量的原理确定具体的补偿量。

在生态已相当恶劣的地区，为保护建设项目的可持续运营和促进区域的可持续发展，开发建设项目除保护、恢复、补偿直接受其影响的生态系统及其环境功能外，还需要采取改善区域生态，建设具有更高环境功能的生态系统的措施。

4. 替代方案

主要相对于设计推荐方案以外的其他方案，一般有零方案和非零方案之分，非零方案（可选择方案）具有不同层次。

（1）零方案　零方案就是不作为方案，或者说是维持现状的方案。对建设项目来说，零方案就是取消建设项目的方案。有些项目可能因为环境影响的重大而完全得不到补偿，这种建设项目不如不建设。此外，有一些地区环境具有特殊性和敏感性，建设项目或人类的其他活动可能会破坏其环境的稳定性或带来灾害问题，对这些地区，零方案或是最好的方案。

（2）替代方案的层次

① 项目总体替代方案。前述的"零方案"属于一种项目总体方案。从项目总体来看，重大的替代方案有：建设项目选址的变更、公路铁路选线的变更、整套工艺技术和设备的变更等。建设项目环境影响评价应该有替代方案比选论证。

② 工艺技术替代方案。建设项目环境影响评价应从技术方面论述和提出替代方案建议。在生态保护方面，建设项目采取不同的方案设计会有不同的环境影响，因而以新的环保理念优化方案设计，是环境影响评价中的一项重要工作。如公路建设中以桥代填（高填土）、以隧（洞）代挖（深挖方）等，都是工艺技术方面的替代方案。

③ 环保措施替代方案。建设项目的环保措施都有污染防治和生态防护与恢复两个方面，

环境影响评价人员应针对特定的环境条件提出环保措施替代方案。

5. 生态监测与环境管理

（1）生态监测的内容

① 结合项目规模、生态影响特点及所在区域的生态敏感性，针对性地提出全生命周期、长期跟踪或常规的生态监测计划，提出必要的科技支撑方案。大中型水利水电项目、采掘类项目、新建 100km 以上的高速公路及铁路项目、大型海上机场项目等应开展全生命周期生态监测；新建 50～100km 的高速公路及铁路项目、新建码头项目、高等级航道项目、围填海项目以及占用或穿（跨）越生态敏感区的其他项目应开展长期跟踪生态监测（施工期并延续至正式投运后 5～10 年），其他项目可根据情况开展常规生态监测。

② 生态监测计划应明确监测因子、方法、频次、点位等。开展全生命周期和长期跟踪生态监测的项目，其监测点位以代表性为原则，在生态敏感区可适当增加调查密度、频次。

③ 施工期重点监测施工活动干扰下生态保护目标的受影响状况，如植物群落变化、重要物种的活动、分布变化、生境质量变化等，运行期重点监测对生态保护目标的实际影响、生态保护对策措施的有效性以及生态修复效果等。有条件或有必要的，可开展生物多样性监测。

④ 明确施工期和运行期环境管理原则与技术要求。可提出开展施工期工程环境监理、环境影响后评价等环境管理和技术要求。

（2）生态监测的方法　对生态系统中的指标进行具体测量和判断，从而获得生态系统中某一指标的特征数据，通过统计分析，以反映该指标的现状及变化趋势。

生态监测方法有地面监测、空中监测和卫星监测。

① 地面监测。在所监测区域建立固定站，由人徒步或越野车等交通工具按规划的路线进行定期测量和收集数据。它只能收集几公里到几十公里范围内的数据，且费用是最高的，但这是最基本也是不可缺少的手段。因为地面监测是"直接"数据；它可为空中和卫星监测进行校核；某些数据只能在地面监测中获得。

② 空中监测。一般采用 4～6 座单引擎轻型飞机，由驾驶员、领航员和两名观察记录员四人执行任务。首先绘制工作区域图，将坐标图覆盖所研究区域，典型坐标是 10km×10km 一小格。飞行速度约 150km/h，高度约 100m，观察视角约 90°，观察地面宽度约 250m。

③ 卫星监测。利用地球资源卫星监测天气、农作物生长、森林病虫害、空气和地表水的污染等已经普及。卫星监测最大的优点是覆盖面宽，可以获得人工难以到达的高山、丛林资料。由于目前卫星资料来源较广泛，费用相对降低。

（3）生态监测的范围　一般在施工建设活动直接影响区内，对影响到环境敏感区的建设活动尤其应列入监测范围。

案例分析

某地一国家规划矿区内拟"上大压小"，关闭周边 6 个小煤矿整合新建 1 个大型煤矿，产煤设计规模为 400 万吨/年。根据项目设计文件，矿区地面设计有主井和副井各一处，通风井两处，洗煤厂一处。洗煤厂设尾矿库一座，洗煤废水能够重复利用。工程设矿井水地面处理站一个，拟配套建设一个瓦斯抽放站用于发电，并建设矸石场储存矸石作建筑材料。矸石场选在开采境界边缘地带的一处山凹内，预计可堆放矸石 30 年。

该矿区雨量充沛，植被丰富，易发生泥石流，区内农作物种类繁多。井区范围内有泉点 15 个，其中 5 个为村民饮用水源。开采境界内有中型河流一条，为下游某城市的饮用水源。工程预测最大沉陷区内有村庄 2 个，省级文物保护单位 4 处，其他均为农田和林地。

1. 该项目生态环境影响评价的重点内容是什么？
2. 该项目环境影响评价中对沉陷区的现场调查主要包括哪些内容？
3. 从目前国家煤炭产业政策要求来看，本矿建成投产前必须落实哪些措施？
4. 该项目的主要环境保护目标有哪些？请说出理由。

思考题

1. 写出生态环境影响评价的基本工作程序。
2. 谈谈对生态环境影响评价的看法。
3. 生态环境影响的特点是什么？
4. 生态环境影响评价的基本原则有哪些？
5. 生态环境影响现状评价的方法有哪些？

参考文献

[1] 陈利顶. 线性建设工程生态环境影响评价：理论、方法与实践［M］. 北京：科学出版社，2017.
[2] 生态环境部环境工程评估中心. 环境影响评价案例分析（2021 版）［M］. 北京：中国环境出版集团，2021.
[3] 生态环境部环境工程评估中心. 环境影响评价技术方法（2021 版）［M］. 北京：中国环境出版集团，2021.
[4] 环境影响评价技术导则 生态影响［S］. HJ 19—2011.
[5] 林育真，付荣恕. 生态学［M］. 2 版. 北京：科学出版社，2020.
[6] 李振基. 生态学［M］. 4 版. 北京：科学出版社，2021.
[7] 丁桑岚. 环境评价概论［M］. 北京：化学工业出版社，2010.

第十一章

规划环境影响评价

　　随着国家生态文明建设的不断深入、国家环境管理水平的提高以及规划环境影响评价实践的深入，规划环评秉承"尊重自然、顺应自然、保护自然"的全面建设社会主义现代化国家的内在要求，从决策源头预防环境污染和生态破坏，促进经济、社会和环境的全面协调可持续发展。2016 年修订颁布的《中华人民共和国环境影响评价法》进一步强化了规划环评的法律地位。为了规范和指导规划环境影响评价工作，2019 年生态环境部修订颁布了《规划环境影响评价技术导则 总纲》（HJ 130），规定了开展规划环境影响评价的一般性原则、工作程序、内容、方法和要求。《"十四五"环境影响评价与排污许可工作实施方案》，提出了完善涵盖生态环境分区管控、规划环评、项目环评、排污许可的管理制度体系，明确功能定位、责任边界和衔接关系。以产业园区、石化基地、能源基地等领域规划环评为重点，强化规划环评与生态环境分区管控联动，推动生态环境分区管控成果落地。

　　本章主要阐述了规划环境影响评价的概念与特点、原则与方法、工作程序与内容、影响识别与评价指标、现状调查与分析评价、预测与评价、方案论证与优化建议等主要内容。

第一节　规划环境影响评价概述

一、规划环境影响评价概念与特点

1. 规划环境影响评价概念

　　规划环境影响评价是指在规划编制阶段，对规划实施可能造成的环境影响进行分析、预测和评价，并提出预防或者减轻不良环境影响的对策和措施的过程。

　　规划环境影响评价在规划过程的早期就全面地考虑其对环境的影响，充分评价各种替代方案，广泛咨询公众，并在实施前做出相关决策，从而有效预防可能出现的环境问题，是一种在规划层次及早协调环境与发展关系的决策手段与规划手段，是规划决策的辅助工具，为规划的环境管理提供科学依据。

　　实施规划环境影响评价的目的是通过规划评价，提供规划决策所需的资源与环境信息，识别制约规划实施的主要资源（如土地资源、水资源、能源、矿产资源、旅游资源、生物资源、景观资源和海洋资源等）和环境要素（如水环境、大气环境、土壤环境、海洋环境、声环境和生态环境），确定环境目标，构建评价指标体系，分析、预测与评价规划实施可能对区域、流域、海域生态系统产生的整体影响，对环境和人群健康产生的长远影响，论证规划方案的环境合理性和对可持续发展的影响，论证规划实施后环境目标和指标的可达性，形成规划优化调整建议，提出环境保护对策、措施和跟踪评价方案，协调规划实施的经济效益、社会效益与环境效益之间以及当前利益与长远利益之间的关系，为规划和环境管理提供决策依据。

2. 规划环境影响评价特点

规划开发活动具有建设规模大、范围广、开发强度高等特点,通常会在较短的时间内对规划区域的自然、社会、经济、生态环境产生较大、较复杂的影响。规划环境影响评价与项目环境影响评价相比,具有以下几个特点:

(1) 广泛性和复杂性 规划环境影响评价范围广、内容复杂,其范围在地域上、空间上、时间上都远超过单位建设项目对环境的影响,一般小至几十平方公里,大至一个地区、一个流域,它的影响评价涉及区域内所有规划及其对规划区域内外的自然、社会、经济和生态环境的全面影响。

(2) 不确定性 是指规划编制及实施过程中可能导致环境影响预测结果和评价结论发生变化的因素。主要来源于两个方面:一是规划方案本身在某些内容上不全面、不具体或不明确;二是规划编制时设定的某些资源环境基础条件,在规划实施过程中发生的能够预期的变化。

(3) 累积性 是指评价的规划及与其相关的规划在一定时间和空间范围内对环境目标和资源环境因子造成的复合的、协同的、叠加的影响。规划环境影响评价能综合考虑规划区域内的环境累积影响,把区域排污总量的控制指标落实到具体的规划上,从而将区域发展规模控制在环境容量许可的范围内。

(4) 跟踪评价 在规划的实施过程中对规划已经及正在造成的环境影响进行实地的监测、分析和评价的过程,用以检验规划环境影响评价的准确性以及不良环境影响减缓措施的有效性,并根据评价结果,提出不良环境影响减缓措施的改进意见,以及规划方案修订或终止其实施的建议。

规划环境影响评价与建设项目环境影响评价之间的比较如表 11-1 所示。

表 11-1 规划环境影响评价与建设项目环境影响评价之间的比较

评价内容	规划环境影响评价	建设项目环境影响评价
评价对象	包括规划方案中的所有拟开发建设的行为,项目多,类型复杂	单一或几个建设项目,具有单一性
评价范围	地域广、范围大,属区域性或流域性	地域小、范围小,属局域性
评价时间	在规划方案确定之前进行,超前于开发活动	与建设项目的可行性研究同时进行,与建设项目同步
评价方法	多样性	单一性
评价任务	调查规划范围内的自然、社会和环境状况,分析规划方案中拟开发活动对环境的影响,论述规划布局、结构、资源的配置合理性,提出规划优化布局的整体方案和污染综合防治措施,为制订和完善规划提供宏观的决策依据	根据建设项目的性质、规模和所在地区的自然、社会和环境状况,通过调查分析,预测项目建设对环境的影响程度,在此基础上做出项目建设的可行性结论,提出污染防治的具体对策建议
评价指标	反映规划范围内环境与经济协调发展的环境、经济、生活质量的指标体系	水、大气、声环境质量指标等
评价精度	规划项目具有不确定性,只能采用系统分析方法进行宏观分析,论证规划方案的合理性,难以进行细化,评价精度要求不高	确定的建设项目,评价精度要求高,预测计算结果准确

二、规划环境影响评价原则与方法

1. 规划环境影响评价原则

规划环境影响评价是区域规划的重要组成部分,是研究环境质量现状、确定规划涉及的各环境要素的容量以及预测开发活动的影响。规划环境影响评价是一项科学性、综合性、预测性、规划性和实用性很强的工作,进行规划环境影响评价时应遵循以下原则:

(1) 客观、公开、公正原则 《规划环境影响评价条例》(中华人民共和国国务院〔2009〕第559号)第三条明确规定,对规划进行环境影响评价,应当遵循客观、公开、公正的原则。在规划环境影响评价过程中必须科学客观、综合考虑规划实施后对各种环境要素及其所构成的生态系统可能造成的影响,为决策提供科学依据。

(2) 全程互动原则 评价应在规划纲要编制阶段(或规划启动阶段)介入,并与规划方案的研究和规划的编制、修改、完善全过程互动。

(3) 一致性原则 评价的重点内容和专题设置应与规划对环境影响的性质、程度和范围相一致,应与规划涉及领域和区域的环境管理要求相一致。

(4) 整体性原则 评价应统筹考虑各种资源环境要素及其相互关系,重点分析规划实施对生态系统产生的整体影响和综合效应。

(5) 层次性原则 评价的内容与深度应充分考虑规划的层级和属性(综合性规划、指导性规划、专项规划),依据不同层次和属性规划的决策需求,提出相应的宏观决策建议以及具体的环境管理要求。

(6) 科学性原则 评价选择的基础资料和数据应真实、有代表性,选择的评价方法应简单、适用,评价的结论应科学、可信。

(7) 公众参与原则 《规划环境影响评价技术导则 总纲》中提出对可能造成不良环境影响并直接涉及公众环境权益的专项规划,应当公开征求有关单位、专家和公众对规划环境影响评价实施方案和环境影响报告书的意见。在规划环境影响评价过程中鼓励和支持公众参与,充分考虑社会各方面的利益。

2. 规划环境影响评价范围

按照规划实施的时间维度和可能影响的空间尺度确定评价范围。评价范围在时间维度上,一般应包括整个规划周期。对于中、长期规划,可以规划的近期为评价的重点时段;必要时,也可根据规划方案的建设时序选择评价的重点时段。评价范围在空间尺度上,一般应包括规划空间范围以及可能受到规划实施影响的周边地域,特别应将规划实施可能影响的环境敏感区、重点生态功能区等重要区域整体纳入评价范围。确定规划环境影响评价的空间范围一般应同时考虑三个方面的因素:一是规划的环境影响可能达到的地域范围;二是自然地理单元、气候单元、水文单元、生态单元等的完整性;三是行政边界或已有的管理区界(如自然保护区界、饮用水水源保护区界等)。

3. 规划环境影响评价方法

规划环境影响评价由于种类繁多,涉及的行业千差万别,因此目前还没有针对所有规划环境影响评价的通用方法,很多适用于建设项目环境影响评价的方法仍可直接适用于规划环境影响评价。由于规划的影响范围和不确定性较大,对规划的环境影响进行预测、评价时可以更多地采取定性和半定量的方法,内容上更强调累积影响分析和不确定性分析。

目前规划环境影响评价各环节采用的评价方法如表 11-2 所示。

表 11-2 规划环境影响评价环节的常用方法

评价环节	可采用的方式和方法
规划分析	核查表、叠图分析、矩阵分析、专家咨询（如智暴法、德尔斐法等）、情景分析、类比分析、系统分析
现状调查与评价	现状调查：资料收集、现场踏勘、环境监测、生态调查、问卷调查、专门访谈、访谈、座谈会。环境要素的调查方式和监测方法可参考 HJ 2.2、HJ 2.3、HJ 2.4、HJ 19、HJ 610、HJ 623、HJ 964 和有关检测规范执行 现状分析与评价：专家咨询、指数法（单指数、综合指数）、类比分析、叠图分析、生态学分析法（生态系统健康评价法、生物多样性评价法、生态机理分析法、生态系统服务功能评价方法、生态环境敏感性评价方法、景观生态学法等，以下同）、灰色系统分析法
环境影响识别与评价指标确定	核查表、矩阵分析、网络分析、系统流图、叠图分析、灰色系统分析法、层次分析、情景分析、专家咨询、类比分析、压力-状态-响应分析
规划实施生态环境压力分析	专家咨询、情景分析、负荷分析（估算单位国内生产总值物耗、能耗和污染物排放量等）、趋势分析、弹性系数法、类比分析、对比分析、供需平衡分析
环境影响预测与评价	类比分析、对比分析、负荷分析（估算单位国内生产总值物耗、能耗和污染物排放量等）、弹性系数法、趋势分析、系统动力学法、投入产出分析、供需平衡分析、数值模拟、环境经济学分析（影子价格、支付意愿、费用效益分析等）、综合指数法、生态学分析法、灰色系统分析法、叠图分析、情景分析、相关性分析、剂量-反应关系评价 环境要素影响预测与评价的方式和方法可参考 HJ 2.2、HJ 2.3、HJ 2.4、HJ 19、HJ 610、HJ 623、HJ 964 执行
环境风险评价	灰色系统分析法、模糊数学法、数值模拟、风险概率统计、事件树分析、生态学分析法、类比分析 可参考 HJ 169

规划环境影响评价中的部分常用方法介绍如下：

（1）矩阵法　利用矩阵法，可将拟议行动（比如规划目标、指标、规划方案等）与环境因素作为矩阵的行与列，并在相对应位置填写符号、数字或文字，以表示行为与环境因素之间的因果关系。矩阵法有简单矩阵、定量的分级矩阵（即相互作用矩阵，又叫 Leopold 矩阵）、Phillip-Defillipi 改进矩阵、Welch-Lewis 三维矩阵等。矩阵法除可应用于评价规划的筛选、规划环境影响识别、累积环境影响评价等多个环节。

矩阵法的步骤如下：找出规划涉及的人类行为，并作为矩阵的行；识别主要的受影响因子，并作为矩阵的列；最后，确定每种人类活动与受影响因子之间的直接关系。

矩阵法的优点是可直观地表示交叉或因果关系，可表示和处理那些由模型、图形叠置和主观评估方法取得的量化结果，以及可将矩阵中每个元素的数值，与对各环境资源、生态系统和人类社区的各种行为产生的累积效应的评估很好地联系起来；缺点是对影响产生的机理解释较少，不能表示影响作用是立即发生的还是延后的、长期的还是短期的，以及难以处理间接影响和反映规划在复杂时空关系上的不同层次的影响。

矩阵法普遍适用于各类规划的环境影响评价。

（2）网络法　网络法可表示活动造成的环境影响及其与各种影响的因果关系，尤其是由初级影响所引起的次级、三级或更高级的影响，通过多级影响逐步展开，呈树枝状，因此又称为影响树。网络法可用于规划环境影响识别，尤其是累积影响或间接影响的识别。目前，网络法主要有因果网络法和影响网络法两种形式。

① 因果网络法实质是一个包含拟议规划及其所包含或调整的人类行为、行为与受影响环境因子以及各因子之间联系的网络图。优点是可以识别环境影响发生途径，依据其因果联系设计减缓及补救措施；缺点是过于烦琐，需要花费较多的人力、资源和时间去考虑可能不太重要或不太可能发生的影响，有时也会由于太笼统而遗漏一些重要的影响。

② 影响网络法是把影响矩阵中的关于拟议行动与可能受影响的环境因子进行分类，并对影响进行描述，最后形成一个包含所有评价因子（即拟议行动、环境因子及影响或效应联系）的网络。

网络法的优点是简捷、使用成本低、易于理解，能明确地表述环境因子间的关联性和复杂性，能够有效识别实施规划的制约因素。缺点是无法定量，不能反映空间关系和时间跨度的变化影响，以及图表可能变得非常复杂。

网络法普遍适用于各类规划的环境影响评价。

（3）压力-状态-响应分析法　压力-状态-响应分析法是筛选规划环境影响评价指标体系的常用方法。该评价框架由三大类指标构成，即状态指标、压力指标和响应指标。状态指标衡量环境质量或环境状态的变化；压力指标则表述拟议行动对环境的压力或导致的环境问题，比如由于过度开发导致的资源耗竭，污染物和废物向环境的排放，其他的干预活动比如基础设施的建设和开发等；响应指标是指为减轻环境污染和生态、资源破坏，需要调整的规划行为以及建立起来的相应制度机制。

由压力-状态-响应分析法构建的指标体系，反映了指标之间的相互关系，尤其是因果关系和层次结构。这种方法具有以下特点：指标体系将压力指标摆在首位，突出了压力指标的重要性，强调了拟议行动对环境与生态系统的改变；其涵盖面广，综合性强。

（4）数学模型和数值模拟　用数学模型定量表示环境系统、环境要素时空变化的过程和规律，比如大气或水体中污染物的输运和转化规律。环境数学模型包括大气扩散模型、水文与水动力模型、水质模型、土壤侵蚀模型、沉积物迁移模型和物种栖息地模型等。环境数学模型适用于较低层次或者说是更接近项目层次的规划类型，如城市建设规划中的详细规划类型、国民经济与社会发展规划中的近期规划或年度计划、开发区建设规划、行业规划等。

在规划环境影响评价中，数学模型法可将最优化分析与模拟（仿真）模型结合起来，量化分析因果关系，用于选择最佳的规划方案，确定多个污染或者其他影响源产生的累积影响，并能找到每一种影响源的最优控制水平。

该方法的优点是能够定量化表达因果关系，能得到明确的结果。缺点是数学模型是建立在一些假设基础上，而且假设条件是否成立尤其是在规划环境影响评价中难以核实与检测；使用中需要大量的数据，计算方法复杂，耗费大量的时间和资源；约束条件过多，不宜用于层次高、范围广、涉及领域多且复杂的规划环境影响评价中。

数学模型和数值模拟法适用于较小范围（如开发区）、较低层次（控制性详细规划）、近期的规划（如三年行动计划）和行业规划（如石化产业发展规划）的环境影响评价。

（5）费用效益分析法　可采用费用效益分析法等进行规划环境影响的综合评价。

费用效益分析将一项规划实施带来的环境效益与投入的货币价值进行比较。其目的是通过把环境和社会成本与效益货币化，从而为决策提供依据。费用效益分析法除可应用于规划环境影响评价的预测阶段，还可应用于评价及减缓措施与环境管理阶段。费用效益分析原则有三条：效益相等时，费用越小的规划方案越好；费用相等时，效益越大的规划方案越好；效益与费用的比率越大的规划方案越好。

规划环境影响类型通常可分为4大类：生产力、健康、舒适性和存在价值，针对规划的不同影响，需要采用不同的方法进行价值评估。对不同影响方面的评估技术选择可参考表11-3。

表11-3 价值评估方法特点、适用性与选择

政策影响	评估方法	计量模型	参数含义	适用范围
生产力	直接市场法	$P=\Delta Q(P_1+P_2)/2$	P—环境价值损失；ΔQ—受污染产品的减产量；P_1—减产前的市场价格；P_2—减产后的市场价格	受污染的农作物、森林、水产、餐饮、酿造等损失
	防护支出法	无一般模型	由采取防护措施、购置环境替代品、搬迁等所发生的支出确定	各种环境污染与生态破坏
	重置成本法	无一般模型	由被破坏的环境恢复至原状所需支出确定	具有相同或类似参照物的资源环境损失
	机会成本法	无一般模型	由资源环境的机会成本确定	有唯一性的资源环境
健康	人力资本法与残病费用法	$P_1=\sum_{i=1}^{k}(L_i+M_i)$ $P_2=\sum_{i=1}^{T-1}\dfrac{\pi_{t+i}E_{t+i}}{(1+r)^i}$	P_1—疾病损失；P_2—早亡损失；L_i—i类人生病的工资损失；M_i—i类人的医疗费用；π_{t+i}—从t年龄活到$t+i$年龄的概率；E_{t+i}—在年龄为$t+i$时的预期收入；r—折现率；T—退休年龄	大气、水、噪声、光污染等对人体健康造成的疾病损失和早亡损失
	防护支出法	与本表"生产力"中"防护支出法"的内容相同	与本表"生产力"中"防护支出法"的内容相同	与本表"生产力"中"防护支出法"的内容相同
	意愿调查价值法	无一般模型	由人们对改善环境的支付意愿或忍受环境损失的受偿意愿确定	其他方法无法评价的资源环境价值或损失
舒适性	旅行费用法	$p_i=\int_{e}^{\infty}F(e,z)\mathrm{d}e$ $P=\sum_{i=1}^{n}p_i$	p_i—第i位消费者对景点的支付意愿；e—出发点到景点的旅行费用；z—人口的社会经济特征；P—景点总价值	自然保护区、园林等具有休闲娱乐价值的景点价值或损失
	内涵资产价值法	$P=a_0+\sum_{i=1}^{k}(a_ih_i)$	P—房地产价格；h_i—住房各内部特征（如面积等）的价格；a_i—各内部特征的权重；a_0—房地产造价	环境性房地产的价值或损失
	意愿调查价值法	与本表"健康"中"意愿调查价值法"内容相同	与本表"健康"中"意愿调查价值法"内容相同	与本表"健康"中"意愿调查价值法"内容相同
存在价值	意愿调查价值法	与本表"健康"中"意愿调查价值法"内容相同	与本表"健康"中"意愿调查价值法"内容相同	与本表"健康"中"意愿调查价值法"内容相同

价值评估法可从整个社会的角度出发，分析规划对国民经济的净贡献大小，包括对就业、收入分配、外汇及环境等方面的影响。目前在世界各国的环境评价中得到广泛应用。但是，其缺点是不同的评价方法将得到不同的结果，而且有些环境资源的货币价值难以确定；规划实施及其影响年限较长，使用不同种类贴现率将得到不同的结果，而不使用贴现率会与代内的可持续发展原则相抵触；而且，需要大量准确的数据，一些数据难以获取。

（6）投入产出分析 投入是指产品生产所消耗的原材料、燃料、动力、固定资产折旧和劳动力；产出是指产品生产出来后所分配的去向、流向，即使用方向和数量，例如用于生产

消费、生活消费和积累。在国民经济部门,投入产出分析主要是编制棋盘式的投入产出表和建立相应的线性代数方程体系,构成一个模拟现实的国民经济结构和社会产品再生产过程的经济数学模型,综合分析和确定国民经济各部门间错综复杂的联系和再生产的重要比例关系。

在规划环境影响评价中,投入产出分析可以用于拟定规划引导下,区域经济发展趋势的预测与分析,也可以将环境污染造成的损失作为一种"投入"(外在化的成本),对整个区域经济环境系统进行综合模拟。

该方法已经被广泛接受,适用于研究多个变量在结构上的相互关系。但是,只能分析某一发展阶段的投入产出关系,不适于较长时间段,而且通常需要大量的数据,计算方法也较复杂,并耗费大量的时间和资源。

该方法适用于经济类规划,如产业/行业发展规划和区域国民经济发展规划的环境影响评价。

三、规划环境影响评价工作程序与内容

1. 规划环境影响评价的工作程序

规划环境影响评价的工作程序如图 11-1 所示。

2. 规划环境影响评价的工作内容

根据规划对环境要素的影响方式、程序以及其他客观条件确定规划环境影响评价的工作内容。规划环境影响评价的工作要包括以下几个方面的内容。

(1) 总则 概述任务由来,明确评价依据、评价目的与原则、评价范围、评价重点、执行的环境标准、评价流程等。

(2) 规划分析 介绍规划不同阶段目标、发展规模、布局、结构、建设时序,以及规划包含的具体建设项目的建设计划等可能对生态环境造成影响的规划内容;给出规划与法规政策、上层位规划、区域"三线一单"管控要求、同层位规划在环境目标、生态保护、资源利用等方面的符合性和协调性分析结论,重点明确规划之间的冲突与矛盾。

(3) 现状调查与评价 通过调查评价区域资源利用状况、环境质量现状、生态状况及生态功能等,说明评价区域内的环境敏感区、重点生态功能区的分布情况及其保护要求,分析区域水资源、土地资源、能源等各类自然资源现状利用水平和变化趋势,评价区域环境质量达标情况和演变趋势,区域生态系统结构与功能状况和演变趋势,明确区域主要生态环境问题、资源利用和保护问题及成因。对已开发区域进行环境影响回顾性分析,说明区域生态环境问题与上一轮规划实施的关系。明确提出规划实施的资源、生态、环境制约因素。

(4) 环境影响识别与评价指标体系构建 识别规划实施可能影响的资源、生态、环境要素及其范围和程度,确定不同规划时段的环境目标,建立评价指标体系,给出评价指标值。

(5) 环境影响预测与评价 设置多种预测情景,估算不同情景下规划实施对各类支撑性资源的需求量和主要污染物的产生量、排放量,以及主要生态因子的变化量。预测与评价不同情景下规划实施对生态系统结构和功能、环境质量、环境敏感区的影响范围与程度,明确规划实施后能否满足环境目标的要求。根据不同类型规划及其环境影响特点,开展人群健康风险分析、环境风险预测与评价。评价区域资源与环境对规划实施的承载能力。

(6) 规划方案综合论证和优化调整建议 根据规划环境目标可达性论证规划的目标、规

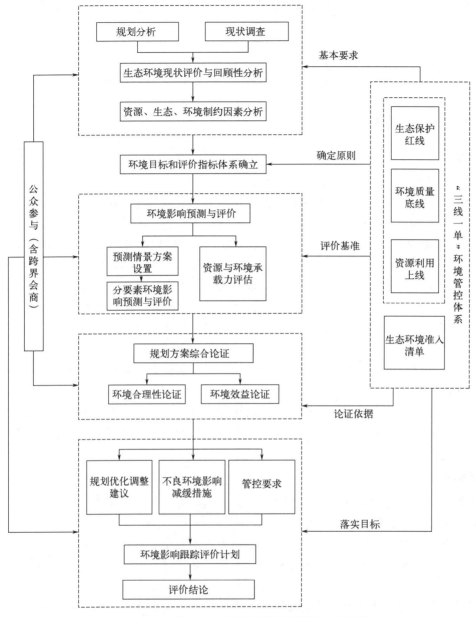

图 11-1 规划环境影响评价工作程序

模、布局、结构等规划内容的环境合理性，以及规划实施的环境效益。介绍规划环评与规划编制互动情况。明确规划方案的优化调整建议，并给出调整后的规划布局、结构、规模、建设时序。

（7）环境影响减缓对策和措施　给出减缓不良生态环境影响的环境保护方案和管控要求。

（8）规划所包含建设项目环评要求　如规划方案中包含具体的建设项目，应给出重大建设项目环境影响评价的重点内容要求和简化建议。

（9）环境影响跟踪评价计划　说明拟定的跟踪监测与评价计划。

（10）公众参与和会商意见处理　说明公众意见、会商意见回复和采纳情况。

(11) 评价结论　归纳总结评价工作成果，明确规划方案的环境合理性，以及优化调整建议和调整后的规划方案。

第二节　规划环境影响评价识别与指标

一、规划分析与环境影响识别

1. 规划分析

规划分析应包括规划概述和规划的协调性分析。

(1) 规划概述　介绍规划编制的背景和定位，结合图、表梳理分析规划的空间范围和布局，规划不同阶段目标、发展规模、布局、结构（包括产业结构、能源结构、资源利用结构等）、建设时序、配套基础设施等可能对生态环境造成影响的规划内容，梳理规划的环境目标、环境污染治理要求、环保基础设施建设、生态保护与建设等方面的内容。如规划方案包含的具体建设项目有明确的规划内容，应说明其建设时段、内容、规模、选址等。

(2) 规划的协调性分析　筛选出与本规划相关的生态环境保护法律法规、环境经济政策、环境技术政策、资源利用和产业政策，分析本规划与其相关要求的符合性。

分析规划规模、布局、结构等规划内容与上层位规划、区域"三线一单"管控要求、战略或规划环评成果的符合性，识别并明确在空间布局以及资源保护与利用、生态环境保护等方面的冲突和矛盾。

筛选出在评价范围内与本规划同层位的自然资源开发利用或生态环境保护相关规划，分析与同层位规划在关键资源利用和生态环境保护等方面的协调性，明确规划与同层位规划间的冲突和矛盾。

2. 环境影响识别

规划环境影响识别是指识别环境可行的规划方案实施后可能导致的主要环境影响及其性质，编制规划的环境影响识别表。

根据规划方案的内容、年限，识别和分析评价期内规划实施对资源、生态、环境造成影响的途径、方式，以及影响的性质、范围和程度。识别规划实施可能产生的主要生态环境影响和风险。

对于可能产生具有易生物蓄积、长期接触对人群和生物产生危害作用的无机和有机污染物、放射性污染物、微生物等的规划，还应识别规划实施产生的污染物与人体接触的途径以及可能造成的人群健康风险。

对资源、生态、环境要素的重大不良影响，可从规划实施是否导致区域环境质量下降和生态功能丧失、资源利用冲突加剧、人居环境明显恶化等方面进行分析与判断。

通过环境影响识别，筛选出受规划实施影响显著的资源、生态、环境要素，作为环境影响预测与评价的重点。

二、环境目标与规划环境影响评价指标

1. 环境目标

环境目标是开展规划环境影响评价的依据，可根据规划区域、规划实施直接影响的周边

地域的生态功能和环境保护、生态建设规划确定的目标，遵照有关环境保护政策、法规和标准，以及区域、行业的其他环境保护要求，确定规划应满足的环境目标。

针对规划可能涉及的环境主题、敏感环境要素以及主要制约因素，按照有关的环境保护政策、法规和标准拟定或确认规划环境影响评价的环境目标，包括规划涉及的区域和行业的环境保护目标以及规划设定的环境目标。规划涉及的环境问题可按当地环境（包括自然景观、文化遗产、人群健康、社会经济、噪声、交通等）、自然资源（包括水、空气、土壤、动植物、矿产、能源、固体废物）、全球环境（包括气候、生物多样性）三大类分别表述。

2. 评价指标

评价指标是用以评价规划环境可行性的、量化了的环境目标，一般可将环境目标分解成环境质量、生态保护、资源可持续利用、社会环境、环境经济等评价主题，筛选出表征评价主题的具体评价指标。对于现状调查与评价中确定的制约规划实施的生态、环境、资源因素，应作为筛选的重点。

评价指标应优先选取能体现国家环境保护的战略、政策和要求，突出规划的行业特点及其主要环境影响特征，同时符合评价区域环境特征的、易于统计、比较、量化的指标。

评价指标值的确定应符合相关环境保护政策、法规和标准中规定的限值要求，如国内政策、法规和标准中没有的指标值也可参考国际标准限值；对于不易量化的指标应经过专家论证，给出半定量的指标值或定性说明。目前较为通用的指标包括生物量指标、生物多样性指标、土地占用指标、土壤侵蚀量指标、大气环境容量指标、温室气体排放量指标、声环境功能区划、地面水功能区划、水污染因子排放标准等。

第三节　规划环境影响现状调查与评价

现状调查与评价一般包括自然环境状况、社会经济概况、资源分布与利用状况、环境质量和生态状况等内容。实际工作中应遵循以点带面、点面结合、突出重点的原则，针对规划的环境影响特点和环境目标要求，选择应调查、评价的具体内容，并确定具体的参数。

现状调查可充分搜集和利用近期（一般为一个规划周期或更长）已有的有效资料。当已有资料不能满足评价要求，特别是需要评价规划方案中重大规划建设项目的环境影响时，需进行补充调查和现场监测。

一、现状调查内容

1. 自然地理状况调查

调查的主要内容包括评价范围内的地形地貌，河流、湖泊（水库）、海湾的水文情况，水文地质状况，气候与气象特征等。

2. 社会经济概况调查

评价范围内的人口规模、分布，经济规模与增长率，交通运输结构、空间布局等；重点关注评价区域的产业结构、主导产业及其布局、重大基础设施布局及建设情况等，附相应图件。

3. 环保基础设施建设及运行情况调查

评价范围内的污水处理设施（含管网）规模、分布、处理能力和处理工艺、服务范围；

集中供热、供气情况；大气、水、土壤污染综合治理情况；区域噪声污染控制情况；一般工业固体废物与危险废物利用处置方式和利用处置设施情况（包括规模、分布、处理能力、处理工艺、服务范围和服务年限等）；现有生态保护工程及实施效果；环保投诉情况等。

4. 资源利用状况调查

① 主要用地类型、面积及其分布，土地资源利用上线及开发利用状况，土地资源重点管控区，附土地利用现状图。

② 水资源总量、时空分布，水资源利用上线及开发利用状况和耗用状况（包括地表水和地下水），海水与再生水利用状况，水资源重点管控区，附有关的水系图及水文地质相关图件。

③ 能源利用上线及能源消费总量、能源结构及利用效率。

④ 矿产资源类型与储量、生产和消费总量、资源利用效率等，并附矿产资源分布图。

⑤ 旅游资源和景观资源的地理位置、范围及开发利用状况等，并附相关图件。

⑥ 滩涂、岸线资源及其利用状况，附相关图件。

⑦ 重要生物资源（如林地资源、草地资源、渔业资源、海洋生物资源）和其他对区域经济社会发展有重要价值的资源地理分布、储量及其开发利用状况，附相关图件。

5. 环境质量现状调查

① 地表水环境。水功能区划、海洋功能区划、近岸海域环境功能区划、保护目标及各功能区水质达标情况；主要水污染因子和特征污染因子、水环境控制单元主要污染物排放现状、环境质量改善目标要求；地表水控制断面位置及达标情况、主要水污染源分布和污染贡献率（包括工业、农业、生活污染源和移动源）、单位国内生产总值废水及主要水污染物排放量；附水功能区划图、控制断面位置图、海洋功能区划图、近岸海域环境功能区划图、水环境控制单元图、主要水污染源排放口分布图和现状监测点位图。

② 地下水环境。环境水文地质条件，包括含（隔）水层结构及分布特征、地下水补径排条件、地下水流场等；地下水利用现状，地下水水质达标情况，主要污染因子和特征污染因子；附环境水文地质相关图件，现状监测点位图。

③ 大气环境。大气环境功能区划、保护目标及各功能区环境空气达标情况；主要污染因子和特征污染因子、大气环境控制单元主要污染物排放现状、环境质量改善目标要求；主要大气污染源分布和污染贡献率（包括工业、农业和生活污染源）、单位国内生产总值主要大气污染物排放量；附大气环境功能区划图、大气环境管控分区图、重点污染源分布图和现状监测点位图。

④ 声环境。声环境功能区划、保护目标及各功能区声环境质量达标情况，并附声环境功能区划图和现状监测点位图。

⑤ 土壤环境。土壤主要理化特征，主要土壤污染因子和特征污染因子，土壤中污染物含量，土壤污染风险防控区及防控目标，附土壤现状监测点位图；海洋沉积物质量达标情况。

6. 生态状况及生态功能调查

生态保护红线与管控要求；生态功能区划、主体功能区划；生态系统的类型（森林、草原、荒漠、冻原、湿地、水域、海洋、农田、城镇等）及其结构、功能和过程；植物区系与主要植被类型，珍稀、濒危、特有、狭域野生动植物的种类、分布和生境状况；主要生态问题的类型、成因、空间分布、发生特点等；附生态保护红线图、生态空间图、重点生态功能区划图及野生动植物分布图等。

7. 环境敏感区和重点生态功能区调查

环境敏感区的类型、分布、范围、敏感性（或保护级别）、主要保护对象及相关环境保护要求等，与规划布局空间位置关系，附相关图件；重点生态功能区的类型、分布、范围和生态功能，与规划布局空间位置关系，附相关图件。

8. 其他调查

固体废物（一般工业固体废物、一般农业固体废物、危险废物、生活垃圾）产生量及单位国内生产总值固体废物产生量，危险废物的产生量、产生源分布等。

现状调查的方式和方法主要有：资料收集、现场踏勘、环境监测、生态调查、社会经济学调查（如问卷调查、专门访谈、专题座谈会等）。

二、现状分析与评价

规划环境影响评价的现状分析与评价主要包括以下几个方面的内容。

1. 资源利用现状评价

明确与规划实施相关的自然资源、能源种类，结合区域资源禀赋及合理利用水平或上限要求，分析区域水资源、土地资源、能源等各类资源利用的现状水平和变化趋势。

2. 环境与生态现状评价

① 结合各类环境功能区划及其目标质量要求，评价区域水、大气、土壤、声等环境要素的质量现状和演变趋势，明确主要特征和污染因子，并分析其主要来源；分析区域环境质量达标情况、主要环境敏感区保护等方面存在的问题及成因，明确需解决的主要环境问题。

② 结合区域生态系统的结构与功能状况，评价生态系统的重要性和敏感性，分析生态状况和演变趋势及驱动因子。当评价区域涉及环境敏感区和重点生态功能区时，应分析其生态现状、保护现状和存在的问题等；当评价区域涉及受保护的关键物种时，应分析该物种种群与重要生境的保护现状和存在问题。明确需解决的主要生态保护和修复问题。

3. 主要行业经济和污染贡献率分析

分析评价区域主要污染行业的经济贡献率、资源消耗率（该行业的资源消耗量占资源消耗总量之比）和污染贡献率（该行业的污染物排放量占污染物排放总量之比），并与国内先进水平、国际先进水平进行对比分析，评价区域主要行业的资源、环境效益水平。

4. 已开发区域环境影响回顾性评价

结合上一轮规划实施情况或区域发展历程，分析区域生态环境演变趋势和现状生态环境问题与上一轮规划实施或发展历程的关系，调查分析上一轮规划环评及审查意见落实情况和环境保护措施的效果，提出本次评价应重点关注的生态环境问题及解决途径。

现状分析与评价的方式和方法主要有：专家咨询、综合指数法、叠图分析、生态学分析法（生态系统健康评价法、指示物种评价法、景观生态学评价法等）。

第四节 规划环境影响预测与评价

规划环境影响评价的主要目的是综合分析规划实施前区域的资源、环境承载能力，结合影响预测结果，评价规划实施给区域资源、环境带来的压力，并针对规划基础条件、具体方案两方面不确定性分析给出的不同发展情景，进行同等深度的影响预测与评价，为提出评价推荐的规划方案和优化调整建议提供支撑。

规划环境影响预测与评价的主要内容包括以下几个方面：

一、规划开发强度分析

① 通过对规划要素的深入分析，选择与规划方案性质、发展目标等相近的国内外同类型已实施规划进行类比分析（如区域已开发，可采用环境影响回顾性分析的资料），依据现状调查与评价的结果，同时考虑科技进步和能源替代等因素，结合不确定性分析设置的不同发展情景，采用负荷分析、投入产出分析等方法，估算关键性资源的需求量和污染物（包括影响人群健康的特定污染物）的排放量。

② 选择与规划方案和规划所在区域生态系统（组成、结构、功能等）相近的已实施规划进行类比分析，依据生态现状调查与评价的结果，同时考虑生态系统自我调节和生态修复等因素，结合不确定性分析设置的不同发展情景，采用专家咨询、趋势分析等方法，估算规划实施的生态影响范围和持续时间，以及主要生态因子的变化量（如生物量、植被覆盖率、珍稀濒危和特有物种生境损失量、水土流失量、斑块优势度等）。

二、影响预测与评价的要求与内容

① 预测情景设置。应结合规划所依托的资源环境和基础设施建设条件、区域生态功能维护和环境质量改善要求等，从规划规模、布局、结构、建设时序等方面，设置多种情景开展环境影响预测与评价。

② 规划实施生态环境压力分析。依据环境现状评价和回顾性分析结果，考虑技术进步等因素，估算不同情景下水、土地、能源等规划实施支撑性资源的需求量和主要污染物（包括常规污染物和特征污染物）的产生量、排放量。

依据生态现状评价和回顾性分析结果，考虑生态系统演变规律及生态保护修复等因素，评估不同情景下主要生态因子（如生物量、植被覆盖度/率、重要生境面积等）的变化量。

③ 影响预测与评价。

a. 水环境影响预测与评价。预测不同情景下规划实施导致的区域水资源、水文情势、海洋水文动力环境和冲淤环境、地下水补径排状况等的变化，分析主要污染物对地表水和地下水、近岸海域水环境质量的影响，明确影响的范围、程度，评价水环境质量的变化能否满足环境目标要求，绘制必要的预测与评价图件。

b. 大气环境影响预测与评价。预测不同情景下规划实施产生的大气污染物对环境空气质量的影响，明确影响范围、程度，评价大气环境质量的变化能否满足环境目标要求，绘制必要的预测与评价图件。

c. 土壤环境影响预测与评价。预测不同情景下规划实施的土壤环境风险，评价土壤环境的变化能否满足相应环境管控要求，绘制必要的预测与评价图件。

d. 声环境影响预测与评价。预测不同情景下规划实施对声环境质量的影响，明确影响范围、程度，评价声环境质量的变化能否满足相应的功能区目标，绘制必要的预测与评价图件。

e. 生态影响预测与评价。预测不同情景下规划实施对生态系统结构、功能的影响范围和程度，评价规划实施对生物多样性和生态系统完整性的影响，绘制必要的预测与评价图件。

f.环境敏感区影响预测与评价。预测不同情景下规划实施对评价范围内生态保护红线、自然保护区等环境敏感区的影响，评价其是否符合相应的保护和管控要求，绘制必要的预测与评价图件。

g.人群健康风险分析。对可能产生具有易生物蓄积、长期接触对人群和生物产生危害作用的无机和有机污染物、放射性污染物、微生物等的规划，根据上述特定污染物的环境影响范围，估算暴露人群数量和暴露水平，开展人群健康风险分析。

h.环境风险预测与评价。对于涉及重大环境风险源的规划，应进行风险源及源强、风险源叠加、风险源与受体响应关系等方面的分析，开展环境风险评价。

三、累积环境影响预测与分析

识别和判定规划实施可能发生累积环境影响的条件、方式和途径，预测和分析规划实施与其他相关规划在时间和空间上的累积环境影响。

四、资源环境承载力评估

① 资源与环境承载力分析。分析规划实施支撑性资源（水资源、土地资源、能源等）可利用（配置）上线和规划实施主要环境影响要素（大气、水等）污染物允许排放量，结合现状利用和排放量、区域削减量，分析各评价时段剩余可利用的资源量和剩余污染物允许排放量。

② 资源与环境承载状态评估。根据规划实施新增资源消耗量和污染物排放量，分析规划实施对各评价时段剩余可利用资源量和剩余污染物允许排放量的占用情况，评估资源与环境对规划实施的承载状态。

第五节 规划方案综合论证和优化调整建议

一、环境合理性论证

依据环境影响识别后建立的规划要素与资源、环境要素之间的动态响应关系，综合各种资源与环境要素的影响预测和分析、评价结果，分别论证规划目标与发展定位、规划规模、规划布局、规划结构、环境保护目标与评价指标的环境合理性。

1.环境合理性论证的内容与方法

① 基于区域环境保护目标以及"三线一单"要求，结合规划协调性分析结论，论证规划目标与发展定位的环境合理性。

② 基于环境影响预测与评价和资源与环境承载力评估结论，结合资源利用上线和环境质量底线等要求，论证规划规模和建设时序的环境合理性。

③ 基于规划布局与生态保护红线、重点生态功能区、其他环境敏感区的空间位置关系和对以上区域的影响预测结果，结合环境风险评价的结论，论证规划布局的环境合理性。

④ 基于环境影响预测与评价和资源与环境承载力评估结论，结合区域环境管理和循环经济发展要求，以及规划重点产业的环境准入条件和清洁生产水平，论证规划用地结构、能

源结构、产业结构的环境合理性。

⑤ 基于规划实施环境影响预测与评价结果,结合生态环境保护措施的经济技术可行性、有效性,论证环境目标的可达性。

2. 不同类型规划方案综合论证重点

进行环境合理性综合论证时,应针对不同类型规划的环境影响特点,突出论证重点。

① 对于资源能源消耗量大、污染物排放量高的行业规划,重点从流域和区域资源利用上线、环境质量底线对规划实施的约束、规划实施可能对环境质量的影响程度、环境风险、人群健康风险等方面,论述规划拟定的发展规模、布局(及选址)和产业结构的环境合理性。

② 对土地利用的有关规划和区域、流域、海域的建设、开发利用规划,农业、畜牧业、林业、能源、水利、旅游、自然资源开发专项规划,重点从流域或区域生态保护红线、资源利用上线对规划实施的约束,以及规划实施对生态系统及环境敏感区、重点生态功能区结构、功能的影响和生态风险等角度,论述规划方案的环境合理性。

③ 对于公路、铁路、城市轨道交通、航运等交通类规划,重点从规划实施对生态系统结构、功能所造成的影响,规划布局与评价区域生态保护红线、重点生态功能区、其他环境敏感区的协调性等方面,论述规划布局(及选线、选址)的环境合理性。

④ 对于产业园区等规划,重点从区域资源利用上线、环境质量底线对规划实施的约束、规划及包括的交通运输实施可能对环境质量的影响程度以及环境风险与人群健康风险等方面,综合论述规划规模、布局、结构、建设时序以及规划环境基础设施、重大建设项目的环境合理性。

⑤ 对于城市规划、国民经济与社会发展规划等综合类规划,重点从区域资源利用上线、生态保护红线、环境质量底线对规划实施的约束,城市环境基础设施对规划实施的支撑能力、规划及相关交通运输实施对改善环境质量、优化城市生态格局、提高资源利用效率的作用等方面,综合论述规划方案的环境合理性。

二、规划方案对可持续发展影响的综合论证

综合分析规划实施可能带来的直接和间接的社会、经济、生态效应,从促进社会、经济发展与环境保护相协调和区域可持续发展能力的角度,结合相关产业政策和环保要求,针对规划目标定位和规划要素阐明规划制定、完善和实施过程中所依据的环保要求与原则和所应关注的敏感环境问题。

分析规划方案及其实施可能造成的不良环境影响,规划实施所需要占用、消耗或依赖的环境资源条件等,对其他相关部门、行业政策和规划实施造成的影响,提出协调相关规划实施或避免规划间矛盾冲突的原则或策略。

三、规划方案的优化调整建议

根据规划方案的环境合理性和环境效益论证结果,对规划内容提出明确的、具有可操作性的优化调整建议。主要对以下出现的情景做出调整:

① 规划的主要目标、发展定位不符合上层位主体功能区规划、区域"三线一单"等要求。

② 规划空间布局和包含的具体建设项目选址、选线不符合生态保护红线、重点生态功

能区以及其他环境敏感区的保护要求。

③ 规划开发活动或包含的具体建设项目不满足区域生态环境准入清单要求,属于国家明令禁止的产业类型或不符合国家产业政策、环境保护政策。

④ 规划方案中配套的生态保护、污染防治和风险防控措施实施后,区域的资源、生态、环境承载力仍无法支撑规划实施,环境质量无法满足评价目标,或仍可能造成重大的生态破坏和环境污染,或仍存在显著的环境风险。

⑤ 规划方案中有依据现有科学水平和技术条件,无法或难以对其产生的不良环境影响的程度或范围做出科学、准确判断的内容。

规划的优化调整建议应全面、具体、可操作,如对规划规模提出的调整建议,应明确调整后的规划规模,并保证实施后资源、环境承载力可以支撑。明确调整后的规划方案,作为评价推荐的规划方案。

第六节 环境影响减缓措施及跟踪评价

一、环境影响减缓的措施

规划的环境影响减缓对策和措施是针对评价推荐的规划方案实施后可能产生的不良环境影响,在充分评估规划方案中已明确的环境污染防治、生态保护、资源能源增效等相关措施的基础上,提出的环境保护方案和管控要求。

环境影响减缓对策和措施应具有针对性和可操作性,能够指导规划实施中的生态环境保护工作,有效预防重大不良生态环境影响的产生,并促进环境目标在相应的规划期限内可以实现。

环境影响减缓对策和措施一般包括生态环境保护方案和管控要求。主要内容包括:

① 提出现有生态环境问题解决方案,规划区域整体性污染治理、生态修复与建设、生态补偿等环境保护方案,以及与周边区域开展联防联控等预防和减缓环境影响的对策措施。

② 提出规划区域资源能源可持续开发利用、环境质量改善等目标、指标性管控要求。

③ 对于产业园区等规划,从空间布局约束、污染物排放管控、环境风险防控、资源开发利用等方面,以清单方式列出生态环境准入要求。

二、规划所包含建设项目环评要求

如规划方案中包含具体的建设项目,应针对建设项目所属行业特点及其环境影响特征,提出建设项目环境影响评价的重点内容和基本要求,并依据规划环评的主要评价结论提出建设项目的生态环境准入要求(包括选址或选线、规模、资源利用效率、污染物排放管控、环境风险防控和生态保护要求等)、污染防治措施建设要求等。

对符合规划环评环境管控要求和生态环境准入清单的具体建设项目,应将规划环评结论作为重要依据,其环评文件中选址选线、规模分析内容可适当简化。当规划环评资源、环境现状调查与评价结果仍具有时效性时,规划所包含的建设项目环评文件中现状调查与评价内容可适当简化。

三、环境影响跟踪评价计划

《规划环境影响评价条例》第二十四条明确规定：对环境有重大影响的规划实施后，规划编制机关应当及时组织规划环境影响的跟踪评价，将评价结果报告规划审批机关，并通报环境保护等有关部门。

结合规划实施的主要生态环境影响，拟定跟踪评价计划，监测和调查规划实施对区域环境质量、生态功能、资源利用等的实际影响，以及不良生态环境影响减缓措施的有效性。

跟踪评价取得数据、资料和评价结果应能够说明规划实施带来的生态环境质量实际变化，反映规划优化调整建议、环境管控要求和生态环境准入清单等对策措施的执行效果，并为后续规划实施、调整、修编，完善生态环境管理方案和加强相关建设项目环境管理等提供依据。

跟踪评价计划应包括工作目的、监测方案、调查方法、评价重点、执行单位、实施安排等内容。主要包括：

① 明确需重点调查、监测、评价的资源生态环境要素，提出具体监测计划及评价指标，以及相应的监测点位、频次、周期等。

② 提出调查和分析规划优化调整建议、环境影响减缓措施、环境管控要求和生态环境准入清单落实情况和执行效果的具体内容和要求，明确分析和评价不良生态环境影响预防和减缓措施有效性的监测要求和评价准则。

③ 提出规划实施对区域环境质量、生态功能、资源利用等的阶段性综合影响，环境影响减缓措施和环境管控要求的执行效果，后续规划实施调整建议等跟踪评价结论的内容和要求。

四、公众参与和会商意见处理

收集整理公众意见和会商意见，对于已采纳的，应在环境影响评价文件中明确说明修改的具体内容；对于未采纳的，应说明理由。

五、评价结论

评价结论是对全部评价工作内容和成果的归纳总结，应文字简洁、观点鲜明、逻辑清晰、结论明确。

在评价结论中应明确以下内容：

① 区域生态保护红线、环境质量底线、资源利用上线，区域环境质量现状和演变趋势，资源利用现状和演变趋势，生态状况和演变趋势，区域主要生态环境问题、资源利用和保护问题及成因，规划实施的资源、生态、环境制约因素。

② 规划实施对生态、环境影响的程度和范围，区域水、土地、能源等各类资源要素和大气、水等环境要素对规划实施的承载能力，规划实施可能产生的环境风险，规划实施环境目标可达性分析结论。

③ 规划的协调性分析结论，规划方案的环境合理性和环境效益论证结论，规划优化调整建议等。

④ 减缓不良环境影响的生态环境保护方案和管控要求。

⑤ 规划包含的具体建设项目环境影响评价的重点内容和简化建议等。
⑥ 规划实施环境影响跟踪评价计划的主要内容和要求。
⑦ 公众意见、会商意见的回复和采纳情况。

案例分析

某矿区位于内蒙古锡林浩特市，矿区煤炭资源分布面积广，煤层赋存稳定，资源十分丰富，是适宜露天和井工开采的特大型煤田，是我国重要的能源基地。矿区东西长 40km，南北宽 35km，规划面积 960km²，均衡生产服务年限为 100 年。境界内地质储量 19669Mt，主采煤层平均厚度 10.65m，其中露天开采储量 14160Mt，井工开采储量 5509Mt，另外还有后备区 1070Mt，暂未利用储量 1703Mt。为合理开发煤炭资源，当地拟定该矿区开发的规划，包括井田划分方案，煤炭洗选及加工转化规划，矿区地面设施规划（矿井及选煤厂、附属企业、铁路专用线、瓦斯电厂、煤矸石综合利用电厂等），矿区给排水规划和环境保护规划等。该矿区内目前已有一座露天矿在生产。区内只有一条河流流过，矿区地处中纬度的西风带，属半干旱大陆性气候，草原面积占 97.3%，森林覆盖率 1.23%。多年来，由于干旱、大风、过牧等因素的影响，保护区的生态环境十分恶劣，沙化、退化草场所占比例扩展到 64%。特别是近几年来，由于连续遭受干旱、沙尘暴等自然灾害，有的地方连续两年寸草不生。水资源短缺，地下水补给主要靠大气降水和地表水渗入。

1. 该规划环评的主要保护目标是什么？
2. 该规划环评的主要评价内容有哪些？
3. 列出该评价的重点。
4. 矿区内河流已无环境容量，应如何利用污废水？
5. 应从哪几方面进行矿区总体规划的合理性论证？

思考题

1. 规划环境影响评价的概念和特点是什么？
2. 规划环境影响评价的目的及在工作中应遵循的原则是什么？
3. 规划环境影响评价的工作程序是什么？
4. 规划环境影响评价的主要内容有哪些？
5. 目前规划环境影响评价的常用方法是什么？
6. 环境目标和评价指标定义是什么？
7. 规划分析的基本内容有哪些？
8. 规划环境影响识别的内容和方法是什么？
9. 规划环境影响预测内容和方法是什么？
10. 规划环境影响评价的减缓措施有哪些？
11. 规划环境影响评价对实施可持续发展战略有何重要意义？

参考文献

[1] 中华人民共和国环境影响评价法[Z].
[2] 规划环境影响评价条例[Z].
[3] 规划环境影响评价技术导则[S].HJ/T 130—2019.
[4] 徐鹤.规划环境影响评价技术方法研究[M].北京：科学出版社，2020.
[5] 李淑芹，孟宪林.环境影响评价[M].3版.北京：化学工业出版社，2022.
[6] 都小尚，郭怀成.区域规划环境影响评价方法及应用研究[M].北京：科学出版社，2021.
[7] 张玉环，刘晓文.流域综合规划环境影响评价关键技术研究[M].北京：中国环境出版社，2021.

第十二章

公 众 参 与

为推进和规范环境影响评价活动中的公众参与，保障公众环境保护知情权、参与权、表达权和监督权，2006年2月发布并于2018年4月重新修订的《环境影响评价公众参与办法》，其中第三条规定：国家鼓励公众参与环境影响评价。环境影响评价公众参与遵循依法、有序、公开、便利的原则。

推动公众依法有序参与环境保护，是党和国家的明确要求，也是加快转变经济社会发展方式和全面深化改革步伐的客观需求。党的十八大报告明确指出："保障人民知情权、参与权、表达权、监督权，是权力正确运行的重要保证。"

《中华人民共和国环境保护法》第五条规定："环境保护坚持保护优先、预防为主、综合治理、公众参与、损害担责的原则。"

《中华人民共和国环境影响评价法》第五条也规定："国家鼓励有关单位、专家和公众以适当方式参与环境影响评价。"

2015年4月，中共中央、国务院《关于加快推进生态文明建设的意见》中提出要"鼓励公众积极参与。完善公众参与制度，及时准确披露各类环境信息，扩大公开范围，保障公众知情权，维护公众环境权益。"

为贯彻落实党和国家对环境保护公众参与的具体要求，满足公众对良好生态环境的期待和参与环境保护事务的热情，2015年7月，环境保护部发布《环境保护公众参与办法》，这是我国首个对环境保护公众参与做出专门规定的部门规章，可切实保障公民、法人和其他组织获取环境信息、参与和监督环境保护的权利，畅通参与渠道，规范引导公众依法、有序、理性参与，促进环境保护公众参与更加健康地发展。

环境影响评价过程中要求专项规划编制机关应当在规划草案报送审批前，举行论证会、听证会，或者采取其他形式，征求有关单位、专家和公众对环境影响报告书草案的意见。建设单位应当依法听取环境影响评价范围内的公民、法人和其他组织的意见，鼓励建设单位听取环境影响评价范围之外的公民、法人和其他组织的意见。

第一节 环境影响评价中的公众参与

一、概述

《中华人民共和国环境保护法》（2014年修订）第五章第五十三条明确规定：公民、法人和其他组织依法享有获取环境信息、参与和监督环境保护的权利。第五十六条明确规定：对依法应当编制环境影响报告书的建设项目，建设单位应当在编制时向可能受影响的公众说明情况，充分征求意见。《中华人民共和国环境影响评价法》第二十一条明确规定：除国家规定需要保密的情形外，对环境可能造成重大影响、应当编制环境影响报告书的建设项目，建设单位应当在报批建设项目环境影响报告书前，举行论证会、听证会，或者采取其他形式，征求有关单位、专家和公众的意见。建设单位报批的环境影响报告书应当附具对有关单位、专家和公众的意见采纳或者不采纳的说明。为贯彻《中华人民共和国环境保护法》《中华人民共和国环境影响评价法》《建设项目环境保护管理条例》，规范和指导环境影响评价中的公众参与工作，中华人民共和国生态环境部 2018 年颁布的《环境影响评价公众参与办法》中规定，建设单位或者其委托的环境影响评价机构、生态环境主管部门应当按照规定采用便于公众知悉的方式，向公众公开有关环境影响评价的信息。

公众参与是指社会群众、社会组织、单位或个人作为主体，在其权利义务范围内有目的的社会行动。

"公众参与"是一种有计划的行动，它通过政府部门和开发行动负责单位与公众之间双向交流，使公民能参加决策过程并且防止和化解公民和政府机构与开发单位之间、公民与公民之间的冲突。公众参与的定义可以说是一个连续的、双向传递的过程。其中包括：一是促进公众充分了解负责单位如何调查和解决环境问题和环境要求的程序与方法，使公众充分了解研究项目的现状、发展以及在规划的制定和评价活动中的研究结果和结论。二是积极向有关的全体公民征求他们对目标和要求的意见。比如，征求他们喜欢如何利用资源和如何拟订比较方案或管理策略，以及他们对有关规划的制定和评价方面的任何其他信息和协助。

实质上，公众参与包括信息的前馈和反馈。前馈过程是指政府工作人员将有关公共政策的信息传递给公民。反馈则是公民将有关公共政策的信息传递给政府工作人员。反馈的信息应该有助于决策者做出及时且令人满意的决策。

二、各国公众参与概况

1. 美国环境影响评价中的公众参与制度

环境影响评价制度源于美国 1969 年的《国家环境政策法》（*The National Environmental Policy Act of 1969*，NEPA）。该法规定，凡是对于人类环境有重大影响的立法或草案，以及联邦的重要行为，都必须提出环境影响报告书。1978 年环境质量委员会又发布了《国家环境政策法实施条例》（以下简称《条例》）。该条例对环境影响评价制度的操作程序做了明确规定。根据《国家环境政策法》和《条例》的规定，美国公众参与环境影响评价制度的过程包括：

项目审查期——这是环境影响评价的最初阶段，一旦主管机构决定为其拟议行为编制环评报告，就必须在《联邦公报》进行相关信息公告，以为关注的人士提供关于联邦政府正在考虑进行一项拟议行为以及正在对该拟议行为的环境影响进行分析的说明。

确定环境影响评价报告范围期——主管机构决定在环评报告中将要涉及的问题范围并对重要问题予以确认的公众参与程序。其目的在于及早以公开方式决定议题的范围以及认定与拟议行为相关的重要问题。

准备环境影响评价报告草案期——在准备环评报告草案过程中，主管机构应当经常召开公众听证会或公众会议，以积极地寻求公众对于该拟议行为的意见，公众也可主动地表示对拟议行为的意见。

环境影响评价报告的最终文本编制期——在此期间，主管机构应当允许任何有利害关系的个人与机构对该机构是否遵守《国家环境政策法》的状况发表意见，并且在编制最终文本时，必须在最终文本中设专章以载明公众意见以及该主管机构对于公众意见的答复。

环境影响评价中的公众评论期——由《国家环境政策法》规定的公众评论程序是其审查

程序的核心。该程序允许其他机构或公众对主管机构的拟议行为进行监督并发表评论。

2. 日本环境影响评价中的公众参与制度

日本的环境影响评价制度较之美国起步稍晚，其主要模式及侧重点为环境影响的事前评价。所谓环境影响事前评价是指当计划开发的时候，要事先从开发行为给环境方面带来的所有影响的角度上进行调查、预测，公开其结果并听取关系人的意见，在此基础上评价开发计划得当与否，决定是否实施开发的过程和技术手段。在环境影响事前评价之下，环境方面的综合评价得以在事前进行，这样就强制开发者经常要留意环境与开发的调整，有意识地选择对环境方面影响最小的开发手段。更重要的是，评价的过程中允许有关的机关和居民参加，这样不仅通过关系人的监督使预测评价的错误和漏洞得到纠正，高度精度的公正调查得以确保，而且，开发与区域环境之间的协调得到重视，在预防因没有居民参加的开发引起的对区域环境的破坏上也发挥着作用。

3. 我国的公众参与概况

从对美国、日本公众参与的介绍来看，公众参与已成为环评工作中不可缺少的一部分，这是与其"大社会、小政府"的制度结构相配套的。政府依靠法律监督，公众是法律监督的手段。

我国环境影响评价制度主要是依靠生态环境主管部门负责组织审查、批准建设项目的环境影响评价。虽然《中华人民共和国环境影响评价法》中将规划和建设项目都列入环境影响评价的范围，但有关公众参与的法律规定以及实施、操作过程还有待进一步完善。

近年来，随着我国环境保护工作的逐步深入，社会公众参与环境保护工作的意识不断增强，力度也不断增加。一些人组织起来，积极地参与到保护环境的行动中去；很多行业组织、非环保专业的群众组织也开展多种形式的环保活动；很多类型的环保社团通过各种各样的社会活动参与环境保护。各地公众在为维护自身环境权益、保护生态环境积极举报各种污染和破坏环境的行为等方面积极行动，对推动我国环保工作起到了重要的作用。

我国环境保护公众参与的实施主要存在以下几个问题：

（1）公众参与的过程主要侧重于末端参与 按照我国现行相关环保立法的有关规定，公众参与基本上是对环境污染和生态破坏发生之后的参与，即末端参与，公众属于"告知性参与"，因处于被告知的地位，公众的观点、建议无法得到真正的重视，在"预案参与"方面的力度不强且相当薄弱。在公众参与环境保护的具体实践过程中，其行为也主要集中在对污染、破坏环境行为发生后，危害到自身利益时通过检举、诉讼等方式来维护自身的权益。危害的滞后性和不可恢复性是其环境问题的重要特点，因此这种末端参与对于有效地防止环境纠纷和危害不利，与公众参与的根本性质有很大差距，也影响到现行环境保护法律的有效执行。

（2）公众参与的行为以个人浅层次参与为主 由于公众本身对于环境保护相关知识的欠缺以及责任意识的淡薄，很多公众参与的环保行为主要集中在以简单的、浅层次的环保行为，如日常生活中的节约用水、用电等个人的生活行为为主。但是，需要学习环保知识并用于日常生活，或主动参加公益环保活动能够再产生一定社会效应的需要付出一些物质或者金钱为代价的环保行为，公众参与不多。

（3）公众参与缺乏相应的法律制度保障 公众缺乏对社会环境影响巨大的领域的参与机会，以我国颁布的《中华人民共和国环境影响评价法》为例，其中规定了建设项目和规划，公众可以参与，但是在国家立法、政策以及替代方案等具有战略深度的领域，公众则缺乏有效的参与。同时我国有关的法律规定："国务院和省、自治区、直辖市人民政府的生态环境行政主管部门承担着公布环境信息的义务。"环境信息公布的义务主体被限制在一个窄范围内，导致一些环境信息难以及时被公众了解，甚至导致一些地方小范围内的环境信息详细资料难以被上级部门掌握，无法满足公众参与的需求。

(4) 公众参与的形式化　目前，我国政府主导的公众参与程序，通常是：首先由各级政府或其生态环境主管部门通过新闻媒体对政府的某一环保决策宣传报道，使公众有所了解；然后让公众通过论证会、听证会等方式进行参与。但最终在环境影响报告书或审议中，公众的意见可能并未得到充分的重视，公众意见处理被形式化。

第二节　公众参与目的及程序

一、公众参与的目的

① 维护公众合法的环境权益，在环境影响评价中体现以人为本的原则；

② 更全面地了解环境背景信息，发现潜在的环境问题，提高环境影响评价的科学性和针对性；

③ 通过公众参与，提高环保措施的合理性和有效性。

环境影响评价中公众参与的目的是让公众了解项目，集思广益，使项目建设能被当地公众认可或接受，并得到公众的支持和理解，以提高项目的社会经济效益和环境效益。公众参与程序可使环境影响评价制定的环保措施更具合理性、实用性和可操作性。公众参与过程也体现了环境影响评价工作和有关部门对公众利益和权利（如居住权）的尊重，有利于提高人民群众的环境意识。

二、公众参与的原则

1. 依法原则

依据《中华人民共和国环境保护法》《中华人民共和国环境影响评价法》《规划环境影响评价条例》《建设项目环境保护管理条例》等法律法规中的相关规定，公众依法行使在环境保护过程中的知情权、参与权、表达权和监督权。

2. 有序原则

为进一步提高公众参与的效率，《环境影响评价公众参与办法》全面优化了参与的程序细节，实施分类公众参与，公众按规定的程序和形式有序参与环境影响评价全过程。

3. 公开原则

在公众参与的全过程中，应保证公众能够及时、全面并真实地了解建设项目的相关情况。

4. 便利原则

根据建设项目的性质以及所涉及区域公众的特点，选择公众易于获取的信息公开方式和便于公众参与的调查方式。

三、公众参与的作用与意义

公众参与是项目建设方或者环评方同公众之间的一种双向交流，建立公众参与环监督管理的正常机制,可使项目影响区的公众及时了解关于环境问题的信息,通过正常渠道表达自己的意见。让公众帮助辨析项目可能引起的重大的尤其是许多潜在的环境问题,了解公众关注的保护目标或问题,以便采取相应措施,使敏感的保护目标得到有效的保护。

多年实践证明,公众参与在我国的环境影响评价工作中起到了相当大的作用,主要体现在以下 4 个方面:

① 保障了公众的知情权,也体现了环评工作和有关部门对公众利益和权利的尊重。公众是环保措施实施后直接受影响的人,有权充分了解周围的环境现状,了解项目对自身居住环境的影响状况和环境发展的影响趋势。

② 有利于环评工作组制定出最佳的环保措施,使环保措施更具合理性、实用性和可操作性,增加环境影响评价的有效性。因为公众作为环境资源的使用者,对本地区的资源很了解,他们有效介入可大大充实环评组织的实力。因此要保证他们在评价中的主体地位,而不能仅被视为收集意见的对象。

③ 可对环评工作进行有效的监督,增加项目审批等环保工作的透明度,建立健全环境管理体制。其中公众监督包括两方面的内容,即监督工商企业经营者认真贯彻执行环境法和监督环保管理人员的行政行为。

④ 有利于环境法的普及,提高全社会的环境保护意识和增强法治观念。公众通过亲身的参与,可以从对环境由本能、自发的关注转变为主动、自觉的参与。

四、公众参与的工作程序

公众参与是环境影响评价过程的一个组成部分,其工作程序及与环境影响评价程序的关系如图 12-1 所示。

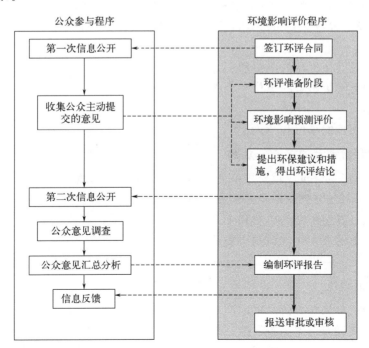

图 12-1 环境影响评价中公众参与的工作程序

五、公众的范围

1. 建设项目的利益相关方

建设项目的利益相关方指所有受建设项目影响或可以影响建设项目的单位和个人，是环境影响评价中广义的公众范围，包括：

① 受建设项目直接影响的单位和个人。如居住在项目环境影响范围内的个人；在项目环境影响范围内拥有土地使用权的单位和个人；利用项目环境影响范围内某种物质作为生产生活原料的单位；个人和建设项目实施后，因各种客观原因需搬迁的单位和个人。

② 受建设项目间接影响的单位和个人。如移民迁入地的单位和个人；拟建项目潜在的就业人群、供应商和消费者；受项目施工、运行阶段原料及产品运输、废物处置等环节影响的单位和个人；拟建项目同行业的其他单位或个人；相关社会团体或宗教团体。

③ 有关专家。特指因具有某一领域的专业知识，能够针对建设项目某种影响提出权威性参考意见，在环境影响评价过程中有必要进行咨询的专家。

④ 关注建设项目的单位和个人。如各级人大代表、各级政协委员、相关研究机构和人员、合法注册的环境保护组织。

⑤ 建设项目的投资单位或个人。

⑥ 建设项目的设计单位。

⑦ 环境影响评价单位。

⑧ 生态环境主管部门。

⑨ 其他相关行政主管部门。

2. 环境影响评价的公众范围

环境影响评价的公众范围指所有直接或间接受建设项目影响的单位和个人，但不直接参与建设项目的投资、立项、审批和建设等环节的利益相关方，是环境影响评价中狭义的公众范围，包括：

① 受建设项目直接影响的单位和个人；

② 受建设项目间接影响的单位和个人；

③ 有关专家；

④ 关注建设项目的单位和个人。

3. 环境影响评价涉及的核心公众群

建设项目环境影响评价应重点围绕主要的利益相关方（即核心公众群）开展公众参与工作，保证他们以可行的方式获取信息和发表意见。核心公众群包括：

① 受建设项目直接影响的单位和个人；

② 项目所在地的人大代表和政协委员；

③ 有关专家。

4. 公众代表的组成

① 公众代表主要从核心公众群中产生；

② 个人代表应优先考虑少数民族、妇女、残障人士和低收入者等困难群体；

③ 根据建设项目的具体影响确定相应领域的专家代表，专家代表不应参与项目投资、设计、环评等任何与项目关联的事务。

5. 核心公众的代表数量

① 受建设项目直接影响的单位代表名额不应低于单位代表总数的 85%；
② 受建设项目直接影响的个人代表名额不应低于个人代表总数的 90%；
③ 核心公众代表的基本数量要求如表 12-1 所示；
④ 线性工程选择线路经过的、有代表性的人口密集区域，按照上述原则确定核心公众代表。

表 12-1 核心公众代表的基本数量要求

公众类别	受影响群体总数	代表数量
受直接影响的单位代表/个	单位总数≤50	实际单位数量
	50＜单位总数≤100	总数的 75%，但不少于 50 个
	100＜单位总数≤200	总数的 50%，但不少于 75 个
	单位总数＞200	不少于 100 个
受直接影响的个人代表/人	总数≤100	实际人数
	100＜总数≤10000	总数的 30%，但不少于 100 人
	10000＜总数≤50000	总数的 15%，但不少于 300 人
	总数＞50000	不少于 500 人
人大代表、政协委员	—	不少于 5 人
专家	—	每个领域的专家不少于 3 人

第三节 公众参与内容

一、公众参与计划

1. 公众参与计划内容

公众参与计划应明确公众参与过程的相关细节，具体包括如下内容：
① 公众参与的主要目的；
② 执行公众参与计划的人员、资金和其他辅助条件的安排，公众参与工作时间表；
③ 核心公众的地域和数量分布情况；
④ 公众代表的选取方式、代表数量或代表名单；
⑤ 拟征求意见的事项及其确定依据；
⑥ 拟采用的信息公开方式；
⑦ 拟采用的公众意见调查方式；
⑧ 信息反馈的安排。

2. 公众参与计划有效性的影响因素

公众参与计划的可行性受多方面因素影响，应在制订计划的过程中予以充分考虑。其中，重要的影响因素包括：
① 核心公众的基本情况，如年龄、性别、民族、文化程度、对环境知识的了解程度和社会背景等；
② 当地的宗教、文化背景和管理体制；

③ 所需传达信息的情况，尤其是技术性信息的专业程度和理解的难易程度；
④ 执行公众参与计划人员的技术水平，如组织能力、沟通技巧、演讲水平和对特殊方法的掌握程度等；
⑤ 可用于公众参与的资金和其他辅助条件的情况。

二、信息公开

1. 信息公开次数、时间和形式

信息公开次数、时间和形式的具体要求见表12-2。

表12-2 信息公开的次数、时间和形式的具体要求

次数	时间	形式
第1次	建设单位确定承担环境影响评价工作的环境影响评价机构后7日内	信息公告
第2次	完成影响预测评价至报告书报送审批或重新审核前确保能够完成公众意见调查、公众参与篇章编写和信息反馈等工作内容的合理时间，最迟于环境影响报告书报送审批或审核前10日	信息公告；环境影响报告书简本

2. 信息公告的内容

（1）第一次信息公告　所含信息应包括建设项目名称；建设项目业主单位名称和联系方式；环境影响评价单位名称和联系方式；环境影响评价工作程序、审批程序以及各阶段工作初步安排；备选的公众参与方式。

（2）第二次信息公告　内容包括建设项目情况简述；建设项目对环境可能造成影响的概述；环境保护对策和措施的要点；环境影响报告书提出的环境影响评价结论的要点；公众查阅环境影响报告书简本的方式和期限，以及公众认为必要时向建设单位或者其委托的环境影响评价机构索取补充信息的方式和期限；征求公众意见的范围和主要事项；征求公众意见的具体形式；公众提出意见的起止时间。

3. 信息公开的方式

（1）信息公告的方式　信息公告的范围应能涵盖所有受到直接和间接影响公众所处的地域范围，并应采用便于公众获得的方式，保证信息准确、及时和有效传递。常用的发布信息公告的方式有：在建设项目所在地的公共媒体（如报纸、广播、电视、公共网站等）上发布公告；公开免费发放包含有关公告信息的印刷品；其他便于公众知情的信息公告方式。

（2）环境影响报告书简本公开的方式　应便于受到直接影响的公众获取，可以采用以下一种或多种方式进行公开：在特定场所提供环境影响报告书简本；制作包含环境影响报告书简本的专题网页；在公共网站或者专题网站上设置环境影响报告书简本的链接；其他便于公众获取环境影响报告书简本的方式。

三、公众意见调查内容

① 公众对建设项目所在地环境现状的看法。
② 公众对建设项目的预期。
③ 公众对减缓不利环境影响的环保措施的意见和建议。
④ 根据建设项目的具体情况，必要时还应针对特定的问题进行补充调查。同时，应允

许公众就其感兴趣的个别问题发表看法。

四、公众意见调查方法

1. 问卷调查

（1）问卷调查的基本原则　问卷调查可分为书面问卷调查和网上问卷调查。书面问卷调查是征求核心公众代表意见的方法之一，适合于征求个人代表的意见；网上问卷调查主要适用于大范围征求公众主动提交的意见，或作为征求核心公众代表意见时的辅助方法。

调查问卷所设问题应简单明确、通俗易懂，避免容易产生歧义或误导的问题。

对于可以简单回答"是"或"否"的问题，应进一步询问答案背后的原因。

应给被咨询人足够的时间了解相关信息和填写问卷。

（2）调查问卷的内容

① 调查问卷标题。应在调查问卷封面处明示调查问卷的标题内容，具体内容可参照《环境影响评价 公众参与办法》（生态环境部令〔2018〕第4号）。

② 建设项目相关信息。问卷应简单介绍建设项目的基本情况、主要环境影响、污染控制和环境保护目标、环保措施和环评结论。同时，应注明公众查阅环境影响报告书简本的时间、地点和方式。

③ 被咨询人的信息。可根据建设项目的特征、公众参与的主要目的、调查的主要内容和公众意见的统计分析方法等因素，考虑设置姓名、性别、年龄、民族、职业、文化程度、可能受到的影响类别、住址、联系方式等内容。

④ 调查题目。调查问卷的主体部分，即以提问的形式，罗列需要征求公众意见的议题或事项。

⑤ 问卷回收时间和方式。应在调查问卷封二处，明确告知被咨询人员在哪一个具体日期前、以何种形式提交调查问卷，并在封底重复提示上述信息。

⑥ 调查问卷执行单位和执行人的信息。应在调查问卷封二处，给出建设项目的建设单位和环评单位等调查问卷执行单位的地址、邮编、电话和传真等信息。同时，在封底处给出调查问卷具体执行人的姓名、所属的单位，并附执行人签字。

2. 座谈会

① 座谈会是建设项目利益相关方之间沟通信息、交换意见的双向交流过程。

② 座谈会讨论的内容应与公众意见调查的主要内容一致。

③ 可按照核心公众群的地区分布情况和核心公众代表的数量来确定座谈会的召开次数和地点。

④ 座谈会主要参加人以受直接影响的单位和个人代表为主，可邀请相关领域的专家、关注项目的研究机构和民间环境保护组织中的专业人士出席会议。

⑤ 座谈会的主持人可由建设项目的投资单位或个人、建设项目的设计单位和环境影响评价单位等担任。上述单位还应派代表出席，在座谈会开始前介绍项目情况，并在会议期间回答参会代表关于建设项目相关情况的疑问。

⑥ 座谈会主办单位应在会前5日书面告知参加人座谈会的主要内容、时间、地点和主办单位的联系方式。

⑦ 座谈会主办单位应在会后5日内准备会议纪要，描述座谈会的主要内容、时间、地

点、参会人员、会议日程和公众代表的主要意见。

3. 论证会

① 论证会是针对某种具有争议性的问题而进行的讨论和/或辩论，并力争达成某种程度一致意见的过程。

② 论证会应设置明确的议题，围绕核心议题展开讨论。论证会的次数应根据需讨论议题的数量和深度来确定。

③ 论证会的参加人主要为相关领域的专家、关注项目的研究机构、民间环境保护组织中的专业人士和具有一定知识背景的受直接影响的单位和个人代表。

④ 建设项目的投资单位或个人、建设项目的设计单位和环境影响评价单位应派代表出席论证会，在论证开始前介绍项目情况，并在会议期间回答参会代表与论证议题相关的项目情况的疑问。

⑤ 论证会的主持人可由建设项目的投资单位或个人、建设项目的设计单位和环境影响评价单位等担任。主持人应在会议开始时重申会议议题，介绍参会代表。

⑥ 论证会的规模不应过大，以 15 人以内为宜。

⑦ 论证会主办单位应在会前 7 日书面告知论证会参加人论证会的议题、时间、地点、参会代表名单、论证会主持人和主办单位的联系方式。

⑧ 论证会主办单位应准备会议笔录，尤其要如实记录不同意见，并应得到 80% 以上的参会代表签名确认。会后 5 日内应制作会议纪要，描述论证会的议题、时间、地点、参会人员、发言的主要内容和论证会结论。

4. 听证会

① 环境影响评价过程中的听证会是上述三种常规公众意见调查方法的补充，主要是针对某些特定环境问题公开倾听公众意见并回答公众的质疑，为有关的利益相关方提供公开和平等交流的机会。

② 出现下列某种或几种情况时，可考虑组织召开听证会：

a. 建设项目位于环境敏感区，且原料、产品和生产过程中涉及有毒化学物质，并存在严重污染土壤、地下水、地表水或大气的潜在风险；

b. 建设项目位于环境敏感区，且具有引起某种传染病传播和流行的潜在风险；

c. 建设单位或环境影响评价单位认为有必要针对有关环境问题进一步公开与公众进行直接交流；

d. 有关行政主管部门提出听证会要求。

五、公众意见的汇总分析和信息反馈

1. 公众意见的收集

① 公众参与期间，应设专人负责收集和整理公众发来的传真、电子邮件和问卷调查表等，并记录有关信息。

② 上述传真、电子邮件打印件（应含电子邮件地址、时间等信息）、信函、调查问卷和会议纪要等，实施公众参与的单位应存档备查。

2. 公众意见的统计分析

① 在进行统计分析前，应对有效的公众意见进行识别。环境影响评价中公众参与的有

效意见包括建设项目的环境影响评价范围、方法，数据、预测结果和结论，环保措施等有关的意见和建议。

② 某些具有建设性或意义重大的非有效公众意见和建议，如针对行政审批程序的建议、原有重大社会问题的披露等，公众参与的执行单位可将这些意见转交给相关部门。

③ 识别出有效公众意见后，应根据具体情况进行分类统计，以便对公众意见进行归纳总结，提供采纳与否的判断依据。分类可包括：

a. 年龄分布及各年龄段关注的问题；

b. 性别分布及其关注的问题；

c. 不同文化程度人群比例及其所关注的问题；

d. 不同职业人群分布及其关注的问题；

e. 少数民族所占比例及其关注的问题；

f. 宗教人士和特殊人群所占比例及其意见；

g. 受建设项目不同影响的公众的意见；

h. 主要意见的分类统计结果。

④ 本着侧重考虑直接受影响公众意见和保护弱势群体的原则，在综合分析上述公众意见、国家或地方有关规定和政策、建设项目情况以及社会文化经济条件等因素的基础上，应对各主要意见采纳与否，以及如何采纳做出说明。

3. 信息反馈

环境影响报告书报送环境保护行政主管部门审批或者重新审核前，应以适当方式将公众意见采纳与否的信息及时反馈给公众，这些方式包括：

① 信函；

② 在建设项目所在地的公共场所张贴布告；

③ 在建设项目所在地的公共媒体上公布被采纳的意见、未被采纳意见及不采纳的理由；

④ 在特定网站上公布被采纳的意见、未被采纳意见及不采纳的理由。

思考题

1. 什么是公众参与？
2. 公众参与的目的与意义是什么？
3. 公众参与的程序是什么？
4. 公众的范围有哪些？
5. 公众参与的内容有哪些？

参考文献

[1] 梁鹏，任洪岩. 环境影响评价公众参与政策法规汇编[M]. 北京：中国环境出版社，2016.

[2] 樊春燕. 环境影响评价公众参与理论与实践研究[M]. 北京：中国环境出版社，2019.

[3] 环境影响评价公众参与办法[Z]. 生态环境部第4号，2018.

第十三章

煤炭采选工程环境影响评价

煤炭是我国的基础能源和重要原料,长期以来为经济社会发展和国家能源安全稳定供应提供了有力保障。2022年,我国原煤产量为45.6亿吨,比上年增长10.5%,在我国一次能源结构中占主体地位。以生态文明理念引领煤炭工业发展,将生态环境约束转变为煤炭绿色持续发展的推动力,从煤炭开发、转化、利用各环节着手,强化全产业链统筹衔接,加强引导和监管,推进煤炭安全绿色开发,促进清洁高效利用,加快煤炭由单一燃料向原料和燃料并重转变,推动高碳能源低碳发展,最大限度减轻煤炭开发利用对生态环境的影响,实现与生态环境和谐发展。2021年6月,中国煤炭工业协会发布《煤炭工业"十四五"高质量发展指导意见》中提出:坚持以习近平新时代中国特色社会主义思想为指导,贯彻落实能源安全新战略,推进煤炭清洁高效利用,实现煤炭工业高质量发展,为国民经济平稳较快发展提供安全稳定的能源保障。推动矿区生态文明建设,因地制宜推广充填开采、保水开采、煤与共伴生资源共采等绿色低碳开采技术,鼓励原煤全部入选(洗)。做好黄河流域煤炭资源开发与生态环境保护总体规划和矿区规划,实现煤炭资源开发、建设、生产与生态环境保护工程同步设计、同步实施,提高矿区生态功能,建设绿色矿山。按照党的二十大提出的要求,我们要积极稳妥推进碳达峰碳中和,深入推进能源革命,加强煤炭清洁高效利用,加快规划建设新型能源体系,加强能源产供储销体系建设,确保能源安全。

本章主要介绍了我国煤炭采选行业发展总体概况、对环境的影响、煤炭采选基本概念、评价的基本要求、工程分析及现状调查、各环境要素的影响预测与评价、环境经济损益分析、污染物总量控制、水土保持、环境管理与监测、选址及规划符合性分析、评价结论等主要内容。

第一节 我国煤炭采选行业发展及对环境的影响

一、行业发展总体概况

煤炭是我国的基础能源和重要原料。煤炭工业是关系国家经济命脉和能源安全的重要基础产业。我国仍处于工业化、城镇化加快发展的历史阶段,能源需求总量仍有增长空间。立足国内是我国能源战略的出发点,必须将国内供应作为保障能源安全的主渠道,牢牢掌握能源安全主动权。煤炭占我国化石能源资源的90%以上,是稳定、经济、自主保障程度最高的能源。煤炭在一次能源消费中的比重将逐步降低,但在相当长时期内,主体能源地位不会变化。

《煤炭工业"十四五"高质量发展指导意见》中明确提出:到"十四五"末,国内煤炭产量控制在41亿吨左右，全国煤炭消费量控制在42亿吨左右，年均消费增长1%左右。全国煤矿数量控制在4000处以内，大型煤矿产量占85%以上，大型煤炭基地产量占97%以上；建成煤矿智能化采掘工作面1000处以上；建成千万吨级矿井（露天）数量65处、产能超过10亿吨/年。培育3～5家具有全球竞争力的世界一流煤炭企业。煤矿采煤机械化程度90%左右，掘进机械化程度75%左右；原煤入选（洗）率80%左右；煤矸石、矿井水利用与达标排放率100%。

根据我国煤矿区开发历史、资源潜力、区域经济特征，结合14个大型煤炭生产基地建设实际，科学评价14个大型煤炭基地的资源禀赋、先进产能建设、环境容量等，合理分类确定大基地功能，研究提出大基地产能建设规模，优化煤炭资源开发布局，提高保障能力。

（1）内蒙古东部（东北）、云贵基地　稳定规模、安全生产，区域保障。煤炭产量分别稳定在5亿吨/年、2.5亿吨/年左右，提高区域煤炭稳定供应保障能力。

（2）冀中、鲁西、河南、两淮基地　控制规模，提升水平，基本保障。河北、山东、河南、安徽及周边省市是我国主要煤炭消费区，煤炭需求主要依靠外部调入。基地内煤炭产量分别稳定在0.6亿吨/年、1.2亿吨/年、1.2亿吨/年、1.3亿吨/年左右。

（3）晋北、晋中、晋东、神东、陕北、黄陇基地　控制节奏，高产高效，兜底保障。控制煤炭总产能，建设一批大型智能化煤矿，提高基地长期稳定供应能力。山西、陕西、蒙西地区是我国主要煤炭生产地区，也是我国主要的煤炭调出地区，担负着全国煤炭供应保障的责任。晋北、晋中、晋东基地煤炭产量控制在9亿吨/年左右，神东基地控制在9亿吨/年左右，陕北和黄陇基地控制在6亿吨/年左右。

（4）新疆基地　科学规划，把握节奏，梯级利用。超前做好矿区总体规划，合理把握开发节奏和建设时序，就地转化与外运结合，实现煤炭梯级开发、梯级利用。"十四五"期间煤炭产量稳定在3亿吨/年左右。

（5）宁东基地　稳定规模，就地转化，区内平衡。煤炭产量稳定在0.8亿吨/年左右。

"十四五"时期，我国经济结构将进一步调整优化，能源技术革命加速演进，非化石能源替代步伐加快，生态环境约束不断强化，碳达峰和碳中和战略实施，对煤炭行业发展有机遇也有挑战。煤炭行业必须转变观念，树立新发展理念，准确把握新发展阶段的新特征新要求，加快向生产智能化、管理信息化、产业分工专业化、煤炭利用洁净化转变，加快建设以绿色低碳为特征的现代化经济体系，促进煤炭工业高质量发展，为国民经济和经济社会发展提供坚实可靠的能源保障。

二、煤炭采选对环境的影响

煤炭采选对环境的影响具有工业污染型和生态破坏型的双重特征，包括土地破坏与占用、水体污染与水文地质条件改变、大气污染、经济生产与社会生活受到影响等。煤炭采选中比较突出的环境问题主要表现在煤矸石、煤矿瓦斯和矿井水排放，以及采煤引起的地表沉陷和水土流失等几个方面。

1. 水污染

煤矿采掘中主要污染矿井水，其产生量存在较大的区域地质结构、煤层赋存、采选技术等差别，矿井水的排放量和排放特性主要由当地气候条件、地质条件决定。我国吨煤涌水量地域差别极大：我国煤矿平均吨煤排放水量为2.1t，我国北方矿区平均吨煤涌水量为

$3.8m^3$；而我国南方矿区因受气候条件、地理环境等影响，矿井涌水量大，平均吨煤涌水量为 $10m^3$ 左右；西北矿井水涌水较少，吨煤涌水量大部分在 $1.6m^3$ 以下。

《2020煤炭行业发展年度报告》数据显示，2020年，全国原煤产量完成39亿吨，按平均吨煤排放水量为2.1t计算，全国矿井水产生量约为81.9亿吨，而报告中显示2020年全国矿井水利用率达到78.7%，仍有近20亿吨矿井水排放进入水体环境。

2. 大气污染

大气污染物主要是煤炭采选过程中向空气中排放的瓦斯气体和煤炭运输和堆积过程中向大气排放的颗粒物，另外由于煤炭或矸石自燃引起的煤烟型污染也是矿区大气污染的主要类型。

瓦斯气体主要成分为 CH_4，是一种典型的温室气体，其单位体积产生的温室效应为单位 CO_2 产生的温室效应的14倍。瓦斯气体分为三种：①采选过程中的高浓度瓦斯，是指甲烷体积分数大于或等于30%经煤矿瓦斯抽放系统抽出或排放的瓦斯；②低浓度瓦斯，是指甲烷体积分数小于30%经煤矿瓦斯抽放系统抽出或排放的瓦斯；③风排瓦斯，是指煤矿采用通风方法并由风井排出的瓦斯。采选过程中一般是先采气再采煤，但是目前瓦斯利用率仅为30%，利用率低的主要原因是瓦斯气量相对较少，收集困难，发电规模不足，气体的稳定性差。

2020年，我国地面煤层气抽采量为77.7亿立方米，利用率为91.9%；2020年我国井下瓦斯抽采量为128亿立方米，利用率仅为44.8%。

煤烟型污染排放的主要污染物为 SO_2、NO_x 等酸性气体，是酸雨的罪魁祸首。颗粒物又称尘，主要来源于煤炭装卸点和运输过程中。

3. 固体废物

煤炭采选业产生的煤矸石，包括井下开采产生的煤矸石（主要来源于岩巷、半煤岩巷、井筒、硐室掘进和巷道、采场的局部冒顶以及煤层中的夹矸等）及煤炭洗选产生的矸石，其产生量和区域地质结构、煤层赋存、采选技术有关，一般为原煤产量的8%~20%，平均约为12%，差异较大；煤炭洗选加工过程，每洗选1亿吨炼焦煤排放矸石量2000万吨，每洗1亿吨动力煤，排放矸石量1500万吨。煤矸石既是煤炭采选过程中产生的固体废物，也是可利用的资源，具有双重性。2020年我国煤矸石综合利用处置率达到72.2%。

煤矸石的大量堆放，不仅影响生态环境，而且煤矸石中含有一定的可燃物，在适宜的条件下发生自燃，排放二氧化硫、氮氧化物、碳氧化物和烟尘等有害气体污染大气环境，影响居民的身体健康。对煤矸石进行资源化利用，不仅可以减少对环境的污染，节约土地，还可以改善煤炭采选业的生产结构，产生更大的经济效益。

4. 噪声污染

煤矿采选和洗选过程中噪声污染主要是由各种机械设备产生的。根据噪声产生的地点不同，分为井下噪声源和地面噪声源。井下噪声源主要来自凿岩、放炮、采煤等所用的各种机电设备。由于煤矿井下工作场所狭小，噪声得不到有效扩散，噪声源再与岩壁、煤壁等的反射噪声叠加，致使同一机电设备井下作业噪声比地面高5~6dB。地面噪声源主要集中在通风机、提升机、鼓风机等。煤矿噪声具有强度大、连续噪声多等特点，直接影响操作工人的身体健康，噪声太高还会掩蔽各种安全警报信号，造成事故。

5. 生态破坏

我国煤炭以地下开采为主，占整个煤炭产量的85%左右。据不完全统计，每采万吨原煤将塌陷土地$2000m^2$，全国因地下采煤而引起的地表塌陷总面积达$867km^2$，在众多的煤矿区中，出现严重地表塌陷的有40多座。一般而言，塌陷区面积约为煤层开采面积的1.2倍，最大下沉值为煤层采出厚度的70%~80%。煤炭开采造成的地表塌陷，不但使东部平原矿区土地大面积被积水淹没或盐渍化，而且也加剧了西部矿区水土资源流失和荒漠化，同时还可引起山地、丘陵矿区发生泥石流，山坡坍塌滑移，严重破坏土地资源和生态环境。

2020年，我国矿区的土地复垦率为57%左右，仍低于国外土地复垦率65%的平均水平。伴随经济发展和煤炭的进一步开发，每年仍将新增大量的塌陷地。

第二节　煤炭采选环境影响评价概述

一、煤炭采选基本概念

1. 煤炭地下开采

通过开掘井巷抵达煤层，开采煤炭资源的作业（又称井工开采）。

2. 煤炭露天开采

剥离上覆岩土层露出煤层后，进行煤炭资源开采的作业。

3. 选煤

利用物理或化学等方法除掉煤炭中的杂质，将煤按需要分成不同质量、规格产品的加工过程。

4. 矿井水

在煤矿建设和煤炭开采过程中产生并从井下抽排到地面的水，包括井下涌水、井下生产过程中产生的废水。

5. 露天煤矿疏干水

在露天煤矿剥离和开采过程中（或提前）产生的煤矿排水。

6. 露天煤矿矿坑水

在露天煤矿剥离和开采过程中，由地下涌入或地表汇入采坑内的积水。

7. 开采沉陷

煤炭地下开采时，因煤炭资源采出引起上覆岩土层和地表发生垂直和水平移动变形的过程和现象。

8. 煤矸石

采、掘煤炭生产过程中从顶、底板或煤夹矸混入煤中的岩石（掘进矸石）和选煤厂加工过程中排出的洗矸石。

9. 煤层气

煤层气俗称"瓦斯"，其主要成分是甲烷（CH_4），它是煤矿主要的伴生气体，是成煤过程中经过生物化学热解作用，以吸附或游离状态赋存于煤层及固岩的自储式天然气体，属于非常规天然气，是优质的化工和能源原料。

10. 建设期

建设项目的井筒与巷道开凿等井下作业，地面工业场地各厂房、站场、储运排等生产系统建设时段，或者露天矿开采时的地表土层、岩石的剥离及转运、堆存时段，均称为建设期。

11. 运行期

建设项目的煤炭开采、煤炭运输及煤炭处理时段为运行期。

12. 闭矿期

煤炭开采建设项目服务期满后，停运、关闭、恢复土地使用功能时段为闭矿期。

二、煤炭采选环境影响评价的基本要求

1. 工作分类

按照《建设项目环境影响评价分类管理名录》（2021年版），煤炭采选工程环境影响评价工作分类如表13-1所示。

表13-1 煤炭开采和洗选业环境影响评价工作分类

评价类别	报告书	报告表	登记表
煤炭开采	全部	—	—
煤炭洗选、配煤	—	全部	—
煤炭储存、集运	—	全部	—
风井场地、瓦斯抽放站	—	全部	—
矿区修复治理工程(含煤矿火烧区治理工程)	—	全部	—

2. 工作程序

煤炭采选工程环境影响评价工作程序应按照前述章节中涉及的各环境要素工作程序执行，可参考 HJ 2.1、HJ 2.2、HJ 2.3、HJ 2.4、HJ 19、HJ 169、HJ 610 的规定。

3. 规范性技术要求

① 环境影响评价工作可根据项目特点及周围环境敏感性选取环境影响因素和评价因子。
② 评价执行的标准应根据建设项目所在地区的环境功能要求，执行相应环境要素的国家或地方环境质量标准及污染物排放标准。
③ 当建设项目评价因子无国家或地方环境质量标准及污染物排放标准时，经国家或地方环境保护行政主管部门书面同意后，可参照执行国外的相关标准。

4. 评价工作等级

（1）大气环境、地表水环境、声环境、生态影响和环境风险评价等级 分别按照前述章节中涉及的各环境要素的评价工作等级划分方法执行，可参考 HJ 2.2、HJ 2.3、HJ 2.4、

HJ 19、HJ 169 中的规定。

（2）地下水环境评价等级　按照 HJ 610 的要求初步确定地下水评价工作等级，基于煤炭采选业对地下水环境的影响特征，根据评价区地下水环境敏感程度与水文地质问题，煤炭开采在不直接影响具有城镇及工业供水或潜在供水意义的含水层时，或评价区内不涉及集中供水水源地等地下水敏感保护目标时，适当降一级确定煤炭采选工程地下水评价工作等级。

5. 评价范围及环境敏感目标

（1）大气环境、地表水环境、地下水环境、声环境和环境风险评价范围　分别按照 HJ 2.2、HJ 2.3、HJ 610、HJ 2.4、HJ 169 中规定的大气环境、地表水环境、地下水环境、声环境、环境风险评价的评价工作等级确定评价范围。

工业场地、风井场地与运输道路声环境评价范围一般为厂（场）界外 200m。

（2）生态影响评价范围　按照 HJ 19 的要求初步确定生态影响评价范围，井工开采项目根据地面沉陷影响范围进一步合理确定生态评价范围；露天开采项目一般以采掘场、外排土场边界外扩 1000～2000m 作为煤炭采选工程生态评价范围。

（3）环境敏感及保护目标　按环境要素或产生环境影响的生产生活设施，分别说明受煤炭开发影响的环境敏感及保护目标；对所确定的环境敏感及保护目标，用图、表标示其与建设项目的相对位置、距离、特征及保护要求。

6. 评价时段

根据煤炭采选工程的时序特点，一般将煤炭采选工程划分为建设期和运行期；当剩余服务年限低于 5 年时，应该开展闭矿期环境影响评价。

根据我国煤炭采选工程运行服务期长的特点，应分阶段适时开展环境影响后评价。

第三节　煤炭采选环境影响工程分析及现状调查评价

一、工程分析方法

① 工程分析以设计文件为依据；
② 污染源强的确定可采用类比法、物料衡算法以及排污系数法，改扩建（或资源整合）、技术改造项目可采用实测法。

二、工程分析内容

工程分析的内容主要包括项目概况、生产工艺分析、环境影响因素分析、拟采取环境保护措施分析等基本内容，改扩建（或资源整合）、技术改造项目含现有工程存在的环境保护问题与"以新带老"要求。

1. 项目概况

包括：项目名称、建设规模、建设性质、建设地点、项目组成、产品方案及流向、总平面布置（含工业场地竖向设计与防洪）及占地面积、占用土地类型、地面运输、劳动定员、建设周期、主要技术经济指标等。

2. 煤炭资源和生产工艺分析的主要内容

① 煤炭资源赋存情况。包括井（矿）田境界、储量、煤种与煤质、煤层气、煤尘、煤

的自燃特性、有害元素含量等。

② 开拓方案与生产工艺。井工开采包括井田开拓方案、开采工艺、水平划分、采区划分及接续计划、采煤方法、首采区工作面个数和工作面参数、井下运输、通风方式、排水系统、瓦斯抽放系统等；露天开采包括采区划分及开采顺序、开采工艺及开采方法、剥采比及开采进度计划、剥离物排弃计划、露天矿防排水方案。

③ 地面生产系统。井工开采矿井包括主、副、风井生产系统，排矸系统，选煤厂生产系统和工艺流程、煤炭储装运系统、煤矸石堆置场选址等；露天开采包括煤炭破碎系统、选煤厂生产系统和工艺流程、煤炭储运系统、总平面布置、外排土场及工业场地选址等。

④ 给排水系统。包括项目分类分项用水量、排水量，设计文件提出的取水和排水方案、污废水处理方案。

⑤ 供电与供热。包括项目用电负荷、供电来源；锅炉型号及数量、热负荷、燃料种类及消耗量。

⑥ 设计文件提出的煤炭共伴生资源综合利用项目的技术特征（产品、规模、技术指标等）、选址和建设时序。

⑦ 煤炭资源和生产工艺分析应提供以下图表：井（矿）田境界图；地层综合柱状图（表）；开采煤层特征表；开采煤层煤质特征表；井田开拓平面图与剖面图；采区（盘区）开采接替顺序表；露天煤矿采区划分及开采顺序图；露天煤矿各采区主要技术指标表；露天煤矿开采进度计划及剥离物排弃计划表；项目主要设备技术特征一览表；地面生产工艺流程图；选煤厂生产工艺流程图和产品平衡表；配套公路、铁路路线主要技术特征一览表；项目生产、生活用水及排水水量表；项目水量平衡图（表）。

3. 环境影响因素分析的主要内容

（1）生态影响因素分析　简述建设期、运行期主要生态影响因素，主要包括土地占压、开采沉陷与地表挖损。

（2）环境污染影响因素分析　按建设期、运行期分别说明环境影响因素。污染源和污染物分析应主要包括废水、废气、固体废物、噪声的产生源、排放方式，废气排放口参数，废水排放量与排放去向等，主要污染物的数量、浓度（强度）。改扩建、技术改造项目还应明确原有污染源和污染物排放情况，目前存在的环境问题，工程实施后的污染源及污染物变化情况等。

4. 拟采取环境保护措施分析

简要说明拟采取的污染控制、生态恢复及沉陷治理措施。环境影响因素及拟采取的环境保护措施部分应提供的图表包括：产污环节示意图（可与地面生产工艺流程图合并）；改扩建、技术改造项目"以新带老"措施一览表；污染源及污染物排放汇总表；改扩建、技术改造项目污染物排放情况对比一览表。

三、区域自然、社会经济概况及环境质量现状调查与评价

1. 环境现状调查的原则和方法

① 环境现状调查应遵循实事求是、全面系统、重点突出、时域特征显著的原则。

② 环境现状调查范围应与各个环境要素的评价范围一致。

③ 环境现状调查一般采用收集资料法、现场调查和现状环境监测法、遥感影像解译法，

几种方法可以结合使用。采用遥感影像解译方法，遥感卫片获取时段应为近 3 年以内的有代表性意义的季节，图件的空间分辨率一般不得低于 15m。

2. 区域自然与社会经济概况调查

① 交通地理位置调查：建设项目的位置、隶属行政区划、地理坐标等。

② 自然环境调查包括：

a. 地形地貌。建设项目所在区域的地形特征。

b. 地质与矿产资源。包括地层概况、地质构造、已探明或已开采的矿产资源；可能对建设项目产生影响的地质灾害和潜在因素，如采空区、崩塌、滑坡、泥石流等。

c. 气候与气象。建设项目所在区域的主要气候特征，常规气象参数。

d. 地表水水文特征。项目所在区域主要地表水体的水文特征、所属水系划分、水环境功能区划、水质和水资源利用，本项目取水、排水口位置与区域水系的关系。应附地表水水系图。

e. 地下水水文地质特征。依据煤田地质勘探报告，阐述评价范围内含、隔水层的主要特征以及地下水补、径、排条件等，明确评价范围内集中供水水源地的位置，有供水意义的含水层及潜在供水意义的含水层。水文地质条件调查应利用评价区内已进行的水源水文地质勘查成果，一级评价必要时应补充水文地质勘查。

f. 土地利用及水土流失概况。建设项目所在区域的主要土壤类型、土地利用情况；水土流失现状。

g. 生态功能区。说明项目所在地区生态功能区划及所在分区特征、保护与建设要求等内容。生态脆弱区应说明植被变化、荒漠化、沙漠化、土地生产力变化、采矿可能导致的生态环境变化情况。

h. 动植物资源。项目所在区域的主要动植物资源、濒危珍稀野生动植物物种基本情况。

③ 社会经济调查。

a. 社会经济调查范围为建设项目所在县（市）、乡（镇）两级。

b. 调查建设项目所在地区的行政区划、人口数量和收入情况。列表给出评价范围内的村庄数、住户数和人口数、村民收入来源、饮用水源情况。

c. 调查区内教育、文化、医疗、通信、市政环卫等基础设施情况。

d. 调查区内工业的类型、产业结构、工业总产值等。

e. 调查区内农业的类型、产品结构、农业总产值、灌溉条件等。

3. 环境质量现状调查与评价

（1）调查对象　包括环境空气、地表水环境、地下水环境、声环境和生态环境。

（2）环境现状评价　利用环境质量现状监测或近期例行环境监测数据进行环境质量现状评价。环境质量现状监测应符合相关环境质量监测标准、环境保护标准、环境影响评价技术导则等相关规定。利用近期例行环境监测资料、数据时应说明资料来源、监测时间、监测点位，论证资料引用的可靠性和可利用性。

（3）环境空气质量现状调查　参照前述章节中相关内容或《环境影响评价技术导则 大气环境》（HJ 2.2）中的规定，在充分收集、利用已有的有效数据的前提下，进行环境空气质量现状监测与评价。

（4）地表水环境质量现状调查　根据建设项目排污口设置、污水性质及纳污水体功能区划，参照前述章节中相关内容或《环境影响评价技术导则 地表水环境》（HJ 2.3）中的规定，在充分收集、利用已有的有效数据前提下，对纳污水体进行水质监测与评价。根据项目的具体特点和已有监测数据情况，可适当减少监测断面的布设。

（5）地下水环境质量现状调查　按确定的评价等级与评价范围，按《环境影响评价技术导则 地下水环境》（HJ 610）的规定确定监测点位与监测点个数，改扩建煤矿可增加1～2个监测点，重点调查评价范围内村庄和集中供水水源含水层，已有采区开采对地下水水位和水质影响情况。民用井水监测应考虑地方性地下水特征污染物并说明井深、水位、含水层。

（6）声环境质量现状调查　参照前述章节中相关内容或《环境影响评价技术导则 声环境》（HJ 2.4）中的规定，在充分收集、利用已有的有效数据前提下，对声环境进行布点、监测与评价。监测点位布设应包括工业场地、风井场地、运输道路、声环境敏感点等，新建项目场地周围无工业及交通噪声源时可适当减少监测点位。现状监测应附监测布点图。

（7）生态现状调查

① 煤炭采选工程生态现状调查方法，参照前述章节中相关内容或执行《环境影响评价技术导则 生态影响》（HJ 19）中的相关规定。从行业特点出发，生态调查应突出下列重点内容：

评价范围内土地利用现状、植被类型分布现状、植被覆盖度、植被生物量、水土流失现状、土壤类型等；明确评价范围内有无国家级和地方重点保护野生动植物集中分布区或栖息地、国家级和地方级自然保护区、生态功能保护区以及其他类型的保护区域。

技术改造及改扩建项目应进行移民安置情况调查及开采沉陷影响调查。移民安置情况调查内容应以涉及环境的相关内容为主，包括污水和垃圾处置情况、水土保持情况、移民搬迁前后变化情况等；开采沉陷调查内容包括原有煤矿开采（建设）造成的地表沉陷变形基本情况，如沉陷及裂缝深度、范围；受影响的建（构）筑物损害、耕地破坏、地表植被破坏、农业生产损失和其他损害情况等。

② 收集资料和成果应尽可能采用图表方式表达，图件要求参照 HJ 19 执行。

③ 生态现状评价应明确：生态现状质量，区域生态系统的特征、类型、结构、初级生产力以及区域生态系统的完整性、稳定性，评价范围内主要生态制约因素。

④ 根据煤炭开采环境影响特点和可能获得的技术数据，煤炭采选工程环境影响评价中的生态现状评价主要采取定性评价与半定量评价相结合的方法。

第四节　煤炭采选环境影响预测与评价

一、地表水环境影响预测与评价

1. 地表水污染源调查

调查评价范围内矿井水、露天矿矿坑水、一般生产生活污废水等水污染源排放情况。

2. 地表水环境影响预测

① 地表水环境影响预测方法，原则上按照《环境影响评价技术导则 地表水环境》（HJ 2.3）规定的方法执行。预测一般采用完全混合模式。

② 地表水环境影响预测因子，根据项目排水特点，一般选择化学需氧量（COD）作为

预测因子，pH值、悬浮物、五日生化需氧量（BOD$_5$）、石油类、氨氮等因子做达标分析即可；特殊地区可增加铁、锰、氟化物、砷等特征污染因子。

3. 地表水环境污染控制措施

分析设计拟采用的水污染控制措施的技术经济与环境合理性、可行性，分析选煤废水闭路循环的可靠性；提出优化的水污染控制与废水资源化建议。

对于改扩建、技术改造项目应针对存在的环境问题，提出"以新带老"的治理措施。

4. 应提供的图表

① 矿井水、露天矿矿坑水处理工艺流程图，生活污水处理工艺流程图；
② 选煤厂煤泥水闭路循环系统示意图。

二、大气环境影响预测与评价

1. 大气污染源调查

调查评价范围内锅炉烟气、筛分破碎系统及转载粉尘、煤堆扬尘、运输扬尘、煤矸石堆场的自燃和扬尘、露天矿排土场扬尘等工业大气污染源排放情况。

2. 大气环境影响评价要点

① 锅炉烟气根据《环境影响评价技术导则 大气环境》（HJ 2.2）中的规定进行预测或分析，预测因子为二氧化硫、氮氧化物、颗粒物（PM$_{10}$）。
② 筛分破碎系统及转载粉尘、煤堆扬尘、运输扬尘、煤矸石堆场的自燃和扬尘、露天矿排土场扬尘等在采取相应的环保措施后对大气环境的影响做定性分析。

3. 大气污染控制措施

分析设计拟采用的大气污染控制措施的技术经济与环境合理性、可行性，提出优化的环境空气污染控制建议。

对于改扩建、技术改造项目应针对存在的环境问题，提出"以新带老"的治理措施。

三、地下水环境影响预测与评价

1. 地下水环境影响评价主要内容

① 煤炭开采对地下水资源量的影响；导水裂隙带、底板突水对地下水资源的影响；露天煤矿开采疏干水对地下水动力场和地下水资源的扰动、破坏。
② 煤炭开采对评价范围内村庄和城镇等地下供水水源取水层的影响。
③ 煤炭开采对地表水和地下水的补排关系影响。
④ 煤矸石淋溶水对地下水水质的可能影响。
⑤ 煤炭开采对泉域、水源地等重要地下水环境保护目标的影响。

2. 区域及井田水文地质条件分析

① 地质和构造：建设项目在区域构造中的位置；对一级评价应附矿井（或区域）水文地质图。
② 地层分布及岩性：煤系上覆地层、煤系地层，主要含水层及隔水层情况。
③ 矿井水文地质条件，包括煤系地层上覆含水层和下伏含水层（不涉及底板突水可能性时下伏含水层介绍可从简）；地下水的补、径、排条件；主要断层的导水性；生态脆弱区

的富水区（存在时）分布特征；涉及重要的地下水源地时应调查区域降水入渗系数。

④ 含水层现状及潜在功能，说明具有供水意义的含水层及其下伏隔水层情况；评价区内生产和生活开采地下水的情况。

⑤ 矿井涌水条件，说明最大涌水量、正常涌水量。

⑥ Ⅱ类排矸场需进行水文地质条件调查。

⑦ 地下水评价范围内重要泉域，与地表水关系密切的地下水体、水源地，以及其他国家或地方划定的需特殊保护对象，需对其水文地质条件进行调查与分析，并附图说明。

3. 地下水环境影响预测

（1）采煤对地下水量的影响

① 说明矿井涌水的来源；计算导水裂隙带高度，计算方法可参考《建筑物、水体、铁路及主要井巷煤柱留设与压煤开采规范》中的推荐模式（老矿区有实际观测资料时应对参数进行必要修正），据此分析采煤所导通的主要含水层和地表水体，其中重点分析对有供水意义或潜在供水意义的含水层和地表水体的影响；对受影响含水层和地表水体水资源量的影响定量或半定量分析。

② 预测露天矿疏排水对评价区内具有供水意义的水资源量的影响程度。

③ 一、二级评价应计算疏干降落漏斗面积和降深，用平面图、剖面图标出影响范围及程度。

（2）地下水环境变化对其他环境要素影响

① 分析潜水水位变化对地表植被的影响；

② 结合相关专项规划，分析地下水储量变化对地区生态系统功能及工农业生产能力的潜在影响；

③ 分析煤系地层因开采而造成的水位变化及其影响；

④ 矿井水及疏干水排放去向与其用途的适宜性和可靠性分析。

（3）采煤对地下水水质的影响

① 应根据涌水来源分析矿井水水质变化趋势；

② 回灌井下采空区的矿井水，应说明对具供水意义含水层水质的影响，并对邻近煤层开采安全性进行分析；

③ 煤矸石属于Ⅱ类固体废物时应分析淋溶水对潜水含水层的水质影响。

4. 地下水污染防治措施及矿井水资源化分析

① 建设期井筒揭穿含水层时应提出完善的保护措施。

② 煤炭开采影响到评价范围内村庄和城镇等地下供水水源时，提出具体解决措施及预案，并列预算经费，以保证供水安全。

③ 对有敏感地下水环境保护目标的区域，如预测明确受到开采影响，应提出禁止或限制开采等保护措施，并明确禁止或限制煤炭开采的范围、开采时间。

④ 改扩建、技术改造项目应分析现有工程对地下水环境影响的回顾评价，并分析已采取的有效的"以新带老"污染防治措施。

四、固体废物环境影响预测与评价

1. 煤矸石（剥离物）性质界定

① 煤矸石（剥离物）可按一般工业固体废物考虑，但对高砷、高氟煤地区的煤矸石应

进行危险废物鉴定；

② 按《一般工业固体废物贮存和填埋污染物控制标准》（GB 18599）中的规定判定煤矸石（剥离物）属Ⅰ类或Ⅱ类固体废物；

③ 对同一矿区或相邻矿区开采同一煤层的煤矿，已有煤矸石（剥离物）性质界定结果的，可不再进行浸出试验，但须利用已有资料进行分析。

2. 煤矸石（剥离物）环境影响分析

① 煤矸石自燃倾向分析。根据矸石成分并结合区域自然环境因素、堆放方式和类比煤矿资料，分析其自燃倾向及其对大气环境影响。

② 煤矸石（剥离物）堆存对土壤的影响应用浸出试验结果做定性分析。

③ 煤矸石堆置场（排土场）对景观的影响主要考虑形成劣质景观，周边为非敏感区时可不做评价。

3. 固体废物污染防治措施

（1）煤矸石（剥离物）

① 煤矸石堆置场（排土场）周边500m范围内不应有集中居民点；对填沟造地、实施复垦的煤矸石综合利用场所与周边集中居民点的距离不宜小于100m。

② 设计采用采掘矸石不出井时，论述其技术经济可行性。

③ 煤矸石综合利用可设单节进行论述；说明适合本区的综合利用途径，分析利用的可靠性，并进行简要的经济、环境、社会效益分析。

④ 根据矸石的自燃特性及有害元素成分含量等，提出相应处置措施。

（2）其他固体废物　应优先考虑综合利用，不具备利用条件的应提出妥善处置方式，并对处置方式进行环境可行性、合理性分析。

对于改扩建、技术改造项目应针对存在的环境问题，提出"以新带老"的治理措施。

五、地表沉陷预测及生态影响预测与评价

1. 时段划分

根据"远粗近细"的原则，生态影响评价宜按首采区、全井田分阶段进行预测，必要时应增加评价时段。

2. 采煤地表沉陷影响预测与评价

（1）预测模式　地表沉陷变形预测模式推荐采用《建筑物、水体、铁路及主要井巷煤柱留设与压煤开采规范》中提供的概率积分法。

（2）预测参数选取　优先利用本矿区或邻近矿区已有的岩移观测数据确定预测参数；对于没有可利用资料的煤矿，应根据《建筑物、水体、铁路及主要井巷煤柱留设与压煤开采规范》确定预测参数。分析参数选取的合理性。

（3）地表变形预测

① 分阶段预测评价范围内地表下沉分布情况，预测最大下沉深度，确定沉陷影响面积和程度；

② 分阶段预测评价范围内地表下沉值、水平移动、水平变形、曲率和倾斜变形最大值。

（4）地表变形影响评价

① 定性说明沉陷后最终的地貌变化和总体趋势；

② 评价地表移动变形对建（构）筑物、公路、铁路、管线、堤坝等敏感目标的影响；
③ 当煤田上部地表为不稳定山地地貌时，评价因沉陷变形可能发生的次生地质灾害风险和危害程度。

3. 生态影响评价

（1）评价方法　推荐的评价方法有系统分析法、质量指标法、景观生态学方法、类比法等。

（2）评价内容

① 煤炭采选工程对主要土地利用类型、植被覆盖度与植被类型的影响，分析其影响范围及程度与生产力变化；重点关注耕地、基本农田、林地与草地，分析对农（牧）业经济及生态系统功能的影响。

② 煤炭采选工程对生态系统组成和功能的影响；有重要的生态敏感目标时，应对生物多样性和生态系统的稳定性进行分析。

③ 分析煤炭采选工程导致的生态系统变化趋势，生态脆弱区应着重分析荒漠化、沙漠化与盐渍化发展趋势。

④ 分析煤矿开采导致的居民搬迁等社会经济影响。

⑤ 煤炭采选工程对地形地貌、生态景观的影响分析。

4. 沉陷治理及生态综合整治

① 对受影响的建（构）筑物、公路、铁路、管线提出合理的保护措施。

② 提出居民搬迁安置计划与建议，简要分析安置点选址的环境合理性；受首采工作面开采影响的居民，需搬迁的应在开采之前一次性搬迁，其他需要搬迁的居民应按开采时序合理安排搬迁时间。

③ 对受采煤影响的重要地表水体，提出合理的保护措施。

④ 对自然保护区、风景名胜区、文物保护单位、水源地等重要的保护目标，根据影响程度，应提出禁采、限采或其他保护措施。

⑤ 对有可能出现的大型裂缝、滑坡、崩塌、泥石流等地质灾害提出防治措施。

⑥ 根据现状调查、预测及评价结果，结合区域生态功能区划及环境保护规划要求，提出评价区的沉陷治理及生态恢复或重建措施和计划，并对措施计划的实施进度、投资估算和资金来源、保障机制进行说明。

⑦ 对煤炭开采造成的生态损失提出补偿方案，估算补偿费用。

⑧ 对于改扩建、技术改造项目，应针对存在的环境问题，提出"以新带老"的治理及恢复措施。

六、声环境影响预测与评价

1. 预测内容

预测场地厂界环境噪声、铁路专用线边界噪声、声环境敏感点噪声。

2. 预测模式

参照前述章节相关内容或《环境影响评价技术导则 声环境》（HJ 2.4）及其他相关规范中的规定，合理选取预测模式。

3. 影响评价及措施

对厂界环境噪声及环境敏感点噪声进行影响预测及评价。制定合理可行的声环境治理措施，确保声环境敏感点环境噪声达标。

声环境评价范围内没有现状声环境敏感点而预测厂界环境噪声超标的，根据厂界环境噪声超标情况提出防护距离的要求。

七、清洁生产与循环经济分析

1. 循环经济分析

应提出矿井水、疏干水、矿坑水、煤矸石、瓦斯、粉煤灰等的综合利用方案。

2. 清洁生产分析

清洁生产评价参照《清洁生产标准 煤炭采选业》（HJ 446）执行，分析清洁生产存在的问题，提出改进建议。

八、环境风险影响评价

1. 风险源识别

根据煤炭采选工程的特点，环境风险类型主要包括煤矸石堆置场溃坝、露天矿排土场滑坡、瓦斯储罐泄漏引起的爆炸。

煤尘爆炸、井下瓦斯爆炸、井下突水、井下透水、地面崩塌、陷落、泥石流、地面爆破器材库爆炸等均属于生产安全风险和矿山地质灾害，煤炭建设项目均按照有关要求进行了专项评价，一般不再进行环境风险评价，必要时可以引用有关评价结论。

2. 源项分析

源项分析可采用事故树分析和类比法确定最大可信事故及概率，可参照和利用经审批通过的矿山建设项目安全评价的有关成果。

3. 风险影响分析

对最大可信事故造成的影响，分析影响范围、影响程度以及带来的环境损失、人员伤亡及经济损失。

4. 风险管理

从预防和有效控制的角度，提出为减轻和消除事故对环境的危害，应当采取的减缓措施和应急预案。

九、公众参与

公众参与评价专题按《环境影响评价公众参与办法》执行。考虑到煤炭行业的特点，调查范围应包括项目所在地相关部门并涵盖整个评价区域的居民代表，重点关注工业场地、首采区周边居民，调查样本应兼顾生态影响及污染影响。

十、环境经济损益分析

1. 环保费用的确定

环保费用包括建设期用于环境保护的基本建设投入和运行期用于环境保护管理、治理、生态恢复、环境修复和环保设施运行的费用。

2. 环境经济损益分析

估算煤炭开采造成的环境损失，计算年环境代价、环境成本和环境系数，采用费用效益法进行环境经济损益分析，说明所评价的建设项目在环境经济方面是否合理。

十一、污染物总量控制分析

根据国家总量控制要求和行业特点，污染物排放总量控制因子为二氧化硫、COD；总量控制因子可根据国家环境保护规划及地方环境管理部门的要求及建设项目特点做适当调整。

总量指标应分析其可达性，明确总量指标来源，必要时提出削减或替代方案。

十二、水土保持

涉及水土保持的建设项目，应明确项目所在区域水土保持"三区"划分中的情况，预测项目水土流失量与危害，明确项目水土流失防治责任范围与防治目标，提出防治分区与各分区水土保持措施及监测方案，估算水土保持投资，附水土保持措施体系框图、措施布局图与监测布点图。

十三、建设期环境影响分析

① 施工组织概况介绍。

② 建设期环境影响及防治措施。内容包括：建设期废水影响分析、施工废气及扬尘影响分析、施工噪声影响分析、固体废物影响分析、建设期生态影响分析，提出污染控制及生态恢复与治理措施。

十四、环境管理与环境监测计划

1. 环境管理

应提出建设期、运行期、闭矿期（必要时）的环境管理要求。

（1）建设期环境管理

① 针对项目特点和建设计划，提出项目建设期在生态保护、施工占地、弃土排土等方面的环境管理要求。

② 针对项目特点与项目所在行政区域环境管理要求，可提出建设期环境监理具体要求。

（2）运行期环境管理　根据项目具体特点，制定环境管理制度，提出运行期环境管理要求。

（3）闭矿期环境管理　开展闭矿期环境影响评价工作的项目，提出闭矿期环境管理要求。

2. 环境监测计划

根据项目具体特点及周边环境条件，提出项目环境监测计划，包括监测机构与基本设备配置、环境监测计划内容。

3. 竣工环境保护措施验收一览表

应明确给出项目环境保护措施一览表，明确竣工环境保护验收的内容和要求。

十五、选址及规划符合性分析

1. 产业政策符合性分析

以现行国家产业政策和环境保护政策为依据,进行符合性分析。

2. 规划符合性分析

应分析拟建项目与矿区总体规划及规划环评、矿产资源规划、环境保护规划、土地利用规划、敏感环境保护目标的保护规划、城镇规划等相关规划的符合性。

3. 选址选线合理性分析

结合建设项目实际情况,按照"地下决定地上,地下顾及地上"的原则,从矿区与城镇发展规划、环境敏感程度、环境影响、资源利用、公众参与等方面进行选址选线合理性分析并给出结论,包括工业场地、固体废物堆置场、排(取)土(渣)场选址、线性工程选线等。

十六、评价结论

评价结论应包括以下基本内容:

① 建设项目概况;

② 建设项目所在区域的自然、社会及环境现状,说明存在的环境问题与主要生态制约因素,明确主要环境保护目标;

③ 分建设期、运行期(某些项目还包括闭矿期)分别说明项目主要污染源及各环境要素的影响预测结果;

④ 明确拟采取的主要污染控制措施及效果、沉陷治理及生态综合整治方案,项目污染物总量控制目标的可达性;

⑤ 公众参与、清洁生产的主要结论;

⑥ 建设项目环境可行性结论,说明与国家法规、环境保护政策、煤炭行业政策、建设项目所在地社会、经济与环境保护规划的一致性与协调性。

参考文献

[1] 章丽萍.环境保护概论[M].北京:煤炭工业出版社,2013.
[2] 环境影响评价技术导则 生态影响[S].HJ 19—2022.
[3] 环境影响评价技术导则 声环境[S].HJ 2.4—2022.
[4] 环境影响评价技术导则 地表水环境[S].HJ 2.3—2018.
[5] 环境影响评价技术导则 大气环境[S].HJ 2.2—2018.
[6] 环境影响评价技术导则 地下水环境[S].HJ 610—2016.
[7] 建设项目环境影响评价分类管理名录(2021年版)[Z].生态环境部令第16号.
[8] 环境影响评价公众参与办法[Z].生态环境部令第4号,2018.
[9] 环境影响评价技术导则 煤炭采选工程[S].HJ 619—2011.
[10] 国家发展改革委,国家能源局.煤炭工业发展"十三五"规划[Z].发改能源〔2016〕2714号.
[11] 中国煤炭工业协会.煤炭工业"十四五"高质量发展指导意见[Z].2021.
[12] 中华人民共和国国民经济和社会发展第十四个五年规划和2035年远景目标纲要[Z].2021.